제2판

피부노화학

DERMATOGERONTOLOGY

저자 소개

정진호 | 서울대학교 의과대학 피부과학교실 교수

피부노화 및 피부생리학 분야에서 많은 연구 업적을 이루어낸 세계적인 피부과학자이다. 다양한 연구 활동을 펼치는 가운데 특히 피부노화의 비밀을 밝혔으며, 그 예방 및 치료 방법을 개발했다. 서울대학교병원 피부과에서 노인성 피부질환, 류마티스성 피부질환, 수포성 피부질환, 가려움증을 전문적으로 진료하며, 유튜브 채널을 통해 의학 정보를 전달하고 있다. 서울대학교 인체환경경계생물학연구소 소장, 서울대학교 노화고령사회연구소 소장을 맡고 있다. 한국과학기술한림원과 대한민국의학한림원의 정회원이기도 하다.

평생의 연구결과로 신약과 화장품을 만들기 위해 서울대학교병원 실험실에 '(주)정진호이펙트'라는 벤처회사를 창업하여 대표이사로 있다. ㈜정진호이펙트는 피부노화를 억제하는 화장품과 가려움증 환자를 위한 보습제를 개발하였으며, 발모제, 아토피피부염 치료제, 가려움증 치료제 등을 개발하고 있다.

저서로는 "피부가 능력이다", "늙지 않는 피부 젊어지는 피부", "코로나시대, 피부도 병들고 있습니다" 등이 있다.

진선필 | 서울대학교 의과대학 피부과학교실 임상교수

서울의대를 졸업하고 피부과 전문의를 획득한 후 해외 유학 생활 3년을 포함해 10년간 피부노화 및 피부면역학 분야의 기초 연구에 매진했다. 정진호 교수와 다양한 피부노화 연구를 함께 하였으며, 현재 서울대학교 인체환경경계생물학연구소에서 많은 연구를 진행하고 있다.

서울대학교병원 피부과에서 아토피피부염, 소아 류마티스성 피부질환 등 면역 피부질환을 전문적으로 진료하고 있으며 해당분야의 연구를 지속해 나가고 있다.

의사과학자로서 장래가 촉망되는 젊은 교수이자 연구자이다.

피부노화학

DERMATOGERONTOLOGY

정 진 호 · 진 선 필 공저

서울대학교 의과대학 피부과학교실 교수

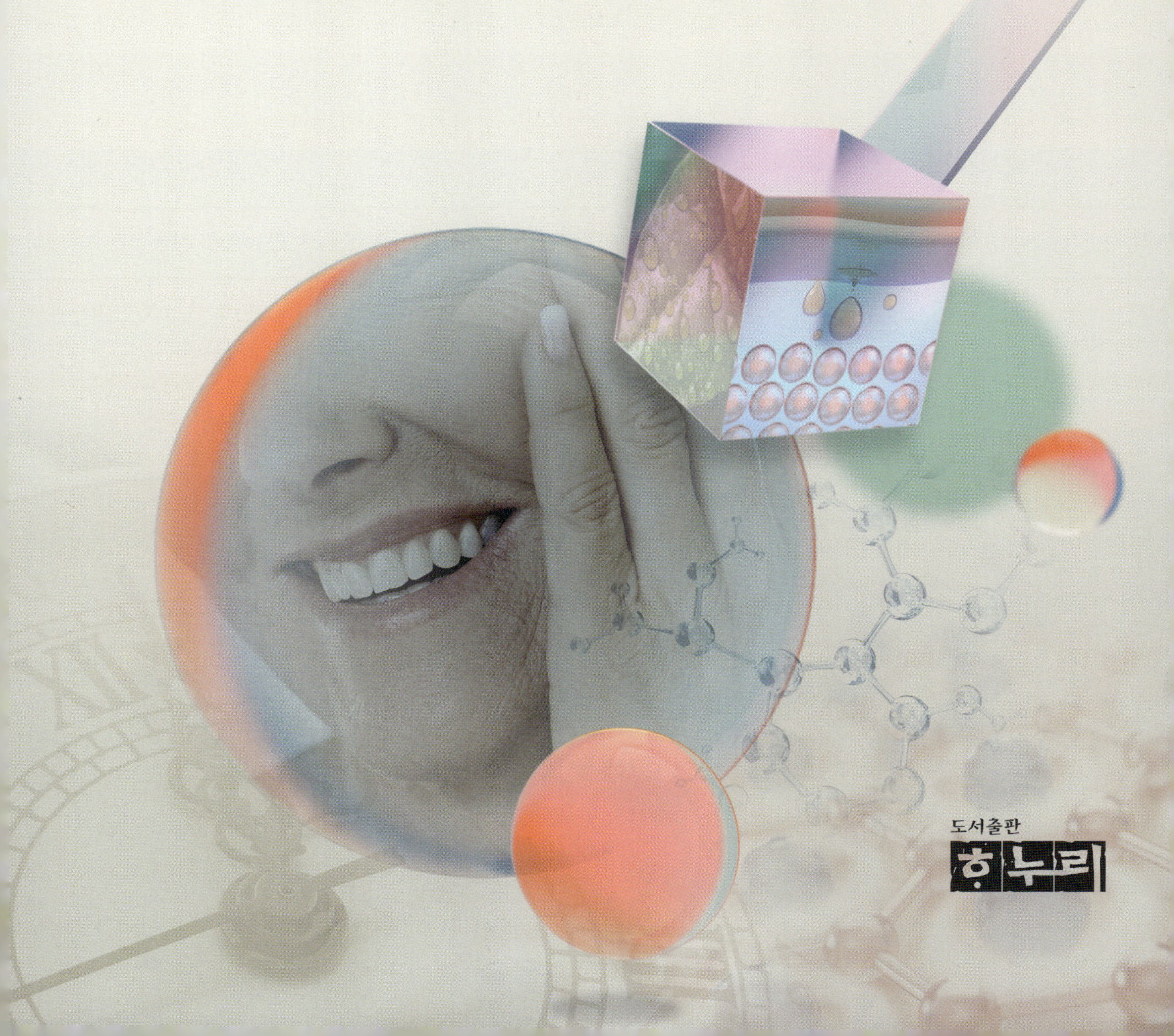

도서출판 한누리

제2판
피부노화학
Dermatogerontology

2010년 8월 25일 제1판 발행
2023년 4월 25일 제2판 발행

공 저 정진호, 진선필

펴낸이 신경원

펴낸곳 도서출판 하누리(디자인메카)
02861 서울시 성북구 삼선교로 39 현명빌딩 704호
전 화: (02) 2269-1599
팩 스: (02) 2269-5231
E-mail: medmecca@daum.net

신고번호 제 2-3108 (2000. 7. 3)
ISBN 978-89-91130-76-0(93510)

- 정가는 뒤표지에 있습니다.
- 잘못 만들어진 책은 구입하신 서점에서 바꾸어 드립니다.

제2판 머리말

"피부노화학" 교과서 개정판을 내면서

2010년 8월에 "피부노화학(dermatogerontology)" 교과서를 출간한 지 12년이란 세월이 흘렀습니다. 당시만 해도 피부노화학이란 학문 분야가 낯선 시기였습니다. 책이 출간된 이후 전국의 피부 노화 관련 강좌를 열고 있는 많은 대학의 여러 학과에서 "피부노화학"을 교과서로 채택하였습니다. 그 결과 지난 10여 년간 많은 학생들이 이 책으로 피부의 구조와 기능에 대해서 공부를 하고, 피부노화의 원인, 증상, 치료 및 예방에 대한 지식을 배울 수 있었습니다. 이 책으로 공부한 많은 학생들이 학교를 졸업한 후 사회에 진출하여 화장품 산업 등 피부 관련 산업 분야의 핵심 인재로 성장하였다고 믿고 있습니다.

간혹 이 책으로 공부한 사람들을 학회장에서 만나는 경우가 있었습니다. 학회장에서 수줍게 저를 찾아와서 학생 때 교수님이 집필한 "피부노화학" 교과서로 공부했다고 이야기를 시작하는 사람이 종종 있습니다. 반가운 마음에 저는 "피부노화학" 교과서가 공부하는데 어렵지는 않았는지 물어보고, 교과서로서 부족한 점이 무엇인지 알려달라고 하면, "전반적으로 책 내용과 임상 사진이 가독성이 높고, 이해하기 쉽게 쓰여졌기 때문에 어려운 내용도 쉽게 이해할 수 있어 거의 완벽한 교과서라고 생각한다"라는 듣기 좋은 이야기를 많이 들었습니다. 또한 "피부노화학 교과서가 포함하고 있는 범위가 피부노화의 전반을 이해하는데 필요한 거의 모든 분야를 다루고 있기 때문에, 처음 피부에 대해서 공부하고, 피부노화를 과학적으로 처음부터 배우고자 하는 사람들에게는 꼭 필요한 책이라고 생각한다"는 이야기도 많이 들었습니다. 좋은 평가를 해 주니 감사할 따름입니다.

10년이면 강산도 변한다는데 "피부노화학" 초판을 낸 지 12년이 흘렀으니, 당연히 피부노화학 학문 분야도 많이 발전을 하였습니다. 따라서 발전된 지식을 추가하고 새롭게 밝혀진 피부노화의 원인이나 치료법들을 추가하여 개정판을 낼 필요성이 생겼습니다. 사실 5~6년마다 개정판을 출판하였으면 좋았겠지만, 저자의 게으름 때문에 늦어진 것 같아 죄송스러운 마음입니다.

개정판을 내면서 "피부노화학" 교과서에 포함될 내용들을 꼼꼼히 집필하면서 느낀 점은, 이 책은 피부와 피부노화에 대해서 공부를 처음 시작하는 학생들을 위한 교과서로서 손색이 없을 뿐만 아니라, 이미 공부를 마치고 화장품 산업이나 피부노화 관련 산업 분야에서 활발히 연구하고 제품을 개발하고 계신 분들도 다시 한번 읽어보면 많은 도움을 얻을 수 있는 책이라고 생각하게 되었습니다.

저는 서울의대 피부과에서 평생 동안 피부노화의 수수께끼를 풀기 위한 연구를 해 오고 있습니다. 세월이 빨리 흘러 2024년 여름이면 정든 캠퍼스를 떠나야 합니다. 정년 후에도 기회가 허락한다면 피부노화 분야에서 연구를 계속하겠지만 미래는 알 수 없는 일입니다. 따라서 이번 개정판을 내면서 피부노화에 깊은 지식이 있고, 이미 피부노화 연구에 많은 업적을 내고 있는 서울의대 피부과 소속의 젊은 교수를 공저자로 모시고 개정판을 함께 내는 것이 필요하다고 느꼈습니다. 그래야 제가 퇴임한 이후에도 계속적으로 개정판을 낼 수 있을 것입니다. 공저자로 같이 하자는 제 초대를 허락해 준 진선필 교수에게 감사드립니다.

요즘에는 교과서를 구입해서 공부하는 것보다는 친구 책을 복사하거나 교수님의 강의 내용을 필기하여 공부하는 추세라고 합니다. 그럼에도 책의 판매를 걱정하지 않고 선뜻 개정판의 출판을 허락해 주신 도서출판 하누리의 신경원 사장님께 감사 말씀을 드립니다.

끝으로 피부노화학을 공부하는 학생들과, 화장품 산업을 비롯한 피부 관련 산업 분야에서 종사하는 많은 분들에게, 이번 개정판이 피부노화학의 기초 지식을 충분히 전달할 뿐만 아니라, 피부노화를 예방하고 치료할 수 있는 새로운 방법들을 개발하는데 필요한 새로운 영감을 줄 수 있기를 기대합니다.

감사합니다.

2023년 3월 20일

저자 정 진 호

서울의대 피부과학교실 교수

제1판 머리말

1년 전 출간한 “늙지않는 피부 젊어지는 피부”를 예상외로 많은 분들이 읽고 전화로 또는 이메일로 책을 읽고 느낀 생각과 의견을 내게 전해주었다. 나이를 먹어도 젊고 깨끗한 피부를 유지하는 방법을 알게 되어 감사한다는 분도 있었고, 일반인을 위하여 쉽게 썼다고 해서 사서 보았는데 읽어보니 너무 어려웠다고 불평하시는 분도 있었다. 간혹 서울대학교병원 진료실에 책을 가지고 오셔서 진료 후 책을 꺼내며 사인을 부탁하시는 분도 있다.

사실 “늙지않는 피부 젊어지는 피부”는 지난 10여 년간 피부노화를 공부하고, 연구한 결과를 일반인을 대상으로 쉽게 쓴 책이기 때문에 학문적인 깊이보다는 피부노화를 일반인이 쉽게 이해할 수 있게 어려운 내용을 많이 생략하고, 중요한 개념만을 설명한 책이다. 그래서인지 몇몇 분들은 배우는 학생들이 피부노화에 대하여 학문적으로 조금 더 깊게, 그리고 체계적으로 이해할 수 있도록 내용을 조금 수정하여 교과서 형태로 출판이 되었으면 더 좋겠다는 의견을 주신 분도 있었다.

일반인을 위한 “늙지않는 피부 젊어지는 피부”를 출간한 지 불과 1년이 조금 지난 시점에서 피부에 관하여 공부하는 학생들을 위해 출간하게 되는 “피부노화학” 교과서는 피부노화 현상을 제대로 이해할 수 있도록 그 동안 알려진 학문적 사실들과 서울의대 피부노화연구실에서 새로 밝힌 사실들을 종합하여 피부노화에 관련된 모든 지식들을 체계적으로 설명하였다.

“피부노화학”은 영어로는 “Dermatogerontology”라고 번역할 수 있다. 아직까지는 “피부노화학”이란 학문 분야가 학계에서 일반적으로 분류되고 있는 학문 영역은 아니라고 할 수 있다. 그러나 현재 미진한 학문 분야라도 앞으로 많은 사람이 관심을 가지고 공부하고 연구하면 가장 각광받은 학문 분야가 될 것이며, 피부노화 분야가 바로 그런 분야라고 저자는 느끼고 있다. 이번에 출간하는 “피부노화학” 책에는 피부의 정상 구조와 기능, 피부노화에 따른 조직학적 변화 및 생화학적 변화, 피부노화의 증상, 피부노화의 원인과 피부노화의 종류, 그리고 피부노화의 예방과 치료를 위한 방법 등을 과학적으로 설명하였으며, 많은 사진을 실어서 학생들이 쉽게 이해할 수 있게 하였다. 그리고 참고문헌에는 서울의대 피부노화연구실에서 발표한 논문만을 첨부하였다. 피부노화에 대한 기초 및 임상 지식을 체계적으로 공부하기에는 최고의 교과서라고 자부할 수 있다.

서울의대 교수로서 연구를 통하여 새로운 지식을 창조하고, 학생을 가르치고, 환자를 진료하는데 많은 보람을 느끼고, 즐거움을 느끼고 있다. 이 책은 앞으로 피부노화에 관심을 가지고 공부할 학생들에게 전문 지식을 전달할 것이고, 향후 그 학생들이 피부와 관련된 여러 분야에서 전문 인력으로 성장하는데 많은 도움을 줄 것이다. 정확한 지식을 학생들에게 가르치고, 학생들에게 무한한 가능성을 느끼게 하는 것이 교수의 중요한 임무 중의 하나이다. 교수가 그 임무를 수행하는데 자신의 지식과 생각을 책으로서 출판하는 것이 좋은 방법이라고 생각한다. 이런 의미에서 이 책은 나에게는 중요하고, 자랑스러운 존재가 아닐 수 없다.

이 책이 나오기까지는 "늙지않는 피부 젊어지는 피부"를 읽고 의견을 저자에게 직접 전달해 주신 독자들의 격려가 많은 도움이 되었다. 그리고 서울의대 피부과학연구소 연구원들의 지난 10년 넘는 기간 동안 이룩한 업적과 노고에 찬사를 보내고 싶다. 또한 물심양면으로 서울의대 피부과학교실의 연구에 도움을 주신 주식회사 아모레퍼시픽의 서경배 사장님께도 깊은 감사를 드린다. 진정한 기업인으로 대학의 기초 연구의 중요성을 누구보다도 강조하시고, 실천하시는 분이다. 그리고 서울의대 피부과학교실의 교수님들, 전공의 선생님들에게도 그 동안의 도움에 감사들 드린다. 또한 대학원 과정에서 많은 연구를 수행해 준 석사, 박사 제자들에게도 고맙다는 말을 전하고 싶다. 그리고 1년 전에 "늙지않는 피부 젊어지는 피부"와 이번에 "피부노화학"을 출판해 주신 도서출판 하누리의 신경원 사장님께도 감사를 드린다. 마지막으로 항상 나를 믿고 격려해 주는 내 아내와 재윤, 택준에게도 사랑한다는 말을 전하고 싶다.

2010년 8월

저자 정 진 호

서울의대 피부과학교실 교수

차례

Chapter 1 / 피부의 구조

Chapter 2 / 피부의 기질(Matrix)

Chapter 3 / 피부장벽(Skin barrier)

Chapter 4 / 피부의 기능

Chapter 5 / 피부노화에 따른 조직 변화 및 생화학적 이상

Chapter 6 / 피부노화에 따른 기능 변화

Chapter 7 / 한국인의 피부노화

Chapter 8 / 피부노화의 증상

Chapter 9 / 원인에 따른 피부노화의 종류

Chapter 10 / 피부노화의 예방과 치료

Chapter 11 / 피부미용 건강기능식품

01 Chapter

피부의 구조

피부는 우리 몸에서 가장 넓은 중요 장기: 피부는 우리 몸의 장기 중에 가장 넓이가 넓은 장기로서 그 면적이 어른의 경우에는 1.6 m^2, 10세 어린이의 경우에는 1.0 m^2 정도이다. 이처럼 넓은 장기인 피부에는 여러 가지 종류의 세포가 존재하며, 각 세포가 정해진 고유의 임무를 수행하고 있다.

Chapter 1 / 피부의 구조

Chapter 01

Dermatogerontology

피부의 구조

1) 피부는 우리 몸에서 가장 넓은 중요 장기

피부는 우리 몸의 장기 중에 가장 넓이가 넓은 장기로서 그 면적이 어른의 경우에는 1.6 m^2, 10세 어린이의 경우에는 1.0 m^2 정도이다. 이처럼 넓은 장기인 피부에는 여러 가지 종류의 세포가 존재하며, 각 세포가 정해진 고유의 임무를 수행하고 있다. 만약 어떤 원인에 의해서든 한 세포가 자신의 임무를 수행하지 못할 경우에는 피부의 정상적인 구조와 형태에 이상이 발생하며, 피부의 정상 기능에도 이상이 발생하게 된다. 그 결과 피부가 변형되거나, 늙게 되고, 병들게 되어 각종 피부질환이 발생하게 된다.

2) 표피, 진피, 피하지방층

피부는 크게 세 부분으로 나눌 수 있다.(그림 1-1, 그림 1-2)

(1) **표피(epidermis):** 가장 바깥쪽에 위치하여 외부 환경과 직접 접촉하고 있는 층으로 각질형성세포가 10층 정도 두께로 형성하고 있다. 멜라닌색소를 만드는 멜라닌세포와 면역기능에 관여하는 랑게르한스세포가 표피 내에 존재하고 있다. 표피는 우리 몸을 보호하는 장벽기능을 주로 수행한다.

(2) **진피(dermis):** 표피 아래쪽에 위치하면서 혈관, 신경, 모낭, 땀샘 등의 구

그림 1-1. 피부의 구조

피부는 표피, 진피, 지방층으로 구성되어 있다.

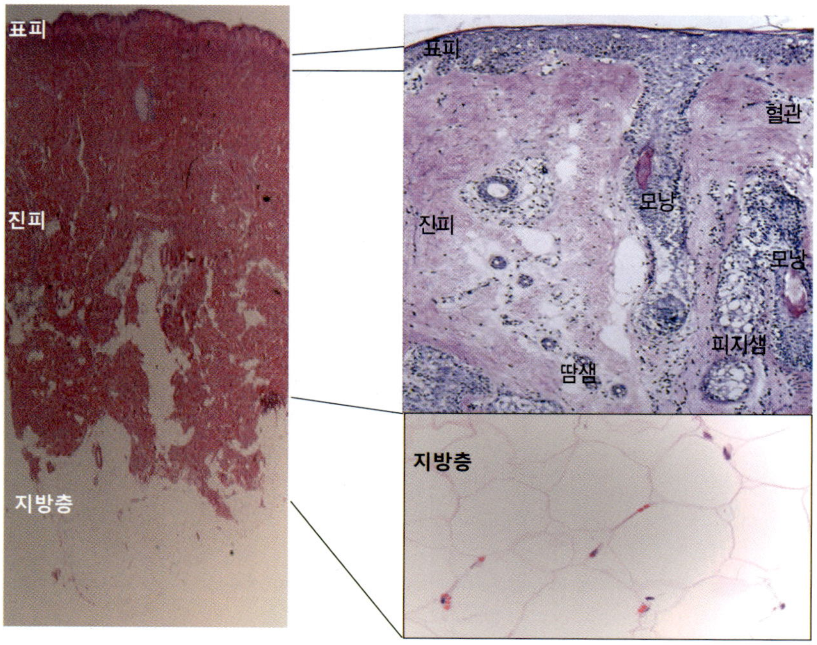

그림 1-2. 피부의 구조

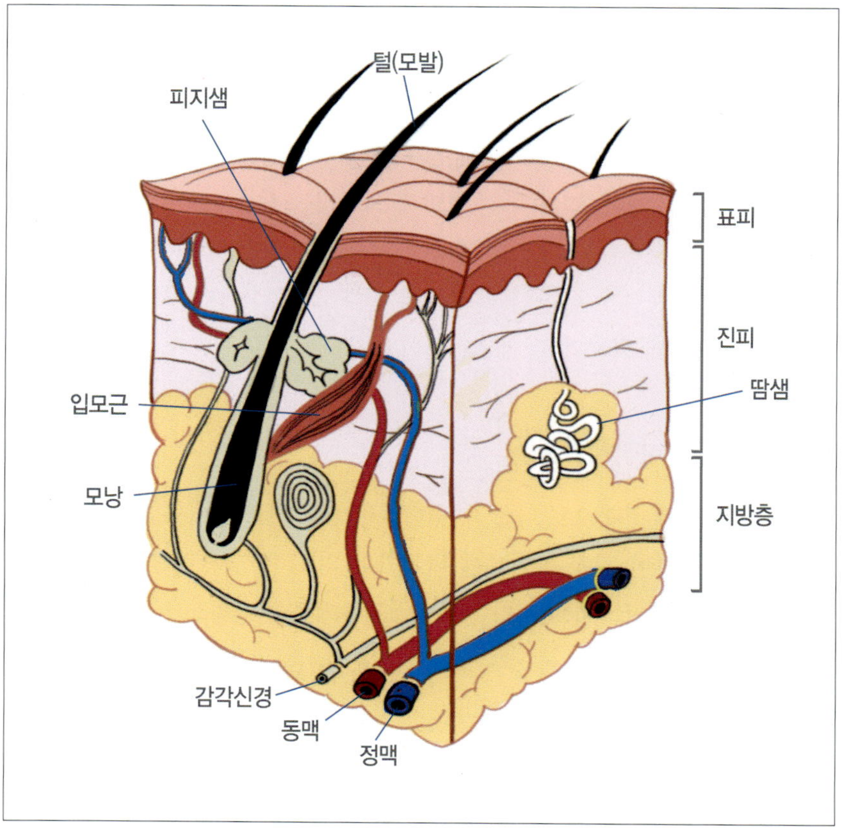

조물이 존재하고 있는 부위를 진피라고 한다. 피부의 형태를 유지하고, 피부의 강도를 튼튼하게 유지시키는 부위이다. 콜라젠 섬유와 탄력섬유가 진피의 골격을 유지하며, 그 사이에 혈관, 신경, 모낭, 땀샘 등이 존재하고 있다.

(3) **피하지방층(subcutaneous fat)**: 진피 아래쪽에 지방세포로 구성되어 있는 피하지방층이 위치하고 있다. 피하지방층은 에너지를 축적하는 기능을 하며, 지방세포가 분비하는 아디포카인이란 물질은 우리 몸의 대사기능을 조절한다.

3) 표피부속기

털(모발), 손톱, 발톱, 땀샘, 피지샘, 아포크린샘 등은 발생학적으로 표피에서 유래하기 때문에 표피부속기라 부른다.

털의 모낭(그림 1-3)은 피하지방층에 위치하는 경우가 대부분이며, 나머지 표피부속기들은 진피 내에 존재한다.

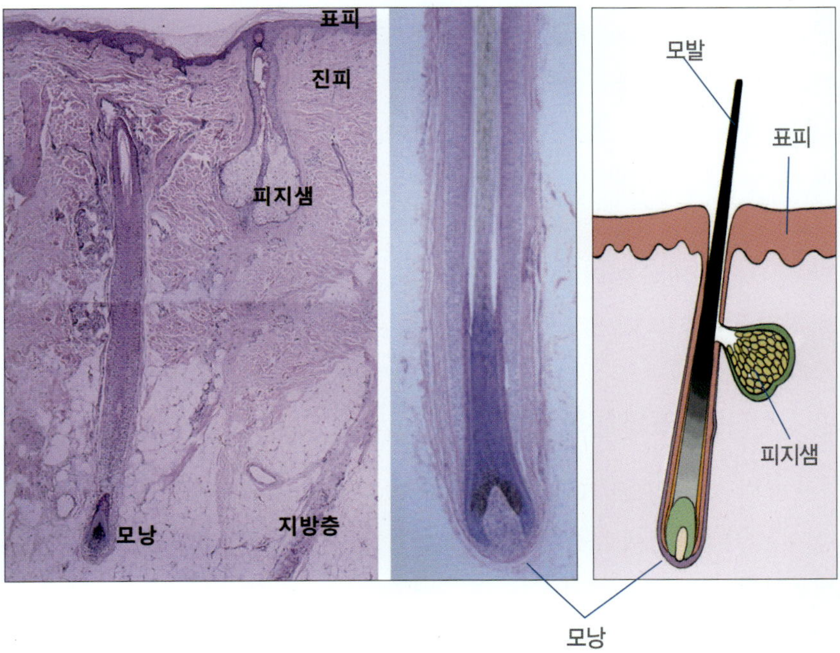

그림 1-3. 모낭의 구조
모낭의 위치는 피하지방층에 주로 위치한다. 모낭의 구조는 매우 복잡하다.

I. 표피 Epidermis

표피는 우리 몸의 가장 바깥쪽에 위치하고 있는 부위이다. 표피에는 세 종류의 세포가 존재하고 있다. 표피층에 존재하는 3종류의 세포는 각질형성세포(keratinocyte), 멜라닌세포(melanocyte), 랑게르한스세포(langerhans cell)이다.

1. 각질형성세포 Keratinocyte

1) 표피는 기저층부터 각질층까지 4층으로 구성

피부의 가장 중요한 기능은 외부의 해로운 환경으로부터 우리 몸을 보호하는 기능이다. 만약 피부에 상처가 나거나 화상을 입어서 그 보호기능을 제대로 못하게 되면, 외부에서 세균이 침입하거나, 유해물질들이 우리 피부 안으로 들어오게 된다. 또한, 우리 몸에 중요한 수분, 영양분, 혈액이 소실되어 건강에 심각한 이상을 초래하게 될 수도 있다. 따라서 피부는 우리 몸을 보호하는 기능을 하는 매우 중요한 장기라 할 수 있다.

이와 같은 피부의 보호기능에 가장 중요한 역할을 하는 부분이 피부의 표피 부위이다. 표피의 주 구성세포는 각질형성세포이며, 10층 정도의 두께로 표피를 구성하고 있다. 표피는 기저층, 유극층, 과립층, 각질층 4층으로 구분되며, 이들 표피의 여러 층 가운데에서도 각질층이 가장 중요한 보호막 기능을 하고 있다.(그림 1-4)

2) 각질형성세포의 분화 과정(그림 1-5)

표피는 정상적으로 10층 정도의 각질형성세포가 차곡차곡 쌓여있는 세포층이다. 각질형성세포는 이름에서 그 기능을 알 수 있듯이 각질을 형성하는 세포이다.

(1) **기저층:** 가장 아래인 기저층에 존재하는 각질형성세포만이 분열하는 능력을 가지고 있다. 분열하여 하나가 둘이 된 세포 중 하나는 두 번째

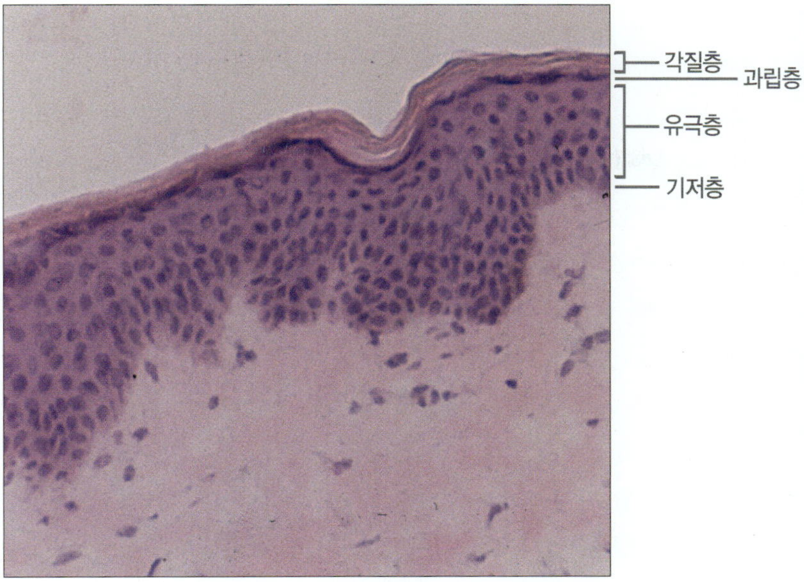

그림 1-4. 표피의 4가지 층

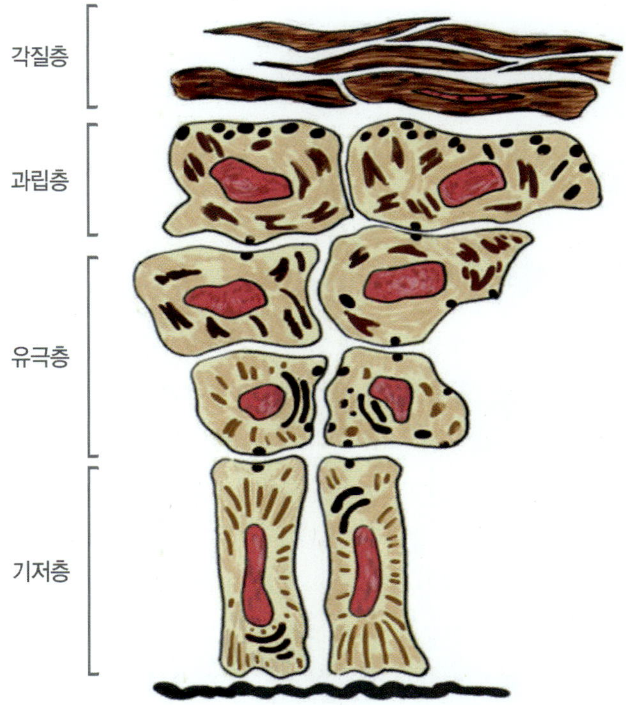

그림 1-5. 각질형성세포의 분화과정

층으로 위로 올려 보내지게 되며, 다른 하나는 기저층에 머무르면서 계속하여 분열하면서 새로운 세포를 위로 올려 보낸다.

(2) **유극층**: 위로 올라간 각질형성세포는 더 이상 분열하지 않게 되며, 대신 각질을 만들어 가기 위한 분화과정을 계속하면서 점점 납작해지면서 10층까지 위로 올려 보내지게 된다.

(3) **과립층**: 각질층 바로 밑에 위치하는 각질형성세포로서 세포질 내에 과립을 포함하고 있는 세포층을 말한다.

(4) **각질층**: 과립층을 거친 각질형성세포는 죽어서 각질층을 이루게 된다. 각질층은 죽은 각질형성세포인 각질세포(corneocyte)와 각질세포들 사이를 채우고 있는 지질성분으로 구성되어 있다. 각질세포들 사이를 채우고 있는 주된 지질성분들은 3 종류로서 세라마이드, 콜레스테롤, 지방산이다. 이 각질층은 장벽 기능을 수행하면서 우리 몸을 보호하게 된다. 각질층은 어느 정도 두께를 유지하고 있다가 순서대로 때의 형태로 떨어져 나가게 된다. 피부의 가장 바깥에 존재하는 각질층은 놀라운 물리적인 특성을 지닌 강력한 보호막이다. 15층의 죽은 세포의 잔재와 지질로 구성된 각질층이 우리 몸을 보호하는 물리적 보호막의 기능을 훌륭히 수행하고 있다. 이런 피부의 보호기능을 장벽기능(barrier function)이라고 한다.

2. 멜라닌세포 Melanocyte

1) 멜라닌세포는 멜라닌색소를 만드는 세포

피부색을 결정하는데 가장 중요한 인자는 멜라닌세포가 만드는 멜라닌색소이다. 백인의 피부는 희고, 동양인의 피부는 갈색이며, 흑인의 피부가 검은 이유는 멜라닌색소의 양이 점점 많아지기 때문이다.

그러나 백인, 동양인, 흑인 피부의 멜라닌세포의 수는 큰 차이가 없다. 일정한 피부 면적에 존재하는 멜라닌세포의 수는 인종에 따라 큰 차이가 없지만, 멜라닌세포가 멜라닌색소를 만드는 능력이 인종에 따라 다르고, 만들어지는 멜라닌색소의 질이 인종에 따라 다르다. 다시 말하면 한 개의 멜라닌세포가 만드는 멜라닌색소의 양이 백인에 비하여 흑인에서 훨씬 많다. 또한 멜라닌색소의 질도 다르다. 멜라닌색소는 멜라노좀(melanosome)이라는 구조로 이루어져 있는데 백인에서는 멜라노좀이 서로 엉겨있으나, 흑인에서는 멜라노좀이 잘 퍼져 있는 차이가 있다. 즉, 백인과 흑인, 그리고 중간 피부색을 타고난 동양인의 피부색의 차이는 멜라닌색소의 양과 질 때문이다.

2) 멜라닌색소는 각질형성세포의 핵위에 존재

멜라닌세포는 표피의 가장 아래층인 기저층을 구성하는 각질형성세포 10개 정도마다 하나씩 그 사이에 끼여 있는 것처럼 분포하고 있다.(그림 1-6)

멜라닌색소는 멜라닌세포에서 만들어진 후에 주위에 있는 각질형성세포에 전달된다. 대략 1개의 멜라닌세포가 주위에 있는 36개 정도의 각질형성세포에게 색소를 전달한다. 각질형성세포는 전달받은 멜라닌색소를 자신의 핵 위에 위치시킨다.(그림 1-7) 즉, 멜라닌색소는 자외선을 흡수하기 때문에 세포에서 가장 중요한 핵을 자외선으로부터 보호하기 위하여 멜라닌색소를 핵 위에 우산처럼 펼쳐 놓은 것이다. 따라서 멜라닌세포에서 색소를 만드는 것은 우리 인체를 자외선으로부터 보호하려고 하는 의도에서 나타나는 현상이라고 할 수 있다.

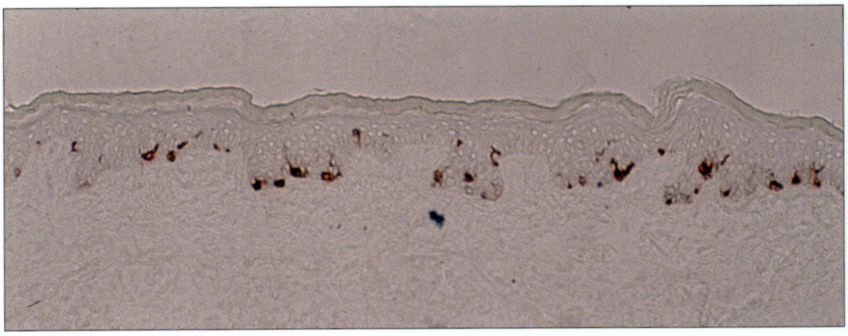

그림 1-6. 멜라닌세포

멜라닌세포를 붉게 염색하였다. 기저층의 각질형성세포 사이에 위치하고 있다.

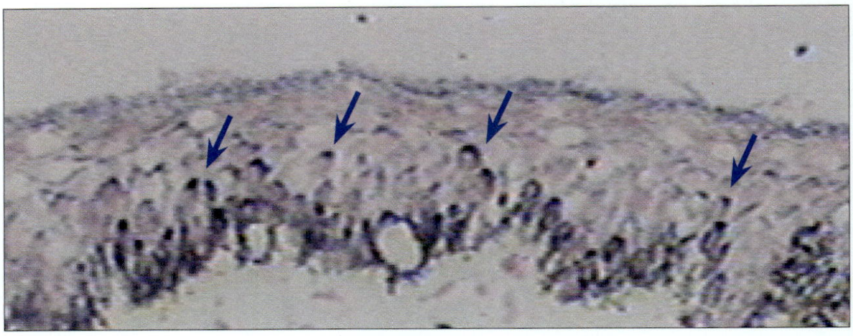

그림 1-7. 멜라닌색소

멜라닌세포에서 만들어진 멜라닌색소는 각질형성세포로 전달된다. 멜라닌색소는 각질형성세포 핵 위에 위치하며 자외선으로부터 핵을 보호하는 역할을 하고 있다.

3) 환경이 피부색을 결정

왜 적도 근처에 사는 사람은 피부가 검고, 북구에 사는 사람은 피부가 흰지 생각해 보자. 수십 만년 동안 사람이 환경에 적응하기 위하여 진화해 왔다는 사실을 이해하여야 한다.

(1) **적도에 가까울수록 피부색이 검은 이유:** 적도 근처는 태양과 가깝기 때문에 태양광선이 세고, 특히 자외선의 양이 많다. 따라서 피부암의 발생이 증가하기 때문에 피부가 상대적으로 흰 사람은 피부암에 걸려 사망할 가능성이 높아지며, 피부가 상대적으로 검은 사람이 살아남을 확률이 높아진다. 즉, 적도 근처에서는 수십 만년 동안 피부가 더 검은 사람들이 종족을 퍼뜨리면서 점점 피부가 검은 흑인으로 변하게 되었다고 인류학자들은 생각하고 있다.

(2) **극지방에 가까울수록 피부색이 흰 이유:** 반면에 북극에 가까운 지역에 사는 사람들은 햇빛의 양이 부족하고, 날씨가 추워 항상 옷으로 피부를 가리고 있기 때문에 피부가 햇빛에 노출될 기회가 상대적으로 적다. 자외선은 피부에 대체로 나쁜 영향을 미치고 있으나, 한 가지 좋은 역할을 하는 것이 비타민D를 형성하게 해 주는 것이다. 따라서 햇빛이 적은 지역에 사는 사람들은 자외선에 노출이 적어 비타민D 합성이 충분하지 않아 건강에 문제를 초래하게 된다. 따라서 이 지역에서는 피부가 흰 사람이 피부가 검은 사람보다 자외선으로부터 비타민D를 더 많이 형성할 수 있기 때문에 건강이 더 좋고, 오래 살게 되었을 것이라고 추측을 할 수 있다. 따라서 수십 만년 동안 진화해 오면서 극지방 가까이 사는 사람들일수록 피부가 점점 하얗게 변하는 진화과정을 겪어왔다고 생각되며, 그 결과 북구 사람들은 피부가 매우 하얀 백인으로 진화한 것이다.

4) 피부색을 결정하는 인자

피부색을 결정하는 인자는 다양하다. 피부에 존재하는 색깔이 있는 다양한 물질들이 종합적으로 피부색을 결정한다.

(1) **멜라닌색소:** 피부색을 결정하는 인자로는 멜라닌세포가 만드는 멜라닌색소가 제일 중요하다. 백인은 멜라닌색소가 적고, 흑인은 많으며, 동양인은 그 중간정도가 존재하여 피부색깔에 차이를 보이게 된다.

(2) **혈액:** 피부에 존재하는 혈관을 돌아다니는 적혈구의 빨간 색깔도 피부색을 결정하는데 중요하다. 그 결과 빈혈이 있으면 얼굴이 창백하게 보이게 된다. 또한 혈관이 확장되면 혈관 내 혈액이 많이 모여 그 부위의 피부가 붉게 보이게 된다.

(3) **카로틴:** 다른 색깔이 있는 물질, 예를 들어 귤이나 오렌지에 많은 카로틴 성분도 피부의 색깔을 결정한다. 귤을 많이 먹으면 손바닥과 얼굴이 노랗게 되는 것이 한 예이다.

3. 랑게르한스세포 Langerhans cell

1) 랑게르한스세포는 피부면역 기능에 관여

랑게르한스세포는 피부에 존재하는 대표적인 면역세포로 피부면역 기능에 중요한 역할을 한다. 랑게르한스세포는 표피 전 층에 각질형성세포 사이사이에 위치하고 있다. 또한 랑게르한스세포는 긴 돌기를 뻗고 피부를 통하여 들어오는 외부 물질을 감시하는 역할을 한다. 피부의 랑게르한스세포를 염색을 하고 관찰해 보면, 옆에 있는 랑게르한스세포의 돌기들과 서로 근접하게 존재하면서 마치 그물모양으로 외부로부터 들어오는 모든 물질을 걸러내고 있는 것을 알 수 있다.(그림 1-8)

2) 랑게르한스세포는 항원전달세포

랑게르한스세포가 면역반응을 일으키는 단계는 다음과 같다.

1. 랑게르한스세포는 외부물질(항원)을 잡아먹은 후 표피를 떠나서 림프관을 통해서 가까운 림프절로 이동한다.

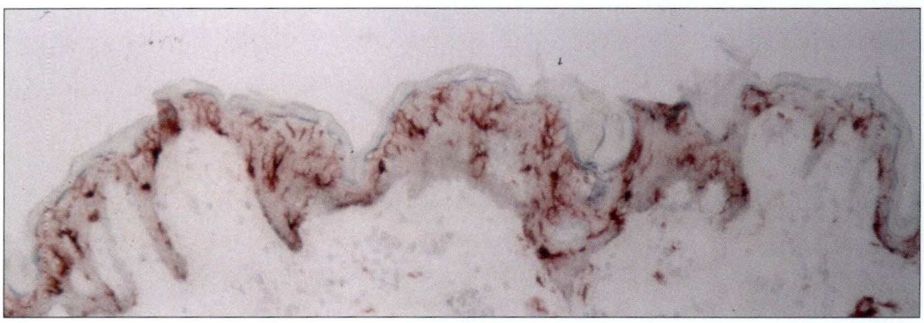

그림 1-8. 랑게르한스세포

랑게르한스세포를 염색한 사진으로 붉게 염색된 세포핵과 돌기들을 볼 수 있다. 표피의 전층에 그물모양으로 돌기들이 서로 연결되어 있으며, 외부에서 들어오는 물질을 감시하고 있다.

2. 피부를 떠난 랑게르한스세포는 림프절에서 잡아먹은 외부물질(항원)을 T림프구에게 전달하여 림프구를 감작시킨다.
3. 감작된 림프구는 분열을 통해 수가 많아진 후 전신에 퍼져 다시 동일한 물질이 들어올 때까지 기억 T림프구로서 피부조직에 존재하게 된다.
4. 만약 다시 동일한 외부물질이 피부를 통하여 우리 몸에 들어오게 되면, 기억 T림프구가 그 특정물질에 대하여 면역반응을 일으키고, 염증이 발생하면서 그 물질로부터 우리 피부를 보호하는 반응이 유발된다.

이처럼 랑게르한스세포는 외부 물질을 처음으로 인지하여 T림프구에 전달하는 작용을 하는 매우 중요한 면역세포이다.

3) 옻이 오르는 이유

은행 열매를 만지거나 옻나뭇잎을 만지는 경우에 옻이 오르는 사람이 있다. 이와 같은 현상은 이런 사람들이 처음으로 은행이나 옻나무를 만졌을 때, 은행에 있는 물질인 우루시올(urushiol)이나, 옻나무에 있는 물질인 루스(rhus)라는 물질이 피부를 통하여 흡수되기 때문에 발생된다.

이 물질이 피부에 흡수된 후에 랑게르한스세포가 이 물질을 잡아먹게 된다. 그 후 랑게르한스세포는 표피를 떠나 림프관을 통하여 림프절로 이동하게 된다. 림프절에서 아직까지 아무런 물질에 접촉한 적이 없는 순수한 T림프구에게 이런 물질들을 전달하여 림프구를 감작시킨다. 이 물질에 감작된 T림프구의 수가 엄청나게 늘어나게 되고, 감작된 T림프구는 림프절을 떠나서 전신의 피부에 도달한 후 일부가 기억 T림프구로 남아 있게 된다. 시간이 지나서 다시 동일한 사람이 은행이나 옻나무에 접촉하게 되면, 흡수된 물질이 랑게르한스세포에 의해 기억 T림프구에게 전달되고, 기억 T림프구는 즉시 여러 가지 물질을 분비하여 우리 몸을 보호하고자 하는 면역반응과 염증반응을 유발하게 된다.

그 결과 피부는 붉어지고, 붓고, 가렵고, 열감이 있는 피부발진이 생기고 염증병변이 생기게 된다. 이와 같은 현상은 귀고리, 목걸이에 의한 알레르기 반응에서도 동일하게 나타난다. 즉, 순금이 아닌 귀고리에 포함된 니켈, 코발트 등의 물질을 랑게르한스세포가 T림프구에 전달한 후에 동일하게 일어나는 일련의 반응이다.

II. 진피 Dermis

1) 진피는 세포와 기질로 구성

진피는 표피 아래에 존재하는 구조물로서 주로 콜라겐섬유와 탄력섬유 등의 기질단백질들로 이루어져 있으며, 그 안에 섬유아세포와 비만세포를 비롯한 각종 세포와 혈관, 모낭, 신경, 땀샘 등이 존재하는 부위이다.

진피의 가장 중요한 역할은 피부 조직에 장력을 유지하는 것이다. 즉, 건물을 지을 때 철근으로 골격을 세우듯이, 피부 진피에 존재하는 콜라겐섬유와 탄력섬유가 피부의 골격 역할을 하여 피부에 장력을 유지하고, 피부의 모습을 유지하게 된다. 만약 콜라겐섬유와 탄력섬유가 부족해지거나 망가지게 되면 피부의 장력이 감소하고, 그 결과 피부의 형태가 변하고, 주름살이 생기거나 피부 탄력이 감소하게 된다.

2) 기질단백질(matrix proteins)

피부에 있는 기질단백질에는 콜라겐섬유의 주성분인 콜라겐과 탄력섬유의 주성분인 탄력질(elastin)과 휘브릴린(fibrillin)이라는 단백질이 중요하다.

그 외에 프로테오글리칸(proteoglycan)이란 단백질이 존재하는데, 여러 종류의 당 성분인 글리코사미노글리칸(glycosaminoglycan)과 결합하여 피부의 구조와 기능에 중요한 역할을 하는 단백질이다. 이런 기질단백질이 세포를 지지해 주고 감싸고 있으면서, 세포와 서로 소통하고 있다. 즉, 세포와 주위의 기질단백질이 신호를 주고 받으면서 피부의 상태와 변화를 인지하면서 피부를 최상의 상태로 유지하고 있다.

1. 섬유아세포 Fibroblast

진피에 있는 세포 중에 가장 중요한 것은 섬유아세포이다.(그림 1-9) 섬유아세포는 교원질, 탄력질, 휘브릴린, 프로테오글리칸 등의 기질단백질들을 합성하여 분비하는 역할을 한다.

2. 비만세포 Mast cell

비만세포는 피부에서 발생하는 두드러기, 아토피피부염 등의 피부질환 발생에 중요한 역할을 하는 세포이다.(그림 1-10)

비만세포는 히스타민, 세로토닌 등의 물질과 트립테이즈(tryptase)와 같은 효소를 포함하고 있다가 외부 자극이 오면 이들을 분비한다. 분비된 물질과 효소들은 피부에 염증을 유발하며 피부에 손상을 초래하게 된다.

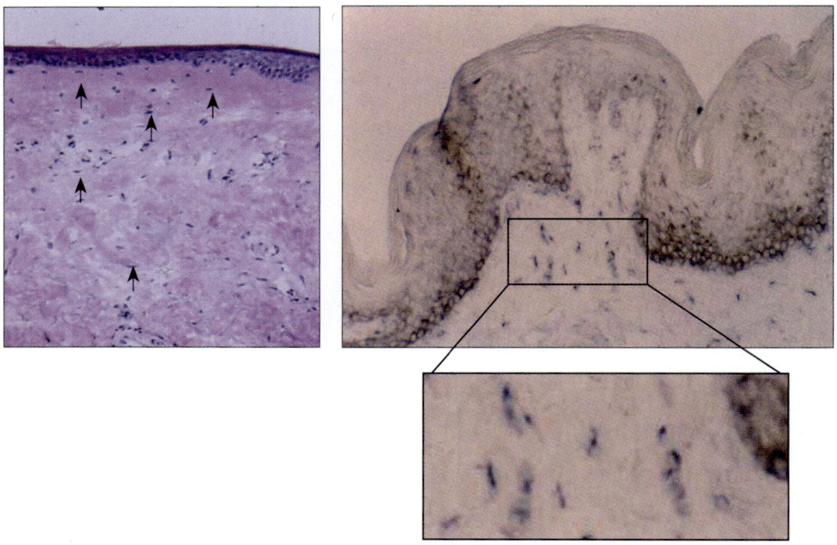

그림 1-9. 섬유아세포

왼쪽 피부 사진의 진피 내에 섬유아세포의 핵들이 진하게 염색되어 있다(화살표). 오른쪽 사진은 탄력질(elastin)을 합성하고 있는 섬유아세포를 염색한 사진이다.

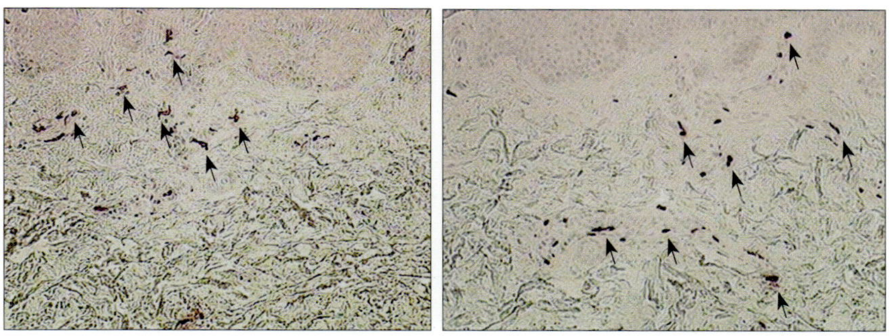

Tryptase를 분비하는 비만세포 Chymase를 분비하는 비만세포

그림 1-10. 피부 진피 내에 존재하는 비만세포

비만세포는 히스타민, 세로토닌, 트립테이즈(tryptase)와 카이메이즈(chymase)와 같은 물질과 효소를 포함하고 있다. 이들을 염색하면 비만세포를 염색할 수 있다.

3. 콜라겐섬유 Collagen fiber

진피의 주 구성 단백질은 콜라겐이다. 콜라겐은 콜라겐섬유의 기본 단백질이다. 콜라겐은 피부 진피에서 콜라겐섬유를 형성한다.(그림 1-11) 형성된 콜라겐섬유는 피부의 구조와 피부 탄력성 유지에 중요하며, 피부를 단단하게 만드는 역할을 한다.

피부에 존재하는 콜라겐은 제 1형 콜라겐이 85%를 차지하며, 제 3형 콜라겐이 15% 정도 차지하고 있다. 만일 콜라겐의 양이 부족해지거나, 콜라겐섬유가 손상되거나 하면 피부의 상태에 이상이 초래되고, 심하면 잔주름이 생기고, 피부 탄력이 감소하여 늙은 피부처럼 보이게 된다.

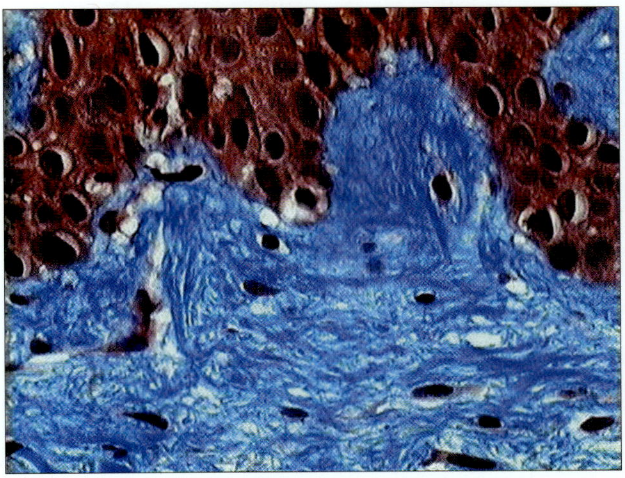

그림 1-11. 콜라겐섬유

콜라겐섬유를 파란색으로 염색한 사진이다. 진피의 대부분을 콜라겐섬유가 차지하고 있음을 알 수 있다. 그 사이에 세포, 혈관, 신경들이 존재하고 있다.

4. 탄력섬유 Elastic fiber

탄력섬유는 탄력질과 휘브릴린으로 구성되어 있다. 탄력질은 탄력섬유를 구성하는 주요 단백질로서 휘브릴린이라고 불리는 또 다른 단백질과 함께 탄력섬유의 주 구성성분이다. 탄력섬유는 진피 내에서 매우 복잡한 네트워크를 형성하고 있다.(그림 1-12) 피부의 탄력을 유지하는 중요한 구성 물질이며, 이 탄력섬유의 변성이 오면 피부탄력이 없어지고 피부가 늙게 변하게 된다.

그림 1-12. 탄력섬유
탄력 섬유를 붉은색으로 염색한 사진으로 탄력섬유가 복잡한 네트워크로 연결하면서 피부에 탄력을 주고 있음을 알 수 있다.

표피

진피

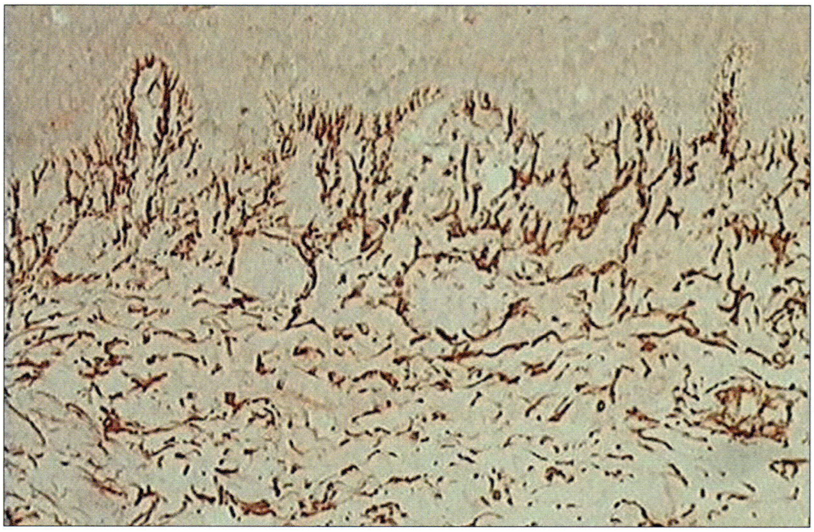

5. 글리코사미노글리칸 Glycosaminoglycan, GAG

1) 피부를 구성하는 탄수화물인 GAG

인체를 구성하는 성분에는 단백질, 지질 그리고 탄수화물이 있다. 탄수화물은 '당'이라고도 부른다. 이러한 당은 피부를 구성하는 필수적인 성분으로서 피부의 형태를 유지시키며 에너지를 공급하는 매우 중요한 역할을 하고 있다. 피부에 중요한 당으로 글리코사미노글리칸이 있다.

2) GAG의 종류

6가지 GAG가 피부에서 중요한 역할을 하고 있다.

1. 히알루론산(hyaluronic acid) (그림 1-13)
2. 콘드로이틴 황산염(chondroitin sulfate) (그림 1-14)
3. 더마탄 황산염(dermatan sulfate)
4. 헤파란 황산염(heparan sulfate)
5. 헤파린(heparin)
6. 케라탄 황산염(keratan sulfate)

상기 6가지의 GAG 중에서 히알루론산을 제외하고 5가지의 GAG는 황산기(SO_4^-)를 가지고 있다. 또한 모든 GAG는 구조적으로 카르복시기(COO^-)를

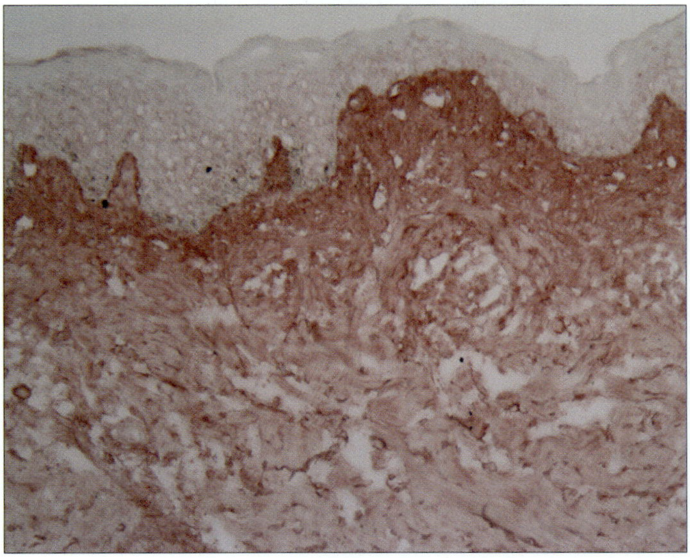

그림 1-13. 히알루론산

피부에서 히알루론산을 염색한 사진이다. 표피와 진피에 많은 양의 히알루론산이 존재한다. 표피에서는 그 양이 진피보다 적은 것을 알 수 있다.

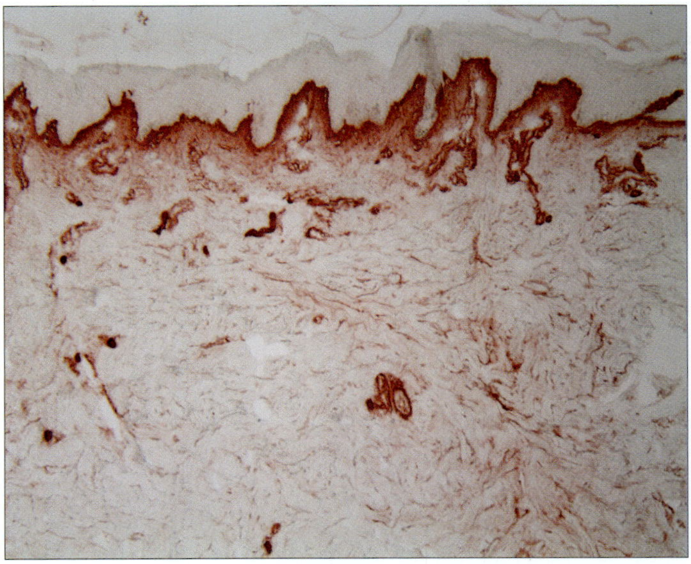

그림 1-14. 콘드로이틴 황산염

피부에서 콘드로이틴 황산염을 염색한 사진이다. 표피-진피 경계부와 상부 진피에 많은 양의 콘드로이틴 황산염이 존재한다.

가지고 있다. 따라서 GAG에 존재하는 황산기와 카르복시기 때문에 이들 GAG들은 전기적으로 음전하를 띠게 되며, 그 결과 물 분자와 결합을 잘 하게 된다.

3) GAG는 보습능력이 탁월

GAG는 자신의 분자량보다 1,000배 이상의 많은 물 분자와 결합하는 능력을 가지고 있다. 피부에서는 이들 GAG들이 물 분자를 잡고 있기 때문에 피부의 수분을 유지할 수 있다. GAG는 피부가 건조되는 것을 예방하고 피부를 촉촉하게 유지하게 하는 기능을 하고 있으며 GAG 성분이 감소하면 피부가 건조해지게 된다.

4) GAG의 중요한 기능

GAG는 피부에서 중요한 역할을 하고 있기 때문에 GAG 성분에 이상이 발생하면 우리 피부에 여러 가지 문제가 발생하게 된다.

1. GAG는 세포막의 외부 표면에 존재하거나 세포 밖에 존재하여 콜라겐 섬유나 탄력섬유 사이의 빈 공간을 채우는 역할을 하고 있다.
2. 세포 주위에 존재하는 각종 단백질의 변화나 주위 세포의 변화를 인지하여 세포에 그 변화를 알려주는 신호를 전달함으로써 세포들의 성장, 분화 및 기능에 영향을 주고 있다.
3. 또한 세포와 세포, 세포와 각종 섬유들 사이에 서로 신호를 주고받을 수 있도록 하여 피부의 기능을 정상적으로 유지하도록 해 주고 있다.

6. 프로테오글리칸 Proteoglycan

1) GAG가 붙어 있는 단백질

일반적으로 GAG는 단독으로 존재하지 않고 어떤 단백질에 결합한 상태로 존재하는데, 이러한 GAG가 결합된 단백질들을 프로테오글리칸이라고 부른다. 그리고 GAG가 결합하는 단백질 부분을 프로테오글리칸의 핵심단백질(core protein)이라고 부른다.(그림 1-15) 다시 말해, 프로테오글리칸은 핵심단백질과 GAG의 두 부분으로 이루어져 있는 것이다. 피부에서 중요한 GAG들 중 히알루론산을 제외하고는 모두 핵심단백질과 결합하고 있으며, 히알루론산은 핵심단백질과 결합하지 않고 단독으로 존재한다.

대표적인 프로테오글리칸으로는 신데칸(syndecan), 펄리칸(perlecan), 버지칸(versican), 데코린(decorin) 등이 있다.

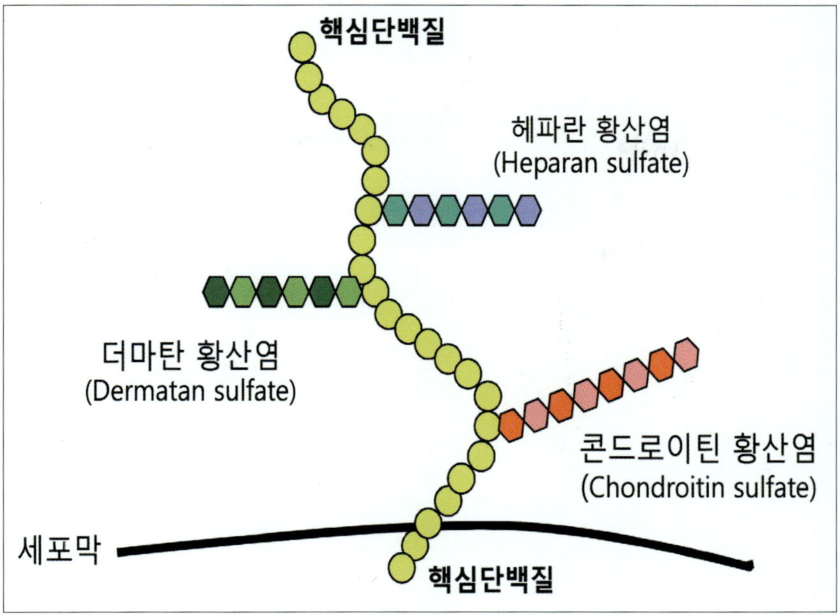

그림 1-15. 프로테오글리칸
GAG가 결합된 단백질들을 프로테오글리칸이라고 부른다. 콘드로이틴 황산염, 더마탄 황산염, 헤파란 황산염을 비롯한 여러 GAG들이 핵심단백질에 결합한다.

2) 프로테오글리칸의 기능

프로테오글리칸은 피부의 구조와 형태 유지에 중요하며 주위 조직의 상태를 세포에 전해주는 역할을 하고 있다. 즉, 세포와 주위 조직과의 신호를 주고받는 역할을 하면서 주위 환경의 변화에 따라 세포가 적절하게 반응을 하고 기능을 하도록 해주고 있다.

7. 혈관 Blood vessel

혈관은 피부에 영양분을 공급하는 중요한 기능을 하고, 또한 염증세포 및 면역세포를 피부까지 운반하는 역할을 한다. 피부의 표피에는 혈관이 없으나 진피에는 동맥, 모세혈관 그리고 정맥혈관이 복잡한 그물망 모양의 분포를 하면서 피부에 산소와 영양분을 공급하고 있다.(그림 1-16) 표피에는 혈관이 없기 때문에 영양분은 진피에서부터 공급을 받고 있다. 진피에 존재하는 혈관의 크기와 수가 매우 중요하며, 혈관이 많아지거나 적어지면 피부에 이와 관련된 질환이 발생하게 된다.

그림 1-16. 진피 내 혈관 분포

진피 내 혈관(화살표)을 염색한 사진이다. 표피에는 혈관이 없다.

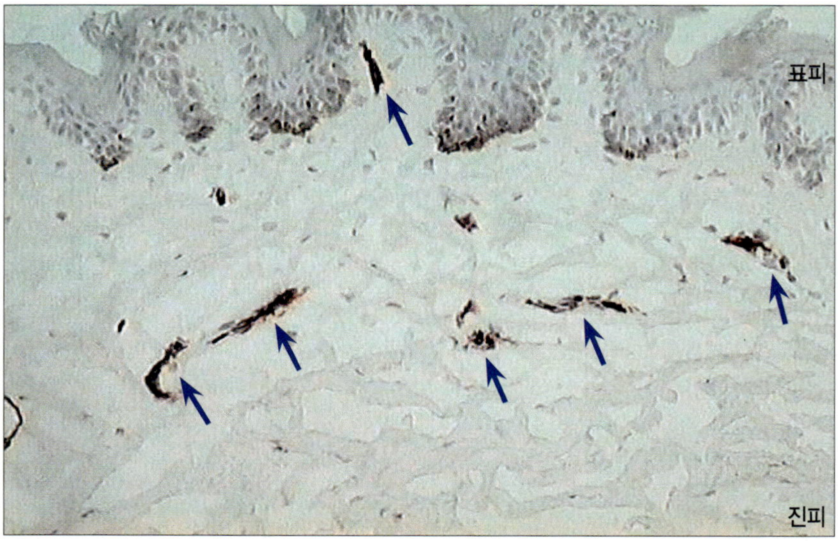

8. 신경 Nerve

피부에는 통증, 가려움증, 온도감각 등 감각을 느끼는 감각신경과 우리 피부의 혈관기능, 땀분비 등의 생리적 현상을 조절하는 자율신경이 존재한다.(그림 1-17)

9. 땀샘 Eccrine gland

땀샘은 땀을 형성하여 땀을 배출시키고, 체온을 조절하는 기능을 하고 있다. 땀샘은 손바닥, 발바닥, 겨드랑이에 많이 존재하며, 진피 내에 존재한다.

10. 피지샘 Sebaceus gland

피지샘은 얼굴과 두피에 그 수가 많으며, 가슴 윗쪽, 등 윗쪽 부위에 많이 존재한다. 피지를 분비하여 피부에 기름막을 형성하게 해준다. 피지분비가 많은 사람은 지성피부가 된다. 피지샘은 진피 내에 존재하며 분비된 피지는

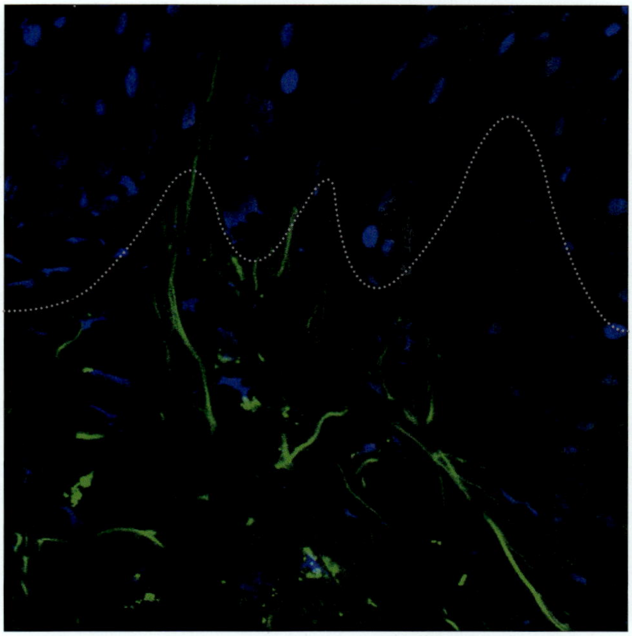

그림 1-17. 표피와 진피 내 신경 분포

피부에 존재하는 신경을 초록색 형광으로 염색한 사진이다. 표피 안까지 신경이 존재한다. 점선이 표피와 진피의 경계부이다. 파란색은 세포핵들이다.

피지관이 모낭으로 연결되기 때문에 모낭을 통하여 배출되게 된다. 모낭이 막히면 피지 분비가 안되고 여드름이 생기게 된다. 피지 분비가 많으면 지루 습진과 같은 피부질환이 발생한다.

11. 아포크린샘 Apocrine gland

아포크린샘은 겨드랑이와 외음부에 많이 존재하는 샘으로 특이한 체취를 내게 한다. 진피 내에 존재한다.

III. 피하지방층 Subcutaneous fat

1) 에너지 저장고인 피하지방층

피하지방층은 지방세포로 구성되어 있다.(그림 1-18) 지방층의 두께는 지방세포의 수와 크기에 따라 결정된다. 지방세포의 수는 평생 동안 거의 변하지 않기 때문에 지방층의 두께는 지방세포의 크기로 결정된다.

몇 년 전까지만 해도 지방층은 단순히 남아도는 에너지를 지방의 형태로 저장하는 에너지 저장고로서의 역할이 강조되어 왔다. 음식을 많이 먹고, 운동을 하지 않으면 여분의 영양분이 지방의 형태로 지방세포에 축적되어 지방세포의 크기가 커진다. 반면에 음식을 적게 먹고, 운동을 많이 하면 지방세포에 저장된 지방을 에너지로 사용하기 때문에 지방세포의 크기가 작아지고, 지방이 빠지게 된다.

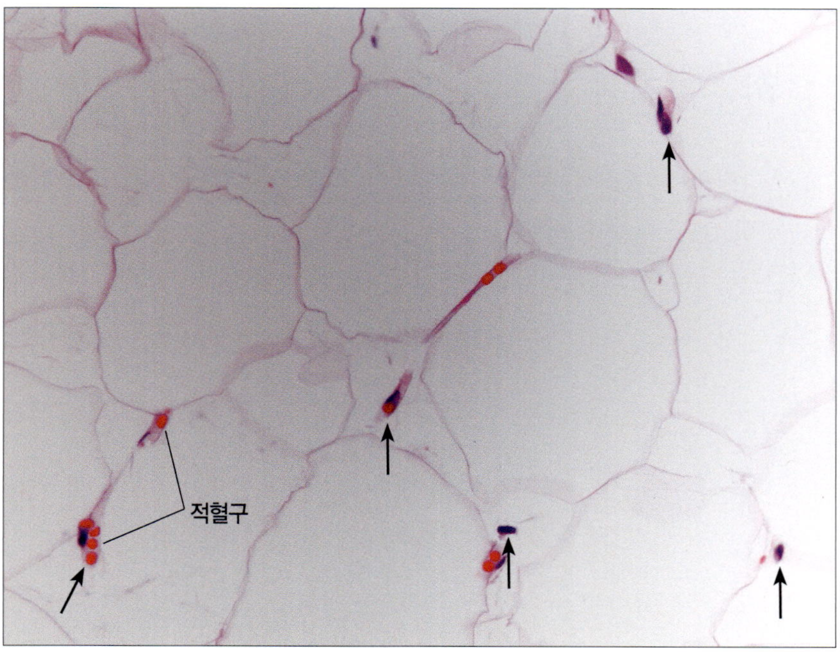

그림 1-18. 피하지방세포

지방세포의 핵은 세포를 채우고 있는 지방 때문에 밀려 한 쪽으로 치우쳐 있으며(화살표), 지방세포 사이에 혈관이 존재하며 그 안에 적혈구가 붉은색으로 보이고 있다.

2) 피하지방층은 체온 유지에 중요

지방층은 우리 몸의 체온을 유지한다. 겨울철에 뚱뚱한 사람이 마른 사람보다 추위를 덜 타는 것은 뚱뚱한 사람의 두꺼운 지방층이 체온 발산을 막아주기 때문이다. 반면에 뚱뚱한 사람은 지방층이 체온 발산을 막기 때문에 여름철에 땀을 많이 흘리게 된다. 지방층이 체온 발산을 막고 있으나, 땀이 증발하면서 체온을 빼앗아가기 때문에 체온 조절이 가능하다.

3) 피하지방층은 대사과정 및 염증반응에 관여

지방세포는 에너지를 저장하는 역할말고도 여러 가지 물질을 분비하여 우리 몸의 각종 대사에 관여하고 있다. 또한 지방세포에서 분비되는 물질들이 염증반응과 면역반응에 관여하고 있다. 따라서 지방세포는 에너지를 저장하는 역할 이외에도 우리 몸을 건강하게 유지하기 위해 중요한 역할을 하고 있는 중요한 세포이다.

4) 아디포카인

지방세포가 분비하는 여러 가지 물질들을 총칭하여 아디포카인(adipokine)이라고 한다. 어떤 아디포카인은 비만인 사람의 지방세포에서 많이 생성되는 반면에, 어떤 아디포카인은 비만인 사람에게서 오히려 적게 생성된다. 일반적으로 비만인 경우에 많이 만들어지는 아디포카인들은 건강에 좋지 않은 영향을 미치고, 마른 사람에게서 많이 만들어지는 것들은 건강에 좋은 효과가 있음이 알려지고 있다.

아디포카인 중에 가장 유명하고 연구가 많이 된 물질이 두 가지가 있다. 하나는 아디포넥틴(adiponectin)이라 불리는 물질이며, 다른 하나는 렙틴(leptin)이란 물질이다.

(1) **아디포넥틴:** 아디포넥틴은 비만인 사람의 지방세포에서는 그 생성이 감소한다. 아디포넥틴은 당뇨병을 억제하며, 염증을 억제하고, 동맥경화를 예방하는 등의 좋은 작용을 한다고 알려져 있다. 또한 피부에서도 중요한 역할이 발견되고 있다. 아디포넥틴이 부족해지면 건선, 주사피부염 등의 피부질환이 악화하며, 남성형 탈모증 또는 민감성피부염을 유발한다고 알려지고 있다. 따라서 아디포넥틴을 보충해 주면 비만, 당뇨병, 건선, 남성형 탈모증, 민감성피부염을 호전시킬 수 있다.

(2) **렙틴:** 중요한 아디포카인인 렙틴은 비만인 사람에게서 합성이 증가되어 있다. 이 렙틴이란 물질은 비만을 줄이는 작용을 한다. 즉, 비만인 사람에서는 비만에서 탈출하기 위한 자구의 노력으로 렙틴이란 물질을 만드는 것이다. 렙틴이 많아지면 식욕이 감소하게 되어 덜 먹게 되어 비만에 도움이 된다.

IV. 표피부속기 Epidermal appendage

털(모발), 손톱, 발톱, 땀샘, 피지샘, 아포크린샘 등은 발생학적으로 표피에서 유래하기 때문에 표피부속기라 부른다.

1. 모발 Hair

1) 모발은 모낭에서 형성

모발은 모낭세포에서부터 만들어진다. 모발은 머리카락, 수염과 같은 굵은 털(terminal hair)과 몸과 얼굴에 나 있는 가는 솜털(vellus hair)로 나뉜다. 모낭의 위치는 피하지방층과 진피 내에 위치하고 있다.

2) 모발 주기

모낭은 성장기, 퇴행기, 휴지기의 세 가지 주기를 반복하면서 털이 자라고 빠지게 된다.

(1) **성장기(anagen)**: 털이 성장하는 시기로 머리카락의 경우는 3년 정도이며, 그 후에는 퇴행기로 접어든다.

(2) **퇴행기(catagen)**: 털이 빠질 준비를 하는 기간으로 머리카락의 경우는 3주 정도이다. 이 시기에는 털이 가늘어진다.

(3) **휴지기(telogen)**: 털이 빠지는 시기이며 머리카락의 경우는 3개월 정도이다.

2. 손톱, 발톱 Nail

손톱, 발톱은 피부가 각질화된 구조물이다.

참고문헌

1. 조광현 외 대한피부병리학회. 피부병리학. 제3판. *대한의학서적*. 2017. 1장 정상피부 Normal histology of the skin. pp. 11-30.
2. 서울대학교 의과대학 피부과학교실 편. 의대생을 위한 피부과학 4판. *고려의학*. 2017. 01.피부의 구조와 기능. pp. 1-15.
3. William D. James, Dirk Elston, James R. Trea, Misha A. Rosenbach. Andrews' Diseases of the Skin: Clinical Dermatology 13th Edition. *Elsevier*. 2019. 1. skin: Basic Structure and Function. pp. 1-10.
4. Sewon Kang, Masayki Amagai, Anno L. Bruckner, Alexander H. Enk, David J. Margolis, Amy McMichael, Jeffrey S. Orringer. Fitzpatrick's Dermatology. *Ninth Edition*. 2019. PART2: Structure and Function of Skin. pp. 49-352.
5. 대한피부과학회 교과서 편집위원회. 피부과학. 7판. *맥그로힐에듀케이션코리아*. 2020. Chapter 01. 피부의 구조와 기능. pp. 1-26.

02
Chapter

피부의 기질(Matrix)

피부는 여러 종류의 세포들과 그 사이사이를 채우는 기질로 이루어져 있다.
피부에 존재하는 세포들을 서로 연결해주는 물질로서 기질이 존재하며, 주로
단백질과 탄수화물 성분으로 이루어져 있다.

Chapter 2 / 피부의 기질(Matrix)

Chapter 02 Dermatogerontology

피부의 기질(Matrix)

1) 피부

피부는 여러 종류의 세포들과 그 사이사이를 채우는 기질로 이루어져 있다.

2) 피부에 존재하는 세포들

각질형성세포, 멜라닌세포, 랑게르한스세포, 섬유아세포, 비만세포, 혈관내피세포, 림프구, 땀샘세포, 피지세포 등 피부에는 여러 세포가 존재한다.

3) 기질

피부에 존재하는 세포들을 서로 연결해주는 물질로서 기질이 존재하며, 주로 단백질과 탄수화물 성분으로 이루어져 있다. 대표적인 기질 성분으로는 콜라겐섬유, 탄력섬유, 글리코사미노글리칸, 프로테오글리칸 등이 있다.

I. 콜라겐

1. 콜라겐의 종류

피부의 진피를 구성하는 가장 많은 성분이 콜라겐이다. 콜라겐은 피부 진피 무게의 약 80%를 차지하고 있다. 콜라겐은 여러 종류가 존재하지만 피부 진피에서는 1형 콜라겐이 약 85%를 차지하며, 3형 콜라겐이 약 15%를 차지하고 있다.

2. 콜라겐의 기능

진피에서 콜라겐은 콜라겐섬유를 형성하여 피부의 형태를 유지하며 피부 조직을 단단하게 만들어 준다.

3. 콜라겐 합성 과정(그림 2-1)

1. 섬유아세포에서 콜라겐 단백질을 합성한다.(그림 2-2)
2. 섬유아세포가 만드는 콜라겐은 '전구 콜라겐(procollagen)'이다. 전구 콜라겐 분자 세 개가 모여 서로 꽈배기 모양으로 꼬이고, 서로 결합하여 콜라겐섬유의 초기 형태를 만든다.
3. 세 분자의 전구 콜라겐이 결합한 후에 세포 밖으로 내보내진다.
4. 세포 밖에서 전구 콜라겐의 양쪽 끝 부분이 효소에 의해 잘려진다.
5. 양끝이 잘려진 다음에 서로 결합하여 더 굵은 콜라겐섬유를 형성하게 된다.

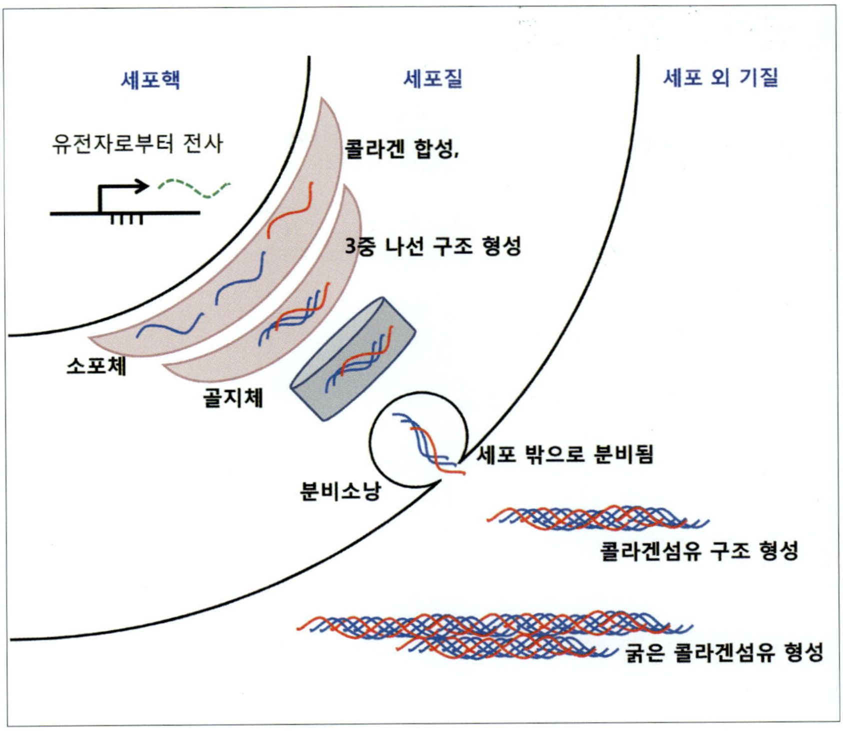

그림 2-1. 콜라겐 합성 과정

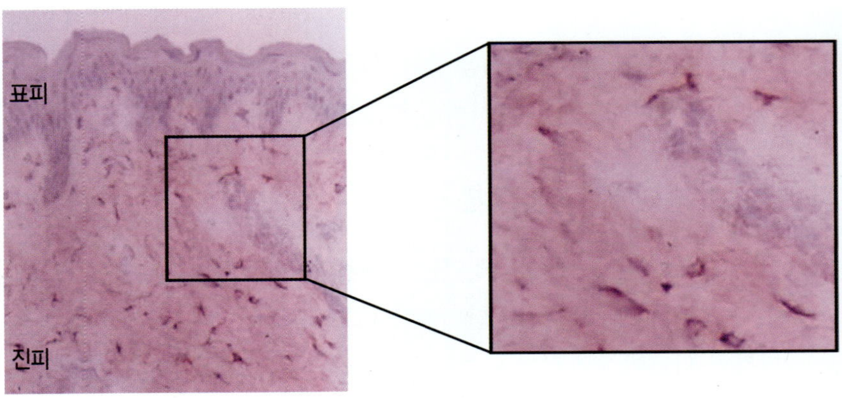

그림 2-2. 섬유아세포에서의 콜라겐 합성

피부 진피에 위치하는 섬유아세포에서 콜라겐 단백질을 형성하고 있다. 콜라겐을 붉은색으로 염색하였으며, 붉게 염색된 세포들이 콜라겐 단백질을 형성하는 섬유아세포들이다.

4. 콜라겐 합성 조절

살다보면 피부의 섬유아세포에서 콜라겐을 많이 만들 필요가 생긴다. 예를 들어 피부에 상처가 났을 때는 섬유아세포가 콜라겐을 많이 만들어서 상처 부위를 채워야 한다. 이러한 경우 콜라겐을 만들라는 신호는 상처 부위에 모인 세포들이 내는 물질을 통하여 섬유아세포에게 전달되며, 그 신호를 받은 섬유아세포는 콜라겐의 합성을 증가시킨다.

1) 강력한 콜라겐 합성 조절 물질 TGF-β

콜라겐의 합성을 증가시킨다고 가장 잘 알려진 물질이 TGF-β 라고 부르는 물질이다. TGF-β는 여러 종류의 세포에서 만들어지며 세포가 만든 물질들을 의미하는 싸이토카인 중에 가장 유명한 것 중의 하나이다.

TGF-β는 섬유아세포로 하여금 콜라겐을 많이 만들도록 한다. TGF-β는 처음 만들어질 때는 비활성화된 형태로 효능이 없다. 그러다 어떤 물질에 의하여 활성이 강력한 TGF-β 형태로 변환된다. 이처럼 TGF-β를 활성화시키는 물질이 트롬보스폰딘(thrombospondin)이다.

활성이 있는 TGF-β만이 콜라겐의 합성을 증가시키기 때문에 트롬보스폰딘의 양이 많으면 활성이 있는 TGF-β가 많이 만들어져서, 콜라겐의 양이 많아지게 된다. 따라서 TGF-β의 합성을 증가시키거나 또는 TGF-β를 활성화시키는 트롬보스폰딘의 합성을 증가시키면 콜라겐의 합성을 증가시킬 수 있다.

2) TGF-β/Smad 신호전달 경로

활성이 있는 TGF-β는 세포막에 있는 수용체와 결합하여 신호를 핵으로 전달하게 된다. 이때 여러 종류의 단백질을 이용하는데 TGF-β가 신호를 핵으로 전달하기 위하여 사용하는 단백질이 '스메드(smad)'라고 부르는 단백질이다. 스메드라고 불리는 단백질은 여러 종류가 있으며, 종류에 따라 하는 역할이 다양하다. 스메드 단백질들은 TGF-β가 세포막에 결합 후부터 핵에서 콜라겐 유전자의 발현이 증가될 때까지 TGF-β의 신호를 핵까지 전달해 주는 역할을 하고 있다. 따라서 스메드 단백질의 작용을 조절하면 콜라겐의 합성을 조절할 수 있다.

II. 탄력섬유 Elastic fiber

1. 탄력섬유 구성 단백질

탄력섬유는 피부의 탄력을 유지하는 중요한 구조물이다. 탄력섬유는 여러 단백질이 결합하여 탄력섬유를 구성하고 있다. 탄력섬유를 구성하고 있는 단백질 중에서 중요한 두 가지 단백질은 엘라스틴과 휘브릴린이라고 불리는 단백질이다.(그림 2-3)

(1) **휘브릴린(fibrillin)**: 탄력섬유의 골격을 이루는 섬유 성분은 휘브릴린 단백질로 구성되어 있다. 휘브릴린으로 구성된 섬유 골격이 만들어지면 이 골격에 엘라스틴 단백질이 붙어서 탄력섬유를 이루게 된다. 휘브릴린은 각질형성세포와 섬유아세포가 만들며, 두 세포가 협력하여 휘브릴린의 섬유골격을 만든다.

(2) **엘라스틴(elastin)**: 엘라스틴이란 단백질은 주로 진피에 존재하는 섬유아세포에서 만들어진 후 휘브릴린의 섬유골격에 붙어서 완성된 탄력섬유를 만들게 되는 것이다.

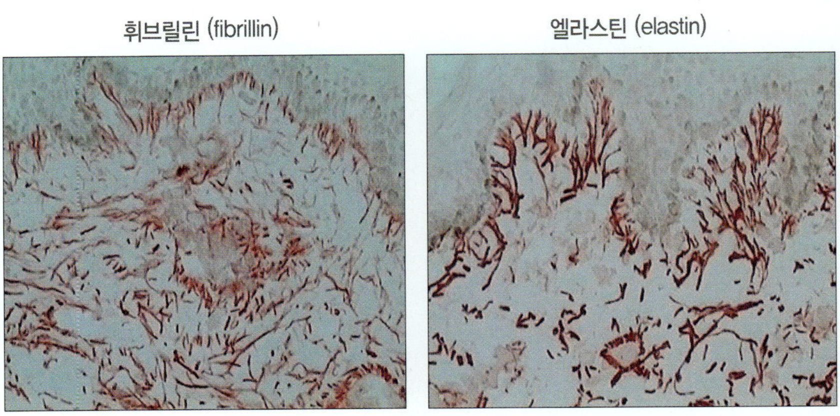

그림 2-3. 탄력섬유의 구성 단백질

탄력섬유는 휘브릴린과 엘라스틴 단백질로 이루어져 있다. 사람 피부의 탄력섬유를 각각의 구성 단백질에 대하여 특수 염색한 것이다.

2. 탄력섬유의 종류

탄력섬유의 굵기와 위치에 따라서 세 가지로 구분한다. (그림 2-4)

(1) **옥시탈란 섬유(oxytalan fiber):** 표피에 붙어서 수직으로 배열된 아주 가는 탄력섬유를 옥시탈란 섬유라고 부른다. 옥시탈란 섬유의 윗부분은 휘브릴린 단백질로만 이루어져 있으며 엘라스틴이 침착되어 있지 않는 특징이 있다.

(2) **에나울린 섬유(enaulin fiber):** 그 밑에 있는 가로로 배열되어 있는 중간 굵기의 탄력섬유를 에나울린 섬유라고 부른다.

(3) **탄력섬유(elastic fiber):** 상부 진피를 제외한 대부분의 진피에 존재하는 굵은 탄력섬유를 그냥 탄력섬유라고 부른다.

그림 2-4. 탄력섬유의 종류

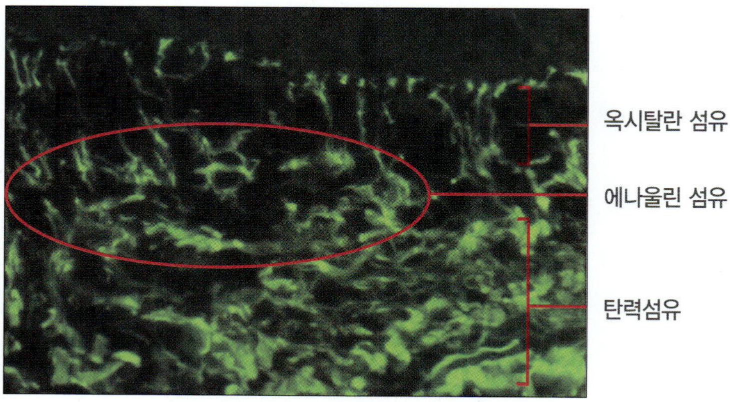

Ⅲ. 기질단백질 분해효소인 MMP

1. Matrix metalloproteinase: MMP

기질단백질 분해 효소의 일종으로, MMP라고 간략하게 부른다.

1) Matrix

Matrix란 우리말로는 기질이란 뜻이다. 우리 몸은 세포와 여러 세포들 사이를 채우고 있는 물질로 이루어져 있다. 이 세포들 사이를 채우고 있는 물질을 기질이라고 한다.

2) Metalloproteinase

이 단어는 두 영어 단어가 합쳐진 것이다.

(1) **Metallo:** Metallo는 금속이란 의미이며, 이 효소의 안쪽에 아연이나 망간 등과 같은 금속성분이 들어 있기 때문에 이름에 metallo라는 단어가 사용되고 있다.

(2) **Proteinase:** Proteinase라는 단어는 단백질을 분해하는 효소라는 의미의 단어이다. 따라서 matrix metalloproteinase (MMP) 효소는 기질을 구성하는 단백질을 녹이는 효소 중에서 화학 구조상 금속 성분을 포함하고 있는 효소들을 말한다. 이 금속 성분은 효소의 활성에 매우 중요하며 만일 이 금속을 없애면 효소의 활성이 없어지게 된다.

2. MMP 효소의 종류

MMP 효소의 종류는 수십 가지가 있으며 각각의 MMP 효소가 분해할 수 있는 단백질이 다르다. 또한 각각의 MMP 효소를 합성하는 피부세포도 매우 다양하다. MMP 효소는 번호를 붙여서 이름을 짓고 있다. 예를 들어 MMP-1, MMP-2, MMP-3, MMP-9, MMP-12 등과 같이 번호를 붙인다.

1) MMP-1

여러 MMP 효소 중에서 가장 중요한 역할을 하는 것은 MMP-1 효소이다. 콜라겐을 분해하기 위해서는 MMP-1 효소가 꼭 있어야 한다. MMP-1은 콜라겐을 처음으로 분해하기 시작하는 효소이며 콜라겐 분자 구조에서 이 효소가 자르는 부위가 정해져 있다.

MMP-1이 콜라겐의 특정 부위에 작용하여 콜라겐을 두 조각으로 자르게 된다. 따라서 MMP-1을 '콜라겐 분해효소'라고 부르며, 영어로는 'collagenase'라고 부른다. MMP-1에 의하여 둘로 잘라진 콜라겐 조각을 '젤라틴(gelatin)'이라고 부른다. 젤라틴 형태로 변화된 콜라겐은 다시 여러 MMP 효소들에 의하여 더 잘게 분해된다.

2) MMP-2와 MMP-9

젤라틴(gelatin)을 분해하는 효소를 '젤라틴 분해효소'라고 하며, 영어로는 'gelatinase'라고 부른다. 젤라틴 분해효소에는 MMP-2와 MMP-9이 대표적인 효소이다. 젤라틴이 효소에 의하여 잘게 분해되며, 그 결과 생긴 아미노산들은 단백질 합성에 다시 사용된다.

3) MMP-12

피부노화 과정에서 중요한 역할을 하는 또 다른 MMP 효소로는 MMP-12가 있다. 이 효소는 탄력섬유를 분해하는 효소이다.

Ⅳ. MMP 억제단백질인 TIMP

우리 몸에는 자연적으로 MMP 효소를 억제하는 물질이 존재한다. 만일 MMP 효소의 활성을 중지할 필요가 있을 때는 세포들이 이 물질의 합성을 증가시켜 MMP 효소와 결합하여 MMP 효소의 활성을 억제시킨다. 이 물질은 TIMP라고 하는 단백질이다. TIMP는 Tissue inhibitor of metalloproteinase라는 이름의 약자이다.

정상 피부조직에서는 MMP 효소와 TIMP가 적당한 비율로 존재하면서 MMP 효소의 작용이 필요할 때만 적절히 발휘되도록 조절하고 있다. 자외선을 받으면 MMP 효소가 많이 만들어지고, MMP 효소의 활성을 억제하기 위하여 TIMP의 양도 따라서 증가한다. 그러나 결국에는 MMP 효소와 TIMP의 비율이 정상 범위 밖으로 벗어나게 되며, 결국에는 MMP 효소의 작용이 증가하게 되고, 그 결과 기질단백질의 분해가 증가하게 되는 것이다.

따라서 TIMP의 합성을 증가시키는 천연물질을 화장품 원료로 이용하는 것은 자외선에 의해 증가한 MMP 효소의 작용을 억제하기 위하여 사용할 수 있는 좋은 아이디어이다.

V. 글리코사미노글리칸
Glycosaminoglycan, GAG

피부에는 히알루론산(hyaluronic acid), 콘드로이틴 황산염(chondroitin sulfate), 더마탄 황산염(dermatan sulfate), 헤파란 황산염(heparan sulfate), 헤파린(heparin), 케라탄 황산염(keratan sulfate) 등 6가지 GAG가 피부에 존재한다.

1) GAG는 이당류의 반복구조

GAG는 이당류 형태의 당이 반복적으로 연결된 구조를 이루고 있다.(그림 2-5) 당의 길이는 GAG마다 다르지만 대개의 경우 반복적으로 결합한 이당류의 수가 수백 개 정도 되며, 경우에 따라서는 수천 개를 넘는 경우도 있다. GAG의 종류는 GAG를 구성하는 이당류의 종류에 따라서 결정된다.

(1) 히알루론산(hyaluronic acid)

우리 몸에 존재하는 히알루론산의 반 이상이 피부에 존재하며, 자신의 분자량의 1,000배까지 수분을 흡수한다. 따라서 피부에 보습기능을 유지하며, 기질단백질 사이의 빈 공간을 채우는 기능을 한다. 또한 주위 세포의 기능을 조절하는 역할도 하고 있다. 피부에서 혈관재생, 면역반응, 염증반응, MMP 효소 합성 조절 등 중요한 역할을 하고 있다.

세포막에 존재하는 합성효소(hyaluronic acid synthase)에 의해 합성되어 분비된다. 히알루론산은 프로테오글리칸과 결합하지 않고 단독으로 존재하며, 황산기를 가지고 있지 않는 유일한 GAG이다.

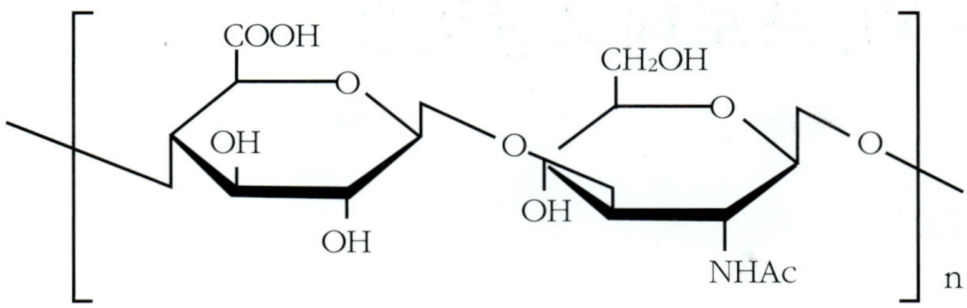

D-글루쿠론산
(D-glucuronic acid)

N-아세틸글루코사민
(*N*-acetylglucosamine)

그림 2-5. 히알루론산의 화학구조

히알루론산은 그림과 같은 두 개의 당으로 이루어진 이당류가 반복적으로 연결된 형태이다. 반복하는 횟수가 수십 번 내지 수천 번까지 다양하며, 그 결과 길이도 다양해진다.

(2) 히알루론산 이외의 5가지 GAG

이들 GAG는 프로테오글리칸에 부착하여 존재하며, 모두 황산기를 가지고 있다.

1. 콘드로이틴 황산염(chondroitin sulfate)
2. 더마탄 황산염(dermatan sulfate)
3. 헤파란 황산염(heparan sulfate)
4. 헤파린(heparin)
5. 케라탄 황산염(keratan sulfate)

VI. 프로테오글리칸 Proteoglycan

1) 프로테오글리칸의 종류

프로테오글리칸은 크게 두 종류가 있다. 피부세포들의 세포막 외부 표면에 존재하는 종류와 세포밖에 존재하는 종류로 구분된다.

(1) 세포막에 존재하는 프로테오글리칸

세포막에 존재하는 프로테오글리칸은 세포와 세포 주위의 구조물과의 연결을 튼튼하게 해주고, 서로 신호를 주고받는 역할을 한다. 여기에 속하는 프로테오글리칸은 주로 신데칸(syndecan) (그림 2-6)과 글리피칸(glypican)이라고 불리는 것이다.

(2) 세포 밖의 공간에 존재하는 프로테오글리칸

세포 밖의 공간에 존재하는 프로테오글리칸은 세포 밖에 있는 여러 성분들을 서로 연결하는 역할을 하고 있다. 여기에 속하는 프로테오글리칸 중에서 많이 알려진 것이 퍼리칸(perlecan), (그림 2-7) 버지칸(versican), 데코린(decorin) 등이다.

2) GAG와 프로테오글리칸의 조합

앞에서 설명한 것처럼 프로테오글리칸은 핵심단백질에 GAG가 붙어 있는 형태이다. 핵심단백질과 GAG는 서로 잘 붙는 짝이 있으며, 한 팀이 되어 피부의 구조를 형성하고, 피부의 기능을 조절하는 역할을 하고 있다.

- 버지칸의 핵심단백질은 주로 콘드로이틴 황산염과 짝을 이룬다.
- 데코린의 핵심단백질은 더마탄 황산염과 주로 짝을 이룬다
- 신데칸과 퍼리칸의 핵심단백질은 헤파란 황산염과 결합한다.

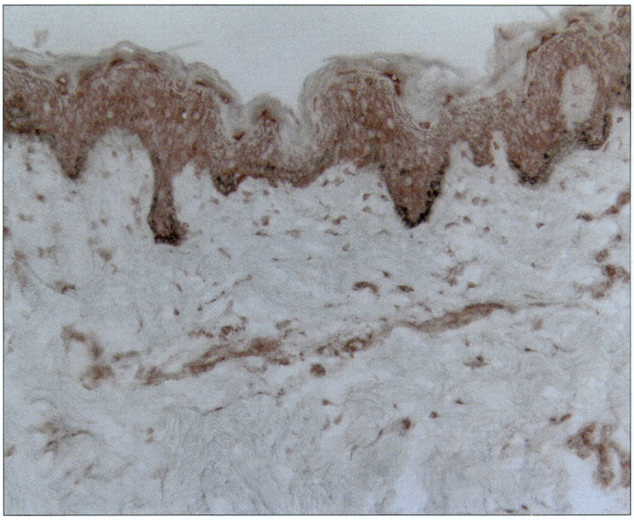

그림 2-6. 신데칸(syndecan)

젊은 사람 피부에서의 신데칸 단백질의 발현을 염색한 것이다. 주로 각질형성세포, 섬유아세포, 혈관내피세포에서 염색된다.

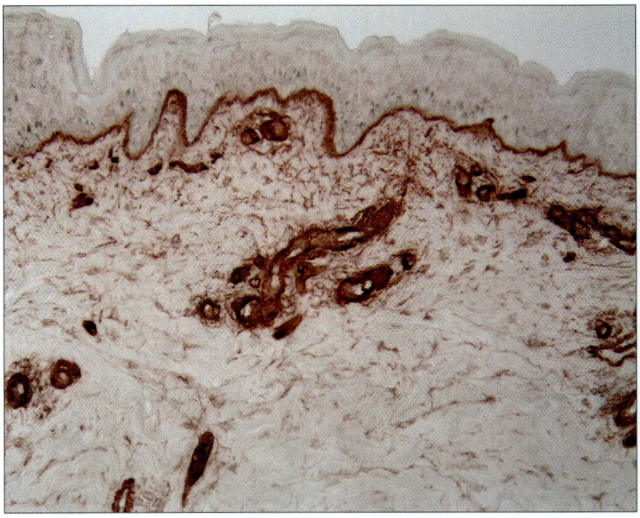

그림 2-7. 퍼리칸(perlecan)

젊은 사람 피부에서의 퍼리칸 단백질의 발현을 염색한 것이다. 주로 표피-진피 경계부, 진피 내에 염색이 되고, 혈관 주위에서 발현이 강하다.

참고문헌

1. Chung JH, Youn SH, Kwon OS, et al. Enhanced proliferation and collagen synthesis of human dermal fibroblasts in chronically photodamaged skin. *Photodermatol Photoimmunol Photomed.* 1996 Apr;12(2):84-9.
2. 김정애, 정진호, 문상은, 윤상호 외. 3차원적으로 배양한 피부 섬유아세포에서의 교원질 합성에 미치는 Ascorbic Acid, TGF-β 및 IFN-γ의 영향. *대한피부과학회지.* 1996;34(4):608-15.
3. Chung JH, Kang S, Varani J, et al. Decreased extracellular-signal-regulated kinase and increased stress-activated MAP kinase activities in aged human skin in vivo. *J Invest Dermatol.* 2000 Aug;115(2):177-82.
4. O.S. Kwon JHC, S.H. Moon, et al. The Responsiveness of Fibroblasts to all-trans Retinoic Acid is Dependent on Culture Condition and the Age of Cell-line Donors. *Kor J Invest Dermatol.* 2000;7(1):61-8.
5. Varani J, Warner RL, Gharaee-Kermani M, et al. Vitamin A antagonizes decreased cell growth and elevated collagen-degrading matrix metalloproteinases and stimulates collagen accumulation in naturally aged human skin. *J Invest Dermatol.* 2000 Mar;114(3):480-6.
6. Fisher GJ, Datta S, Wang Z, et al. c-Jun-dependent inhibition of cutaneous procollagen transcription following ultraviolet irradiation is reversed by all-trans retinoic acid. *J Clin Invest.* 2000 Sep;106(5):663-70.
7. Seo JY, Lee SH, Youn CS, et al. Ultraviolet radiation increases tropoelastin mRNA expression in the epidermis of human skin in vivo. *J Invest Dermatol.* 2001 Jun;116(6):915-9.
8. 서진영, 이기은, 정진호 외. 섬유아세포 및 인체 피부에서의 제1형 교원질 및 MMP-1 발현에 미치는 자외선의 영향. *대한피부연구과학회지.* 2001;8(2):116-22.
9. Chung JH, Seo JY, Lee MK, Eun HC, Lee JH, Kang S, et al. Ultraviolet modulation of human macrophage metalloelastase in human skin in vivo. *J Invest Dermatol.* 2002 Aug;119(2):507-12.
10. Kim S, Lee Y, Lee DH, et al. Basal and UV-induced MMP-1 expression are inhibited by p53 in human dermal fibroblasts. *Exp Dermatol.* 2008 Nov;17(11):939-45.
11. Son ED, Kim H, Choi H, et al. Cathepsin G increases MMP expression in normal human fibroblasts through fibronectin fragmentation, and induces the conversion of proMMP-1 to active MMP-1. *J Dermatol Sci.* 2009 Feb;53(2):150-2.
12. Lee Y, Kim H, Kim S, et al. Myeloid differentiation factor 88 regulates basal and UV-induced expressions of IL-6 and MMP-1 in human epidermal keratinocytes. *J Invest Dermatol.* 2009 Feb;129(2):460-7.
13. Seo JE, Kim S, Shin MH, et al. Ultraviolet irradiation induces thrombospondin-1 which attenuates type I procollagen downregulation in human dermal fibroblasts. *J Dermatol Sci.* 2010 Jul;59(1):16-24.
14. Park CH, Moon Y, Shin CM, et al. Cyclic AMP Suppresses Matrix Metalloproteinase-1 Expression through Inhibition of MAPK and GSK-3beta. *J Invest Dermatol.* 2010 Apr 1.
15. 대한피부과학회 교과서 편집위원회. 피부과학. 7판. *맥그로힐에듀케이션코리아.* 2020. Chapter 01. 피부의 구조와 기능, pp. 1-26.
16. Eduardo Calonje et al. McKEE's Pathology of the Skin. *ELSEVIER.* 2020. pp. 1-34.

03 Chapter

피부장벽(Skin barrier)

피부가 우리 몸을 외부의 더러운 환경으로부터 보호해주는 기능을 보호기능, 또는 장벽기능이라고 한다. 피부장벽 기능에서 가장 중요한 구조물이 표피의 가장 바깥층인 각질층이다.

Chapter 3 / 피부장벽(Skin barrier)

Chapter 03 Dermatogerontology

피부장벽(Skin barrier)

I. 피부장벽의 구성

1) 각질층이 피부장벽 기능에서 가장 중요

피부가 우리 몸을 외부의 더러운 환경으로부터 보호해주는 기능을 보호기능, 또는 장벽기능이라고 한다. 피부장벽 기능에서 가장 중요한 구조물이 표피의 가장 바깥층인 각질층이다.

2) 각질층은 각질세포와 지질 및 당으로 구성

각질층은 죽은 각질형성세포의 잔해인 각질세포와 죽은 각질세포의 사이사이를 채우는 지질과 당으로 이루어져 있다. 따라서 죽은 각질세포를 벽돌로, 각질세포의 사이를 채우고 있는 지질과 당은 시멘트로 비유하여 각질층을 벽돌과 시멘트(bricks and mortar)의 구조를 이루고 있다고 한다.

피부장벽은 아주 섬세하게 만들어져 있기 때문에 피부장벽을 뚫고 외부물질이 침투하기가 쉽지 않다. 따라서 피부를 통하여 어떤 물질을 침투시키는 것은 매우 어려운 일이며, 바르는 약물의 종류가 많지 않은 이유이다. 피부를 통과하기 위해서는 다음 두 가지 조건을 만족시켜야 한다.

첫째, 각질층은 지질막으로 이루어져 있기 때문에 수용성 물질을 쉽게 투과시키지 않으며, 반면에 지질에 잘 녹는 지용성 물질은 수용성보다는 피부를 투과하는데 용이하다. 따라서 지용성 물질이어야 한다. 둘째, 각질세포의 사이 공간이 매우 좁기 때문에 분자량이 큰 물질은 통과할 수 없으며, 500 달톤(dalton) 이하의 작은 물질이어야 한다. 위 두 가지 조건을 만족시키는 물질만이 피부를 통과할 수 있다.

3) 각질층의 벽돌과 시멘트 구조(그림 3-1)

(1) **각질세포:** 각질형성세포가 분화되면서 죽은 세포로서 피부장벽의 벽돌 역할을 하며, 피부의 보호장벽 기능에 중요한 역할을 한다.

(2) **표피지질:** 각질세포의 사이를 채우는 지질에는 세라마이드, 콜레스테롤, 지방산이 가장 중요하다. 이들 3종류의 지질이 1:1:1 비율로 존재하고 있다. 이들 지질성분들은 각질형성세포가 합성하며, 죽은 세포가 되기 직전에 세포 밖으로 분비하여 각질형성세포 사이를 채우게 된다. 피부장벽을 구성하는 벽돌을 서로 붙여주는 시멘트에 해당한다.

(3) **당:** 우리 피부의 가장 바깥층인 각질층에는 당 성분이 많이 존재하고 있다. 특히 적혈구 막에 존재하여 혈액형을 결정하는 당 성분과 동일한 당 성분이 각질층에 많이 존재하고 있다. 혈액형이 A형인 사람은 A형을 결

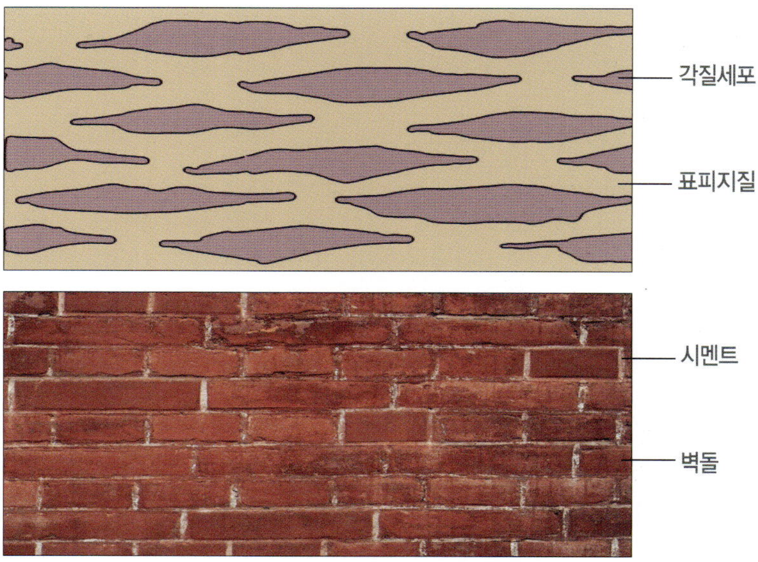

그림 3-1. 각질층의 구조

각질층은 죽은 각질세포와 그 사이에 존재하는 지질 성분으로 이루어져 있다. 각질세포를 벽돌로, 지질은 시멘트로 비유하여 피부장벽을 벽돌과 시멘트(bricks and mortar) 구조라고 한다.

정하는 혈액형 당이 각질층에 많이 존재하고 있으며, 혈액형이 B 형인 사람은 B형을 결정하는 혈액형 당이 각질층에 존재한다. 이처럼 자기 혈액형을 결정하는 당과 동일한 혈액형 당 성분이 각질층에 존재하여 피부장벽기능을 유지하는데 중요한 역할을 하고 있다.(그림 3-2) 피부장벽이 손상되어 있는 건조한 피부와 노화된 피부에서는 혈액형 당 성분이 감소되어 있으며, 혈액형 당 성분을 보충해 주면 피부장벽기능이 회복된다.

4) 혈액형을 결정하는 혈액형 당

ABO 혈액형을 결정하는 것은 당 성분이다. 당은 탄수화물의 일종으로 우리 몸을 구성하는 중요한 물질 중 하나이다. ABO 혈액형은 단당류가 5개 또는 6개 붙어 있는 형태이다.

O형은 5개의 당이 다음과 같은 순서로 연결된 것이다. 글루코스 - 갈락토스 - N-아세틸글루코사민 - 갈락토스 - 푸코오스 순서로 5개의 당이 연결되어 O형을 형성한다. A형은 O형에 N-아세틸갈락토사민이 하나가 더 붙어 있는 것이다. 즉, 6개의 당이 A형을 결정한다.(A형 = O 형 당 + N-아세틸칼락토사민) B형은 O형에 갈락토스가 하나 더 붙어 6개의 당이 B형을 결정한다.(B형 = O 형 당 + 갈락토스) 이 중 어떤 당이 자신의 적혈구 표면에 있는지에 따라 자신의 ABO 혈액형이 결정된다. AB형은 A형당과 B형당 모두 적혈구 표면에 붙어 있다.

놀랍게도 정상 피부에도 적혈구 표면과 동일하게 많은 혈액형 당이 존재한다.(그림 3-2) 피부 가장 바깥에 위치하는 각질층에 많은 혈액형 당이 존재하고, 진피에는 혈관에 혈액형 당이 존재한다. 또한 피부뿐 아니라 구강, 호흡기, 위장

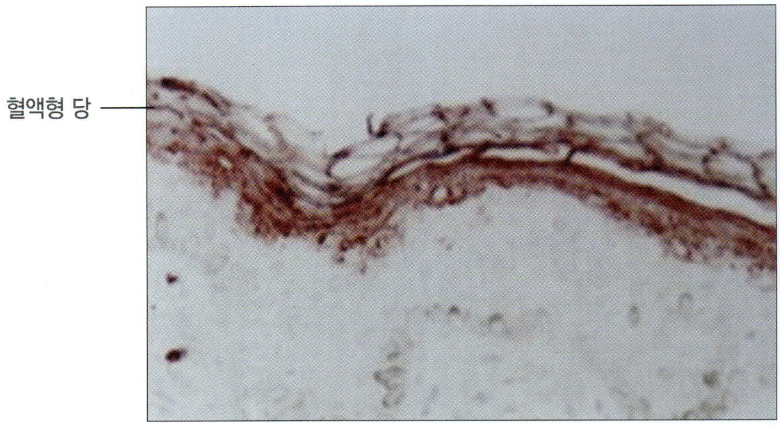

그림 3-2. 각질층에 존재하는 혈액형 당

이 그림은 정상 피부에서 혈액형 당을 염색한 것이다. 적혈구에서 혈액형을 결정하는 당성분과 동일한 당이 피부 각질층에 존재한다. 이들 당이 피부의 장벽기능에 중요한 역할을 함이 밝혀졌다.

관, 눈 , 생식기 등 외부 환경과 접하고 있는 모든 점막의 상층에 혈액형 당이 많이 존재한다. 즉, 우리 몸은 안팎으로 혈액형 당에 감싸져 있다.(그림 3-3) 이렇게 우리 몸을 외부환경으로부터 보호하는 피부와 점막에 혈액형 당이 있다는 것은 혈액형 당이 우리 몸을 보호하는데 중요한 역할을 한다는 증거이다.

혈액형 당은 단독으로 있는 것이 아니라 단백질이나 지질에 결합하고 있으며, 혈액형 당이 결합하고 있는 단백질이나 지질의 기능을 조절한다. 단백질이나 지질에 당이 붙어 있는 것을 당화(glycosylation)라고 한다. 어떤 단백질들은 혈액형 당이 붙어 있으므로써 정상기능을 하게 되고, 당이 없어질 때는 그 단백질 기능에 이상이 오게 된다. 즉, 어떤 단백질은 A형 또는 B형 당이 붙어 있을 때는 그 기능을 제대로 발휘하지만, A형 또는 B형 당이 붙지 못할 경우에는 그 기능을 못하게 된다는 뜻이다. 피부에 혈액형 당이 존재한다는 것은, 정상적으로 피부에 존재하는 단백질들에 혈액형 당이 붙어 있으며, 혈액형 당이 피부 단백질들의 기능을 조절하고 있다는 뜻이기도 하다.

현재까지 밝혀진 ABO 당이 피부에서 하는 일은 다음과 같다.

1) 혈액형 당은 피부와 점막에 많은 양이 존재하며 우리 몸을 보호하고 있다.
2) 혈액형 당은 피부의 각질층에 많이 존재하여 피부 장벽기능을 유지하고 있다.
3) 혈액형 당은 피부에서 염증을 조절하는 역할을 한다. 아토피피부염을 비롯한 염증이 발생한 피부에서는 혈액형 당이 감소된다.

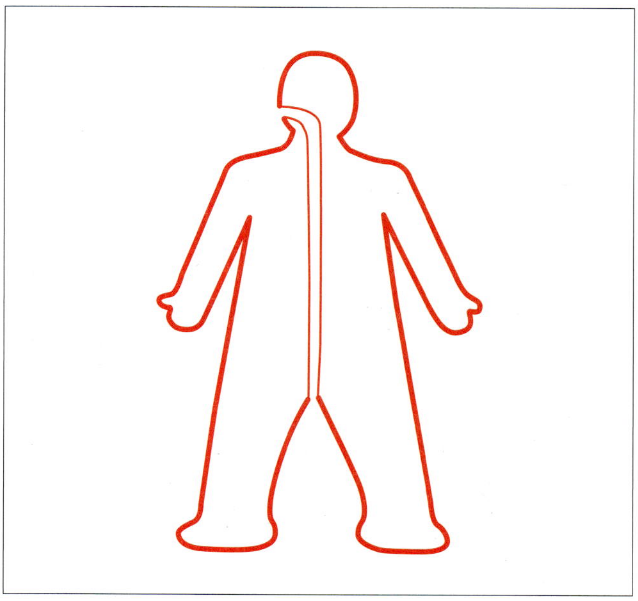

그림 3-3. 혈액형 당이 우리 몸 안팎을 감싸고 있다.

혈액형을 결정하는 당 성분이 피부와 점막에 발현하고 있다. 외부 환경으로부터 우리 몸을 보호하는 보호기능을 한다는 증거이다.

5) 피부장벽 손상에 대한 피부반응

1. 각질층의 주 성분인 지질의 합성에 문제가 있거나, 때를 심하게 밀어 각질층에 손상을 초래하는 등 피부장벽에 손상이 발생한 경우에는 수분의 손실이 일어나고, 피부가 건조해지게 된다.
2. 피부장벽에 손상이 발생하면 우리 몸은 피부장벽의 손상을 인지하고, 손상을 치유하기 위하여 각종 물질을 분비함으로써 지질합성을 촉진하며, 각질형성세포의 성장을 촉진시키고, 각질형성세포를 분화시켜서 각질세포를 보충하고자 노력하게 된다.
3. 이를 위하여 분비하는 물질을 싸이토카인(cytokine)이라고 하며, 이 물질들이 이차적으로 피부에 염증을 일으키고, 피부에 손상을 유발하게 된다. 따라서 때를 많이 밀면 피부장벽이 손상되며, 그 결과 피부가 건조해지고, 피부에 자극성 피부염이 발생하고 피부가 가려워지게 된다.

II. 피부장벽 손상에 의한 피부증상

피부장벽의 손상을 초래하는 가장 흔한 원인은 목욕하는 동안 때를 밀거나, 얼굴의 각질을 제거하거나, 외부로부터 상처를 받는 경우이다. 피할 수 없는 원인으로 나이가 들어 피부가 노화되는 경우에도 피부장벽이 손상된다. 피부장벽이 손상되면 여러가지 피부증상이 발생한다.

1. 피부건조증

각질층은 죽은 세포의 세포막과 그 사이를 채우고 있는 지질성분과 당성분으로 구성되어 있다. 각질층은 피부의 장벽 기능을 수행하는 제일 중요한 층이기 때문에 때를 미는 것과 같은 자극에 의하여 피부장벽이 손상된다.

각질층은 죽은 각질형성세포인 각질세포로 이루어져 있고, 각질세포는 곧 떨어져 나갈 세포이기 때문에 피부에 아주 살짝 붙어있다. 따라서 비누수건으로 피부를 문지르거나, 때를 밀면 각질세포가 쉽게 떨어져 나가 피부장벽 기능이 손상을 받게 된다. 그 결과 피부를 통하여 손실되는 수분의 양이 증가하게 된다. 피부는 수분을 많이 함유하고 있어야 피부가 더욱 촉촉하고 탄력이 유지된다. 피부장벽이 손상되면 수분손실이 증가하고, 그 결과로 표피에 존재하는 수분량은 감소되고, 피부는 촉촉함을 잃게 되어 건조해지고, 피부 탄력성이 감소된다.(그림 3-4)

2. 피부의 산도(pH) 증가

1) 각질층 재생 감소

피부의 산도는 정상적으로 약한 산성을 띠고 있다. 피부의 산도는 pH 5.0~5.5가 정상 수준이다. 그러나 피부장벽이 손상되면 피부의 산도가 높아져서 점점 알카리성으로 변하게 된다.

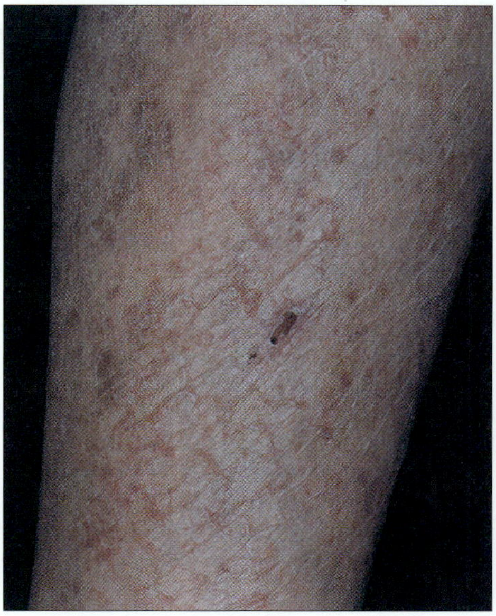

그림 3-4. 피부건조증

피부건조증은 피부에 수분이 부족한 상태로서, 피부표면이 건조하여 거칠고 가렵다. 과도한 목욕이 피부를 건조하게 만든다.

피부의 산도가 높아지게 되면 각질층을 만드는데 필요한 효소의 활성이 감소하게 된다. 살아있는 각질형성세포가 죽어서 각질층을 형성하기 위해서는 세린 프로테이스(serine proteinase), 카스페이스 14(caspase 14) 등과 같은 효소들의 작용이 필요한데, 이들 효소는 정상 산성의 산도에서는 작용을 잘 하지만 산도가 높아지면 잘 작용하지 못하게 된다. 따라서 각질층의 형성이 감소되며, 손상된 각질층의 재생도 잘 일어나지 못하게 된다.

2) 각질층 지질합성 감소

또한 피부가 알카리성이 되면 지질의 합성에 관여하는 효소의 활성이 감소하게 된다. 각질층에 존재하는 지질은 주로 세라마이드, 콜레스테롤, 지방산의 세 가지 지질성분으로 이루어져 있다.

이 중 세라마이드가 제일 중요하며, 세라마이드는 스핑고미엘린(shingomyelin)이라는 성분으로부터 스핑고미엘린 분해효소(sphingomyelinase)라는 효소에 의해서 만들어진다. 이 효소의 활성은 산성의 산도에서 가장 높으며 알카리성 산도에서는 억제된다. 따라서 피부가 건조하여 피부의 산도가 알카리 산도로 변화하면 세라마이드를 비롯한 지질 합성이 감소하게 된다. 그 결과 피부장벽 재생도 잘 되지 못한다.

3. 피부염증

손상된 각질층을 치유하기 위하여 피부세포는 여러 가지 물질을 분비하여 각질층 재생을 돕고 있다. 각질층은 각질형성세포가 죽어서 만들어지는 것이기 때문에, 손상된 각질층을 재생시키기 위해서는 더 많은 각질형성세포가 필요하게 된다. 따라서 피부세포는 여러 종류의 물질을 분비하여 각질형성세포의 성장을 촉진하게 된다.

이와 같이 세포가 만들어내는 물질을 싸이토카인(cytokine)이라고 한다. 손상된 각질층을 재생시키기 위하여 분비된 싸이토카인은 각질형성세포를 성장시켜 각질층을 더 빨리 재생시키도록 하는 기능을 하고 있다. 그러나 이들 싸이토카인은 피부에 염증을 일으키는 부작용도 일으키게 된다. 싸이토카인이 증가하면 염증세포들이 그 부위에 모이게 되어 피부에 염증이 일어나게 된다.(그림 3-5) 그 결과 건조성 습진이 발생하며, 피부가 가려워지고, 심하면 진물이 날 정도로 염증이 심해진다.

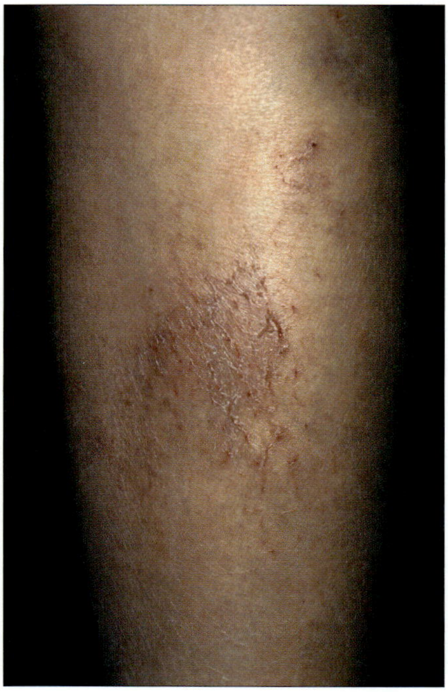

그림 3-5. 건조 피부염

각질층이 손상되어 피부장벽 기능이 파괴되면 피부가 건조해지고 피부염이 발생되기 쉽다. 피부염이 생긴 피부는 붉어지며, 가렵고, 심하면 진물이 난다.

4. 항균 능력 감소

피부에는 정상적으로 항생물질이 존재한다. 즉, 피부세포는 세균을 죽일 수 있는 물질을 만들어서 병원균이 피부에 침입하게 되면 즉각적으로 병원균을 제거하고 있다. 주로 각질층에 항생물질의 농도가 가장 높으며, 표피의 아래로 내려갈수록 항생물질의 농도는 낮아진다. 세균이 외부 환경으로부터 피부에 침입하게 되므로 표피 바깥쪽에 더 많은 항생물질이 존재하는 것은 매우 합리적이라고 할 수 있다.

가장 잘 알려진 두 가지의 항생물질은 디펜신(defensin)이란 물질과 카세리시딘(cathelicidin)이란 물질이다. 피부장벽 기능에 중요한 각질층이 소실되게 되면 각질층에 존재하는 이 두 가지 항생물질도 같이 소실되게 된다. 그 결과 균에 의한 피부감염이 잘 일어난다. 때를 밀면 각질층을 밀어버리게 되고, 각질층과 함께 항생물질도 같이 없어지기 때문에 오히려 피부에 균이 증식되는 결과를 초래한다. 깨끗해지기 위해서 목욕을 하면서 때를 밀었는데 균이 증식되는 결과를 초래하게 되다니 아이러니가 아닐 수 없다.

참고문헌

1. England DM, Solie B, Winkelmann RK. Isoantigens A, B, H in normal skin and tumors of the epidermal appendages. *Arch Pathol Lab Med*. 1979 Oct;103(11):586-90.
2. Li R, Zhang L, Wu M. [Distribution of ABH substances in normal secretor human tissue cells by avidin-biotin complex method]. *Hua Xi Yi Ke Da Xue Xue Bao*. 1994 Dec;25(4):375-9.
3. Peter M. Elias, Kenneth R. Feingold. Skin Barrier 1st Edition. CRC press. 2005. PART I. INTRODUCTION.
4. Agner, T. Skin Barrier Function. *Karger Publishers*. 2016. pp. 8-26.
5. Jin SP, Han SB, Kim YK, Park EE, Doh EJ, Kim KH, Lee DH, Chung JH. Changes in tight junction protein expression in intrinsic aging and photoaging in human skin in vivo. *J Dermatol Sci*. 2016 Oct;84(1):99-101.

04

Chapter

피부의 기능

피부의 1차 기능은 우리 몸을 보호하는 기능이며 장벽기능이라고도 한다. 피부가 없다면 우리는 잠시도 살 수 없다. 피부에서 장벽기능 역할을 하는 주된 피부층은 표피의 가장 바깥 층인 각질층이다.

Chapter 4 / 피부의 기능

Chapter 04 Dermatogerontology

피부의 기능

I. 보호기능

피부의 1차 기능은 우리 몸을 보호하는 기능이며 장벽기능이라고도 한다. 피부가 없다면 우리는 잠시도 살 수 없다. 피부에서 장벽기능 역할을 하는 주된 피부층은 표피의 가장 바깥 층인 각질층이다. 피부 각질층은 외부의 유해 요소로부터 우리 몸을 보호하는 물리적 보호막 역할을 수행하고 있다. 균의 침입을 막고, 자극물질이 피부 안으로 들어오는 것을 차단하고, 피부에 존재하는 수분이 밖으로 손실되는 것을 예방한다. 각질층은 물리적으로 어떤 유해 성분도 쉽게 통과할 수 없도록 정교하게 만들어져 있다. 또한 피부는 인체의 수분, 혈액, 영양소 등의 성분이 외부로 빠져나가지 못하게 한다. 화상을 입으면 피부의 이런 보호기능이 없어지며, 따라서 화상이 심하면 생명이 위독해지게 된다.

피부의 각질층이 물리적으로 우리 몸을 보호하는 장벽기능을 하는 것과 별도로, 피부는 면역기관으로서 외부로부터 침입한 균이나 알레르기 물질로부터 우리 몸을 보호하는 역할을 한다. 항생물질이나 항균물질을 만들어 상처난 피부를 통해 균이 몸 안으로 들어오는 것을 막는 보호장치도 만들어 놓았다. 이처럼 피부는 물리적 장벽을 통해서, 그리고 면역학적 보호장치를 통해서 우리 몸을 보호하는 기능을 수행하고 있다.

II. 비타민D 합성

우리 몸은 필요한 비타민D를 두 가지 방법으로 얻고 있다.

첫 번째, 우유를 비롯한 비타민D가 풍부한 음식을 통하여 섭취한다.

두 번째, 피부에서 비타민D를 합성한다. 피부는 비타민D를 합성하는 중요한 기능을 수행한다.

하루에 필요한 비타민D를 만들기 위하여 자외선에 피부를 노출시켜야 한다. 우유 등의 음식만으로 하루에 필요로 하는 비타민D양을 충분히 섭취하기 어렵다. 따라서 피부에서의 비타민D 합성 기능은 건강에 꼭 필요한 매우 중요한 기능이다.

1) 하루에 필요한 비타민D의 양

성인이 하루에 필요한 비타민D의 양은 2,000~4,000 단위 정도이다. 우유에 비타민D가 풍부한데 우유 한 컵에 100단위 정도 들어 있다. 따라서 하루 필요량을 섭취하기 위해서는 하루에 20~40컵 정도를 마셔야 한다. 우유 외에도 비타민D가 풍부한 음식으로는 연어, 고등어, 참치, 삼치 등의 생선류, 달걀, 버섯, 견과류 등이 있으나 음식으로만 비타민D를 하루에 필요한 양만큼 섭취하기는 거의 불가능하다고 할 수 있다.

2) 비타민D 합성 과정

피부의 각질형성세포와 섬유아세포에서 콜레스테롤을 원료로 하여 비타민D를 합성한다. 비타민D 합성은 자외선이 쪼여질 때만 일어난다. 세포 내의 콜레스테롤이 자외선을 받으면 비타민D 전단계 물질(previtamin D_3)로 변화된다. 피부에서 형성된 비타민D 전단계 물질은 혈액으로 나와 간에서 25-$(OH)D_3$로 대사되며, 다시 신장에서 1,25-$(OH)_2D_3$로 만들어져서 비로소 활성이 있는 비타민D로 완성된다.(그림 4-1)

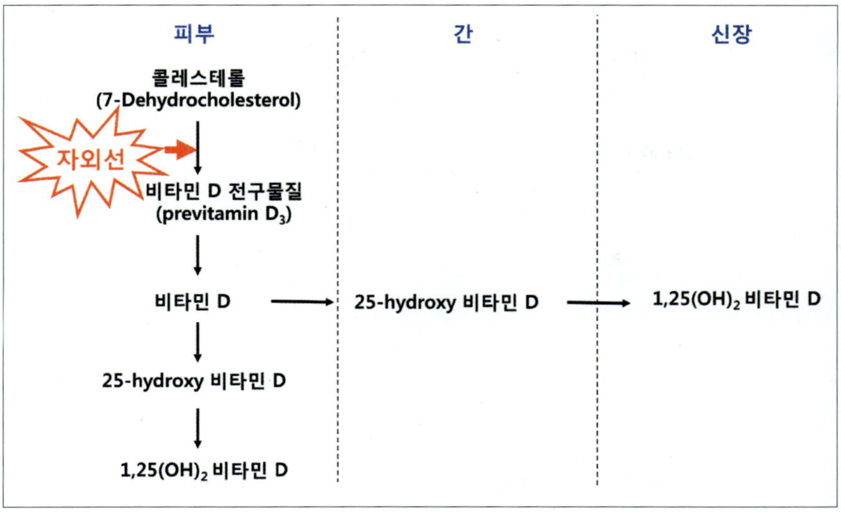

그림 4-1. 비타민D 합성 과정

콜레스테롤이 자외선을 받으면 비타민D 전단계 물질(previtamin D_3)로 변화된다. 피부에서 형성된 비타민D 전단계 물질은 혈액으로 나와 간에서 25-(OH)-비타민D로 대사되며, 다시 신장에서 1,25-$(OH)_2$ 비타민D로 만들어져서 비로소 활성이 있는 비타민D로 완성된다. 피부에서도 간과 신장에서처럼 활성이 있는 1,25-$(OH)_2$ 비타민D가 만들어진다.

3) 하루에 필요한 비타민D 합성에 필요한 자외선의 양

반팔을 입고 일상생활을 하면서 햇빛을 보면 얼굴, 목, 그리고 손과 팔의 피부에 자외선을 쪼이게 된다. 이 복장으로 우리나라 초여름 11시경의 햇빛을 기준으로 15~20분 정도 햇빛을 쪼이면 비타민D가 10,000 단위가 만들어진다. 햇빛 안에는 자외선B와 자외선A가 포함되어 있다. 이 중에서 비타민D를 만들 수 있는 자외선은 자외선B이며, 자외선A는 비타민D를 합성하지 못한다. 성인이 하루에 필요한 양이 2,000~4,000 단위이기 때문에, 필요한 양보다 훨씬 많은 비타민D가 비교적 짧은 시간의 일상생활에서 쪼이는 자외선에 의하여 만들어진다. 따라서 활동이 많은 사람은 비타민D 합성을 위하여 일부러 햇빛을 더 쪼일 필요는 없다.

4) 비타민D의 역할

비타민D가 하는 일은 매우 많다. 그 중 가장 중요한 작용은 우리 몸에 칼슘 양을 정상으로 유지하는 역할이다. 만약 비타민D가 부족하면 칼슘이 부족하게 되고, 그러면 뼈가 약해져서 골다공증이 생기고, 골절의 위험성이 증가한다. 또한 뇌의 기능을 좋게 유지하여, 인지기능을 유지시키고, 우울증 예방에도 중요한 역할을 한다. 인체의 여러 장기에서의 암 발생을 억제하는 역할도 하고 있다고 알려져 있다.

Ⅲ. 체온조절 기능

피부는 더운 환경에서 땀을 배출하여 땀이 증발하면서 체온을 낮추거나 추운 환경에서 지방층이 열의 발산을 막는 등 체온을 조절하는 기능이 있다. 두꺼운 지방층을 가지고 있는 사람은 지방층이 열의 발산을 막고 있다. 그래서 비만인 사람은 더 많은 땀을 배출하여 땀의 증발에 의하여 지방층이 막고 있는 열을 발산하고자 하는 것이다. 이것이 뚱뚱한 사람이 땀을 많이 흘리는 이유이다.

Ⅳ. 감각 기능

피부에는 신경섬유가 표피 안에까지 존재하며 다양한 감각을 느끼게 해주는 감각 수용체들이 존재한다.

Ⅴ. 사람의 외모 결정

중요한 피부 기능의 하나는 우리의 외모를 결정한다는 것이다. 피부의 상태, 모양, 특성에 의해 사람의 외모가 결정된다. 같은 사람이라도 어렸을 때는 어리게, 중년 나이에는 중후하게, 나이가 많이 들면 늙은 노인으로 보이는 것은 피부의 변화 때문이라고 해도 과언이 아니다. 피부미인이라는 말도 있다. 피부에 따라 그 사람의 미와 외모가 결정된다.

참고문헌

1. 서울대학교 의과대학 피부과학교실 편. 의대생을 위한 피부과학 4판. *고려의학*. 2017. pp. 1-15.
2. 대한피부과학회 교과서 편집위원회. 피부과학. 7판. *맥그로힐에듀케이션코리아*. 2020. pp. 1-26.

05 Chapter

피부노화에 따른 조직 변화 및 생화학적 이상

노인피부가 나이 들어 보이는 이유는 젊은 사람의 피부와 비교하여 피부조직에 변화가 생겼기 때문이다. 피부조직의 변화가 피부 밖으로 나타날 때 피부가 늙어 보이는 것이다.

Chapter 5 / 피부노화에 따른 조직 변화 및 생화학적 이상

Chapter 05

Dermatogerontology

피부노화에 따른 조직 변화 및 생화학적 이상

1) 피부가 늙어보이는 이유

노인피부가 나이 들어 보이는 이유는 젊은 사람의 피부와 비교하여 피부 조직에 변화가 생겼기 때문이다.(그림 5-1) 피부조직의 변화가 피부 밖으로 나타날 때 피부가 늙어 보이는 것이다.

피부에 주름살이 많아지고 깊어지는 이유는 피부 속 조직에 그럴만한 변화가 생겼기 때문이고, 피부에 갈색의 반점이 생기는 이유도 피부에 멜라닌 색소의 양이 많아지기 때문이다.

피부의 탄력이 노인피부에서 감소되는 이유도 피부 속에 탄력 유지를 하는 중요한 성분에 변화가 생겼기 때문이다. 즉, 피부의 겉에서 관찰되는 모든 현상과 증상, 그리고 피부의 기능 변화들은 그것을 설명할 수 있는 구조적, 화학적 변화가 반드시 피부조직에서 일어났기 때문이다.

2) 피부노화에 따라 세포와 기질단백질이 변함

피부에는 각질형성세포, 멜라닌세포, 랑게르한스세포, 섬유아세포, 비만세포 등이 존재하고 있다. 이들 세포들이 노화 현상을 거치면서 그 수와 기능에 변화가 발생하며, 그 결과 피부의 형태가 늙어 보이게 되고 피부의 생리적 기능도 감소된다.

그림 5-1. 피부가 늙어 보이는 이유

노인피부가 주름지고, 늙어 보이는 이유는 피부조직에 그럴만한 변화가 발생했기 때문이다. 노인피부의 조직에는 젊은 피부조직에서 볼 수 없는 변화가 있다.

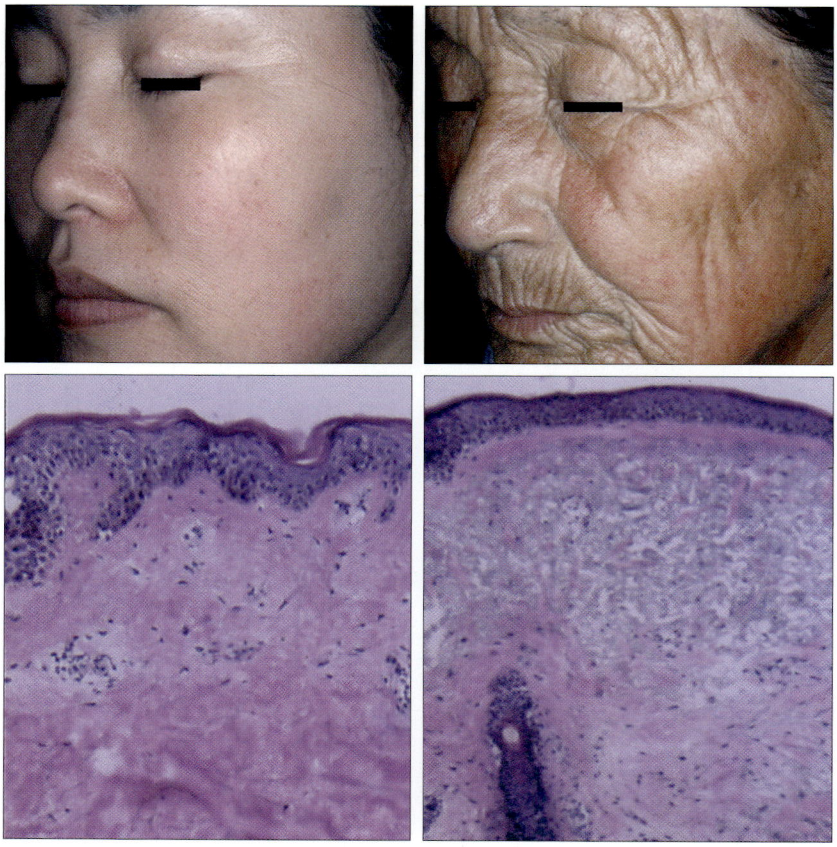

또한 노화된 피부에 나타나는 주름살과 피부의 탄력감소, 피부가 처지는 현상은 모두 진피에 존재하는 기질단백질의 변화 때문이다. 진피는 피부의 형태와 강도를 결정하고 있기 때문에 이 부분에 변화가 오면 피부의 형태 및 피부의 강도와 탄력에 변화가 올 수밖에 없다.

I. 표피 두께 감소

표피는 각질형성세포로 구성되어 있다. 각질형성세포가 약 10층의 세포층을 형성한다. 피부가 노화되면 표피의 두께가 점점 얇아진다. 10층의 세포층이 부위에 따라서는 3~5층의 세포층으로 감소된다.(그림 5-2) 표피의 두께가 얇아지는 이유는 노화에 따라 세포가 분열하는 능력이 감소하기 때문이다.

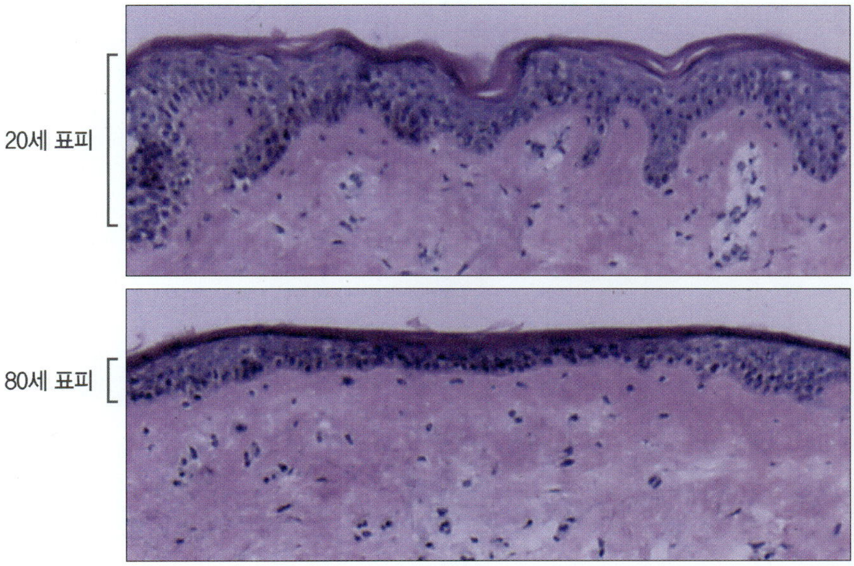

그림 5-2. 노화에 따른 표피의 변화

피부가 노화되면 표피의 두께가 얇아지고, 표피와 진피의 경계 부위가 편평해진다.

1) 각질형성세포의 분열 감소가 표피 두께 감소의 원인

표피를 구성하는 각질형성세포는 기저층에서 세포가 분열하여 한 개의 세포가 두 개의 세포로 된 후에 한 개는 그 위치에 그냥 남아 계속 세포를 만드는 역할을 하고, 새로 만들어진 세포는 다음 층으로 올라가게 된다.

이처럼 성장하는 능력을 계속 유지하여야 피부를 항상 일정한 두께로 유지하며, 건강하게 그리고 젊게 유지할 수 있다. 그러나 나이를 먹을수록 각질형성세포의 성장 능력이 감소하며, 새로운 각질형성세포를 많이 만들지 못하게 된다. 따라서 표피의 층수는 줄어들며, 표피는 얇아지게 된다. 노인피부에서 분열하고 있는 세포를 특수한 염색으로 관찰하여 보면 젊은 피부에 비하여 현저하게 감소되어 있는 것을 알 수 있다.(그림 5-3)

II. 표피진피 경계면의 굴곡 소실

정상 피부에서는 표피와 진피의 연결을 단단하게 하기 위하여 표피와 진피의 경계면이 구불구불하게 형성되어 서로의 접촉 면적을 넓게 만들고 있다. 그 결과 표피와 진피가 강하게 연결되게 된다.(그림 5-2)

그림 5-3. 각질형성세포의 분열이 노화에 따라 감소한다.

분열하는 세포의 수가 젊은 피부에 비하여 노인의 피부에서는 거의 없는 것을 알 수 있다. 분열하는 세포를 붉게 염색하였으며, 화살표로 표시하였다.

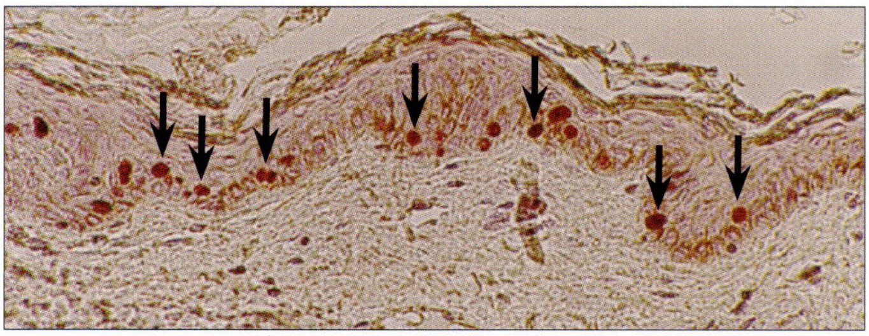
20세 피부

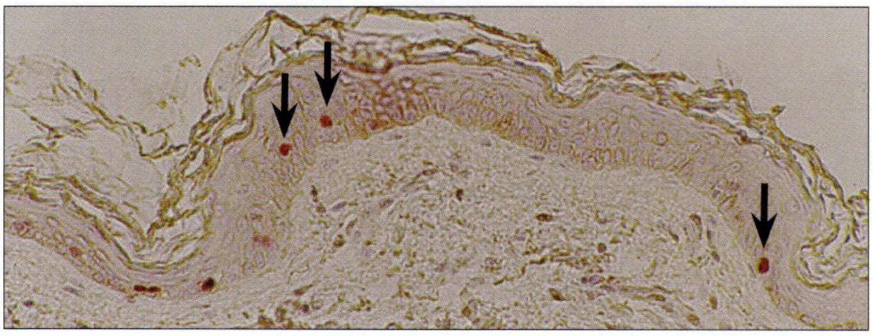
80세 피부

노화된 피부에서는 표피와 진피의 경계면이 편평하게 변하며 서로 접하는 면적이 줄어들게 된다. 이런 조직학적 변화 때문에 노인피부는 약간의 자극에도 표피와 진피 사이가 쉽게 떨어져서 물집이 생기거나 피부가 쉽게 벗겨지게 된다.

III. 멜라닌세포의 변화

얼굴이나 손등의 피부색은 햇빛에 의한 영향으로 원래 타고난 피부색보다 더 진해진 피부색이다. 햇빛을 항상 받고 있는 피부는 자외선으로부터 피부를 보호하기 위하여 멜라닌색소를 많이 만든다. 이런 현상은 우리 몸을 자외선으로부터 보호하기 위한 자기방어 반응이라고 할 수 있다. 햇빛을 많이 볼수록 얼굴의 피부색은 더 검게 된다.(그림 5-4)

1) 자연노화에 따른 멜라닌세포 변화

햇빛을 보지 않는 피부의 멜라닌세포는 노화 현상의 결과로 그 수가 감소하며, 멜라닌색소를 만드는 능력도 감소하게 된다.(그림 5-5) 따라서, 자연적으로 노화되는 피부는 점점 하얘진다.

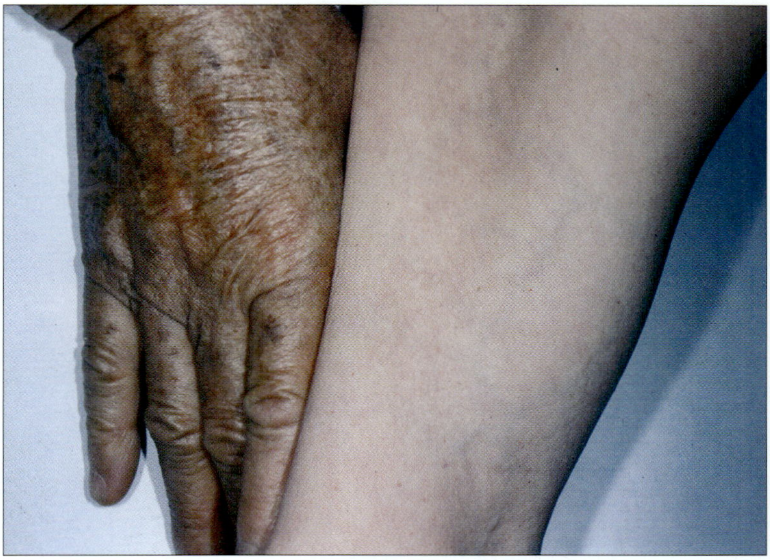

그림 5-4. 자연피부색과 노출 부위의 피부색

햇빛에 노출되는 피부색은 원래 피부색에 비하여 항상 더 검다. 우리 몸을 자외선으로부터 보호하기 위하여 멜라닌색소를 만들기 때문이다.

20세 엉덩이 피부

80세 엉덩이 피부

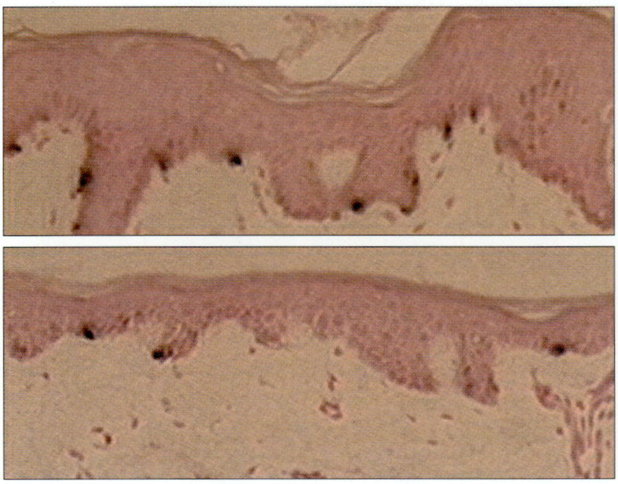

그림 5-5. 자연노화에 의한 멜라닌세포 수의 감소

이 그림은 20세와 80세의 엉덩이 피부에서 멜라닌세포의 수가 노화에 따라 감소됨을 보여주고 있다. 검은색으로 염색이 된 세포가 멜라닌세포이다.

2) 광노화에 따른 멜라닌세포 변화

멜라닌세포의 수는 노출 부위 피부에서 햇빛을 많이 볼수록 증가하며, 멜라닌세포가 만든 멜라닌색소의 양도 증가한다.(그림 5-6) 형성된 멜라닌색소는 주위 각질형성세포로 이동하게 되며, 햇빛을 많이 볼수록 각질형성세포의 핵 위에 많은 양의 멜라닌색소가 존재한다.(그림 1-7) 그 결과 노출부의 피부는 점점 색

그림 1-7
(11 p. 참조)

그림 5-6. 햇빛에 의한 멜라닌세포와 멜라닌색소 증가

이 그림은 20세 자원자의 엉덩이 피부와 얼굴 피부를 비교한 것이다. 같은 사람이지만 엉덩이 피부에 비하여 햇빛을 항상 받고 있는 얼굴 피부에서는 멜라닌세포의 수가 증가되어 있으며, 멜라닌색소도 증가되어 있다.

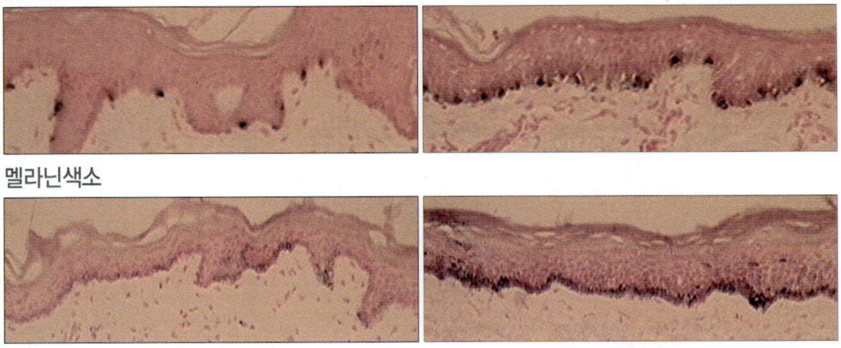

깔이 진해진다. 만일 피부에 있는 멜라닌세포가 병적으로, 지속적으로 많은 색소를 만들게 되면 기미, 주근깨, 흑자와 같은 색소성 피부질환이 생기게 된다.

IV. 랑게르한스세포 수의 감소

1) 랑게르한스세포의 노화에 따른 감소

랑게르한스세포(langerhans cell)의 수는 자연적 피부노화 현상과 광노화 현상에 따라 그 수와 기능이 모두 감소된다.(그림 5-7) 감소되는 정도는 햇빛에 항상 노출되는 피부에서 그 정도가 심하다. 즉, 자연적으로 노화되는 피부보다 햇빛에 의하여 노화가 촉진되는 피부에서 랑게르한스세포의 수가 더 감소하며, 그 결과 피부의 면역 기능도 더 감소된다.

2) 노화에 따른 접촉피부염 발생 감소

노인피부에서는 랑게르한스세포의 기능이 감소하여 있기 때문에 같은 유해 물질에 접촉한 경우에 노인피부에서는 젊은 피부에 비하여 접촉피부염과 같은 염증반응이 적게 나타나게 된다.

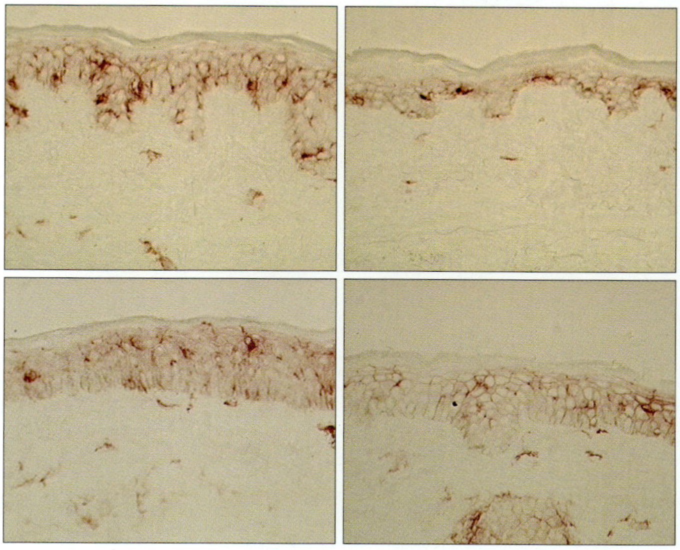

그림 5-7. 자연피부노화 및 광노화 현상에 따른 랑게르한스세포의 감소

이 그림은 30대 자원자와 80세 자원자의 엉덩이 피부와 팔 피부를 비교한 것이다. 같은 사람이지만 엉덩이 피부에 비하여 햇빛을 항상 받고 있는 팔 피부에서는 랑게르한스세포의 수가 감소되어 있다. 또한 나이가 들면 두 부위 모두 랑게르한스세포의 수가 감소된다.

3) 노인피부에서의 피부암 발생 증가

또한 랑게르한스세포는 피부암을 예방하는 역할을 하고 있다. 여러 원인에 의하여 정상 피부세포가 피부암 세포로 변형되면 랑게르한스세포(langerhans cell)가 이를 인지하고, 새로 생긴 피부암 세포를 제거하기 위한 면역반응을 유도하고 암세포를 제거하게 된다. 즉, 피부암의 발생을 막는 감시기능을 하고 있다. 피부가 노화되어 랑게르한스세포의 수와 기능이 떨어지게 되면 피부암 발생을 막는 감시 기능이 약해지기 때문에 노인에서는 피부암 발생이 늘어나게 된다.

특히, 자외선에 노출된 피부에서는 자외선이 랑게르한스세포의 수를 더 감소시켜 피부의 면역 기능과 감시 기능을 감소시키기 때문에 피부암 세포를 효과적으로 제거하지 못하여 햇빛을 오래받은 피부에서 피부암이 더 많이 생기게 된다.

V. 콜라겐섬유 감소

진피를 구성하는 성분 중에서 콜라겐섬유가 가장 많으며 진피 무게의 80%를 차지한다. 노화된 피부의 진피는 두께가 감소되며, 감소하는 원인으로는 콜라겐섬유의 감소가 중요한 원인이다.

조직학적으로 노화된 피부에서는 콜라겐섬유의 굵기가 가늘어지고, 배열도 엉성해지며, 콜라겐섬유 사이에 빈 공간이 많아진다.(그림 5-8) 따라서 나이가 들고, 피부가 노화될수록 피부의 진피가 얇아지고, 강도도 점점 약해진다. 특히, 자외선에 노출되는 피부의 진피에는 콜라겐섬유의 파괴가 심하여 진피는 더 얇아지고, 피부의 형태를 유지하는 기능이 많이 망가지게 된다.

이와 같은 변화 때문에 노인이 될수록 피부가 점점 얇아지고, 약해지며, 특히 햇빛에 심하게 노출된 피부는 심하게 피부가 얇아진다. 또한 피부를 탱탱하게 유지할 힘이 없어져서 피부의 탄력이 소실되고, 중력이나 근육이 작용하는 방향대로 피부가 접히게 되며 그 결과 주름살이 생기게 된다.

콜라겐섬유가 감소하는 이유는 콜라겐섬유를 분해하는 효소가 증가하기 때문이다. 대표적인 콜라겐섬유를 분해하는 효소는 기질단백질 분해효소인 matrix metalloproteinase(MMP)들이다. 여러가지 MMP 들이 노화가 진행될수록, 자외선을 받을수록 많이 증가하여 콜라겐섬유를 분해하게 된다. 다른 한편으로는 노화가 진행되고, 자외선을 받게되면 콜라겐 단백질 합성이 감소

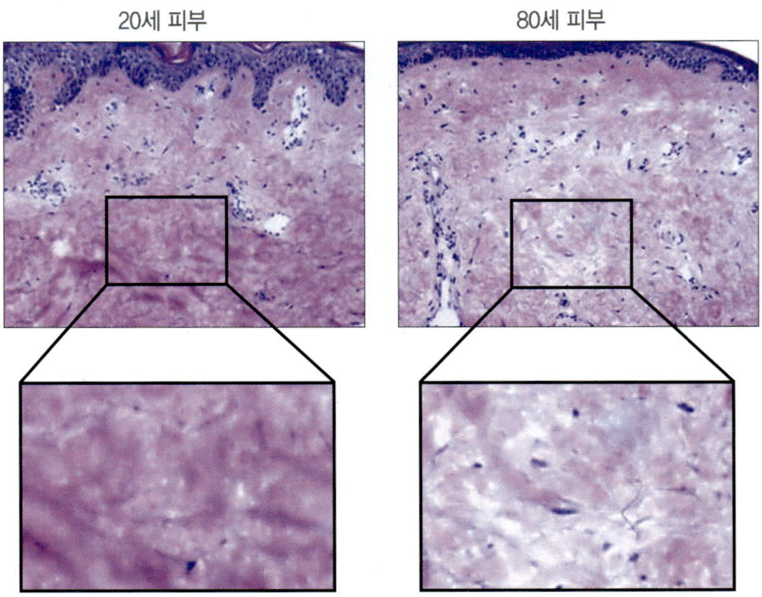

그림 5-8. 자연피부노화에 따른 콜라겐섬유의 감소

노화된 피부에서는 콜라겐섬유 사이에 빈 공간이 늘어나고, 콜라겐섬유가 가늘어진다. 노인피부에서는 붉게 염색된 콜라겐섬유 사이가 넓어져 있는 것을 볼 수 있다.

하게 된다. 따라서 노화가 진행될수록 콜라겐섬유의 분해는 증가하고, 새로 만들어지는 콜라겐섬유의 합성이 감소하기 때문에 콜라겐섬유는 점점 감소하게 된다.

VI. 탄력섬유의 변성

진피를 구성하는 콜라겐섬유 다음으로 두 번째로 중요한 성분은 탄력섬유이다. 탄력섬유는 피부에서 매우 복잡하고 정교한 네트워크를 구성하고 있다. 노화가 되면 탄력섬유의 정교한 네트워크가 파괴된다.(그림 5-9)

특히, 햇빛에 노출하고 있는 피부에서는 탄력섬유의 네트워크가 대부분 파괴되고 있으며, 파괴된 탄력섬유의 성분들이 피부 밖으로 제거되지 못하고, 진피에 쓰레기더미처럼 쌓여 있는 것을 관찰할 수 있다. 이러한 조직학적 변화에 의하여 노인의 피부는 탄력이 없어지고, 중력에 의하여 피부가 아래로 처지는 현상이 생기며, 주름살도 유발되는 것이다.

노화에 따라 탄력섬유가 변성되고 탄력섬유의 네트워크가 파괴되는 이유는 콜라겐섬유와 마찬가지로 노화에 따라 증가한 기질단백질 분해효소인 MMP(matrix metalloproteinase)에 의해서 분해되기 때문이다. 또한 탄력섬유의 구성단백질인 휘브릴린과 엘라스틴 단백질의 합성 정도도 노화에 따라 감소하기 때문이다. 즉, 분해는 증가하는데 합성이 감소하기 때문에 탄력섬유(elastic fiber)가 제대로 형성되지 못하는 것이다.

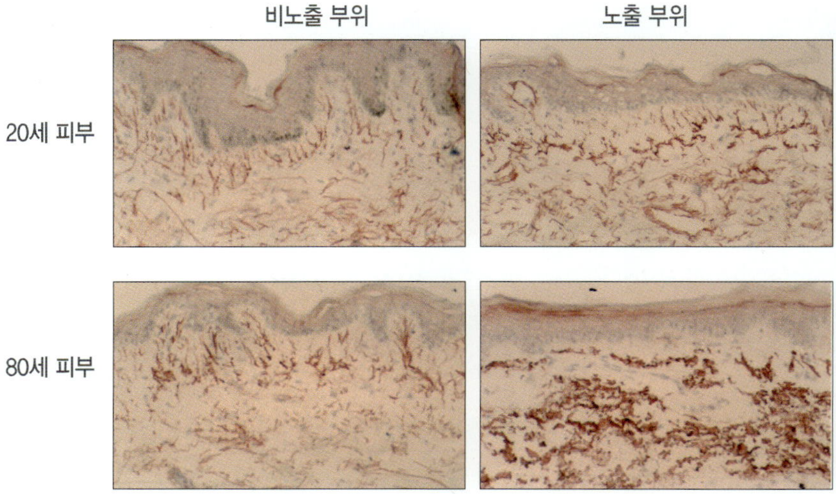

그림 5-9. 피부노화에 따른 탄력섬유의 변화

탄력질 단백질 염색을 시행하여 탄력섬유의 변화를 관찰한 사진이다. 사람 피부에서 노화에 따라서 정교한 탄력섬유의 네트워크가 파괴되는 것을 볼 수 있다. 특히 자외선을 받은 부위의 피부에서는 파괴가 더 심하다. 노인은 젊은이에 비하여 몇십년 이상 햇빛을 받았기 때문에 더 심한 변화를 보이고 있다. 노출 부위 피부에 비정상적으로 엘라스틴 단백질과 유사한 물질이 축적되는데 이것을 일광 탄력섬유증이라고 한다.

1) 피부노화에 따른 휘브릴린의 변화

피부가 자연적으로 노화가 되면 각질형성세포와 섬유아세포에서 만들어지는 휘브릴린의 양이 감소된다. 또한 피부에 자외선을 쪼이거나 열자극을 가해도 세포에서의 휘브릴린의 합성이 줄어든다. 휘브릴린의 합성이 감소되면 엘라스틴이 부착할 수 있는 섬유 골격이 형성되지 않게 된다. 그러면 탄력섬유의 형성이 불가능해진다. 실제로 자연적으로 노화된 피부와 태양광선에 의해 노화가 촉진된 광노화된 피부에서는 휘브릴린으로 구성된 섬유골격이 감소되기 때문에 탄력섬유 형성이 감소된다.

2) 피부노화에 따른 엘라스틴 단백질의 변화

엘라스틴 단백질도 자연 노화 현상에 따라 섬유아세포에서의 형성이 감소된다. 따라서 휘브릴린 섬유골격에 침착될 수 있는 엘라스틴이 부족하게 되어 탄력섬유를 필요한 만큼 만들 수 없게 된다.

3) 자외선에 의한 엘라스틴 단백질의 증가

자외선에 노출된 피부에서는 오히려 엘라스틴의 합성이 증가된다. 즉, 자외선을 피부에 쪼이면 섬유아세포에서 엘라스틴 단백질의 합성이 증가된다. 그러나 한편으로는 자외선에 의하여 휘브릴린 단백질의 합성이 감소되어 섬유 골격이 만들어지지 않기 때문에 엘라스틴이 증가되더라도 탄력섬유를 형성할 수 없게 된다. 휘브릴린으로 구성된 섬유 골격이 미처 만들어지지 않기 때문에 증가된 엘라스틴 단백질은 탄력섬유를 구성하지 못하고 진피에 쌓이게 되면 일광 탄력섬유증(solar elastosis)이란 현상이 생기게 된다.

4) 일광 탄력섬유증

광노화된 노인피부를 현미경으로 관찰하면 이런 엘라스틴 단백질이 진피에 고철덩어리 같이 쌓여있는 소견을 관찰할 수 있는데, 이런 현상을 일광 탄력섬유증이라고 한다.(그림 5-10) 일광 탄력섬유증을 보이고 있는 피부는 자외선에 의한 손상을 많이 받은 피부이다. 자외선에 의하여 정상적인 형태의 탄력섬유는 모두 파괴되어 없어지며, 진피에는 비정상적인 엘라스틴 단백질이 고철 덩어리처럼 쌓여있기 때문에 피부의 탄력은 거의 소실되며, 중력에 의하여 피부가 축 처지며 주름이 잡히게 되는 것이다.

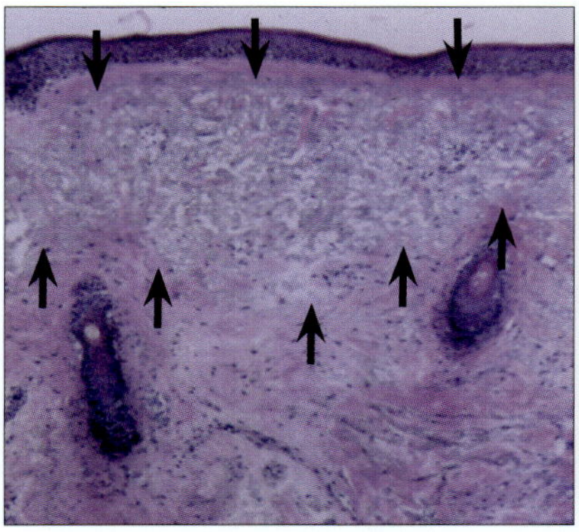

H&E 염색

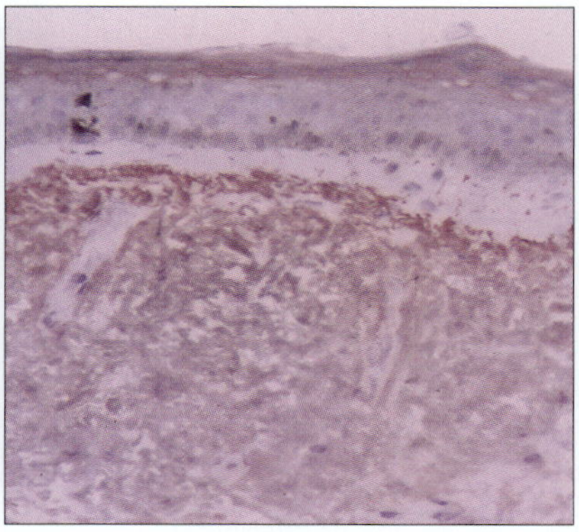

Elastin 염색

그림 5-10. 일광 탄력섬유증

자외선에 오랜 세월 노출된 피부 조직이다. 왼쪽 사진에서 진피 윗쪽에 파란색으로 염색되는 이상한 물질(화살표)이 침착된 것을 볼 수 있다. 오른쪽 사진은 탄력질 단백질 염색을 시행하여 이 물질이 엘라스틴 단백질과 유사한 물질임을 확인하였다. 이처럼 노출 부위 피부에 비정상적으로 엘라스틴 단백질과 유사한 물질이 축적되는데 이것을 일광 탄력섬유증이라고 한다.

VII. 글리코사미노글리칸의 변화

피부의 진피를 구성하는 주성분인 콜라겐섬유, 탄력섬유의 사이사이를 채우고 있는 당은 글리코사미노글리칸(glycosaminoglycan)으로 'GAG'라고 부르고 있다.

1) 히알루론산의 감소

자연적으로 노화된 피부의 표피와 진피에서 히알루론산이 감소된다.(그림 5-11) 히알루론산이 감소하는 이유는 히알루론산을 합성하는 효소인 히알루론산 합성효소(hyaluronic acid synthase)들의 양이 노화된 피부에서는 젊은 피부에 비해 매우 감소되기 때문이다.

히알루론산은 프로테오글리칸에 결합되어 있지 않고, 단독으로 존재하며, 물 분자와의 결합력도 매우 큰 물질이다. 따라서 히알루론산이 감소되면 피부가 건조해질 수 있다.

2) 헤파란 황산염의 감소

자연노화된 피부에서는 황산기를 가지고 있는 GAG들이 감소된다. 황산기를 가지고 있는 GAG란 앞에서 설명한 6가지 GAG 중 히알루론산을 제외한 5가지의 GAG들을 말하는 것이다. 노화된 피부의 표피와 진피 모두에서 그 양이 감소되며, 특히 여성에서는 더욱 감소된다. 이중 헤파란 황산염이 노화에 따라서 가장 많이 감소한다.(그림 5-12)

글리코사미노글리칸
(18 p. 참조)

그림 5-11. 노화된 피부에서 히알루론산의 감소

젊은 피부에서 히알루론산은 표피에는 상대적으로 적은 양이 존재하며, 진피에는 많은 양이 존재하고 있다. 젊은이의 피부에 비하여 노인피부에서 히알루론산의 양이 줄어든 것을 확인할 수 있다.

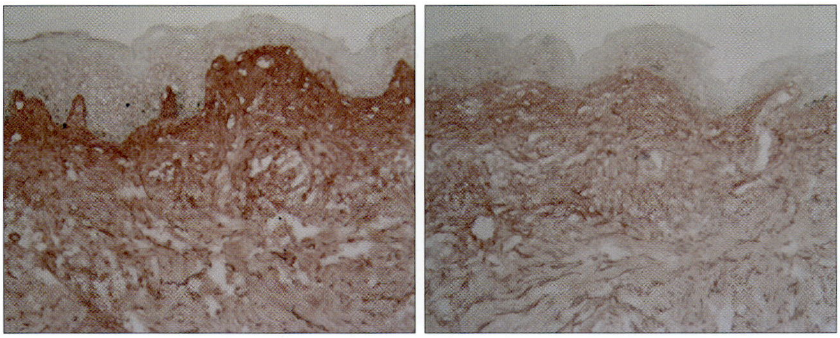

그림 5-12. 노화된 피부에서 헤파란 황산염 감소

헤파란 황산염은 표피-진피 경계부와 혈관 주위에 강하게 발현되고 있으며, 진피 상부에 약하게 발현하고 있다. 젊은이의 피부에 비하여 노인피부에서 헤파란 황산염의 양이 줄어든 것을 확인할 수 있다.

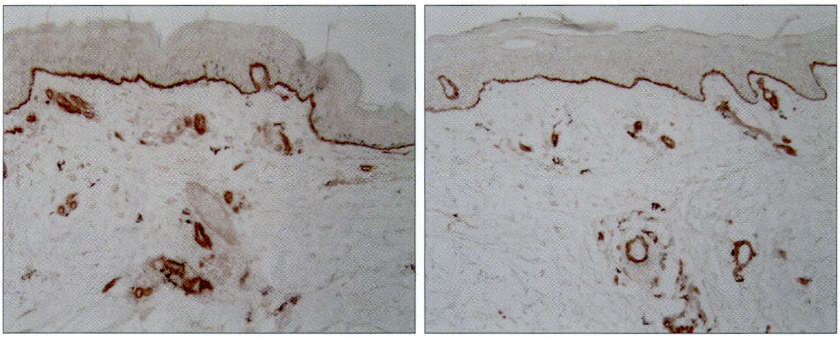

VIII. 프로테오글리칸의 변화

피부가 노화되면 프로테오글리칸(proteoglycans)의 양이 감소된다.

1) 신데칸의 감소

세포막에 존재하는 프로테오글리칸은 세포와 세포 주위의 구조물과의 연결을 튼튼하게 해주고, 서로 신호를 주고받는 역할을 한다. 여기에 속하는 프로테오글리칸 중에 대표적인 것이 신데칸이다. 신데칸(syndecan)은 노화에 따라 발현이 감소한다.(그림 5-13)

2) 퍼리칸과 데코린의 감소

세포 밖의 공간에 존재하는 프로테오글리칸은 세포 밖에 있는 여러 성분들을 서로 연결하는 역할을 하고 있다. 여기에 속하는 프로테오글리칸인 퍼리칸(perlecan) (그림 5-14)과 데코린(decorin) (그림 5-15)도 노화에 따라 감소한다.

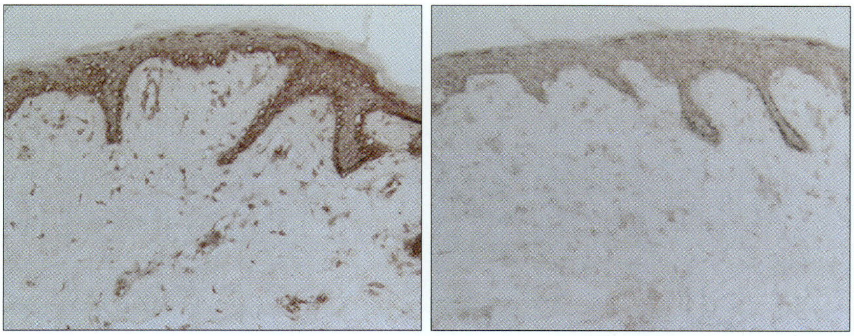

젊은이 엉덩이　　　　노인 엉덩이

그림 5-13. 노화된 피부에서 신데칸 감소

젊은 피부에서 신데칸은 표피의 각질형성세포, 진피의 섬유아세포, 혈관내피세포에 강하게 발현하고 있다. 젊은이의 피부에 비하여 노인피부에서는 그 양이 매우 감소된 것을 볼 수 있다.

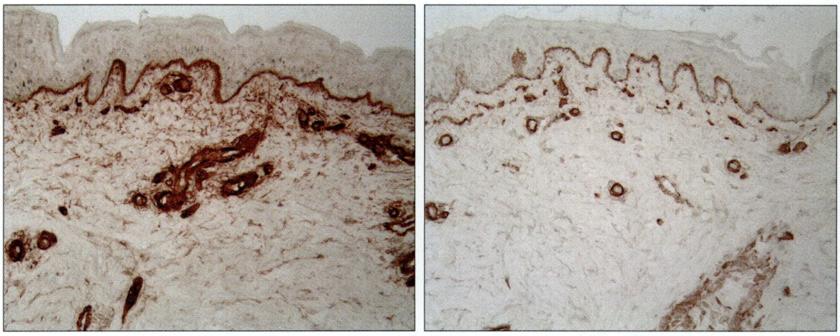

젊은이 엉덩이　　　　노인 엉덩이

그림 5-14. 노화된 피부에서 퍼리칸 감소

젊은 피부에서 퍼리칸은 표피에서는 상대적으로 약하게 존재하며, 표피-진피 경계부와 혈관 주위에 강하게 발현되고 있다. 또한 진피 상부에도 강하게 발현하고 있다. 젊은이의 피부에 비하여 노인피부에서 퍼리칸의 양이 줄어든 것을 확인할 수 있다.

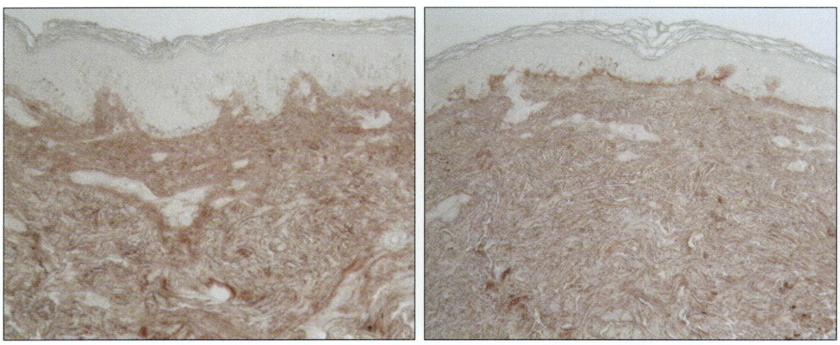

젊은이 엉덩이　　　　노인 엉덩이

그림 5-15. 노화된 피부에서 데코린 감소

젊은이의 피부에 비하여 노인 피부에서 데코린의 양이 감소하였다.

IX. 피부 혈관의 변화

1) 혈관 감소에 따른 혈액공급의 감소

노화된 피부에서는 혈관의 크기와 수가 감소되며 그 결과 노화된 피부는 혈색이 없어 창백하게 보이는 경우가 많다. 또한 나이가 들면 피부가 차가워지며, 햇빛을 쪼여도 젊은 사람에 비하여 잘 붉어지지 않는 경향이 있다. 노인의 피부에서는 상처가 난 후에 상처치유가 늦게 되는 경향이 있다. 이와 같은 노인피부에서 나타나는 현상들의 원인으로 피부에 존재하는 혈관의 감소를 들 수 있다. 즉, 노화된 피부에는 혈관의 수와 크기가 감소되어 피부로의 혈액 공급이 줄어들게 된다. 그 결과 피부의 혈색이 감소되어 창백해 보이고, 혈류량이 감소되어 피부가 차갑게 느껴지며, 영양공급이 감소하여 상처치유가 늦어진다.

2) 자연노화에 따른 혈관 변화

자연 노화된 피부에서는 혈관의 크기는 줄지만 혈관의 수는 젊었을 때의 수준을 유지한다.(그림 5-16) 그러나 혈관의 크기가 감소되기 때문에 진피 내에서 혈관이 차지하는 총 면적은 젊은 피부에 비하여 약 30%가 감소한다. 따라서 자연적으로 노화된 피부에서는 약 30% 정도 피부로 공급되는 혈액이 줄어들게 된다.

3) 광노화에 따른 혈관 변화

광노화된 피부에서는 혈관의 크기도 감소하고 동시에 혈관의 수도 감소하기 때문에 진피 내에서 혈관이 차지하는 총 넓이는 젊은 피부에 비하여 약 70%가 감소하게 된다.(그림 5-16) 결과적으로 광노화된 피부에서는 약 70% 정도 피부로 공급되는 혈액이 줄어들게 된다.

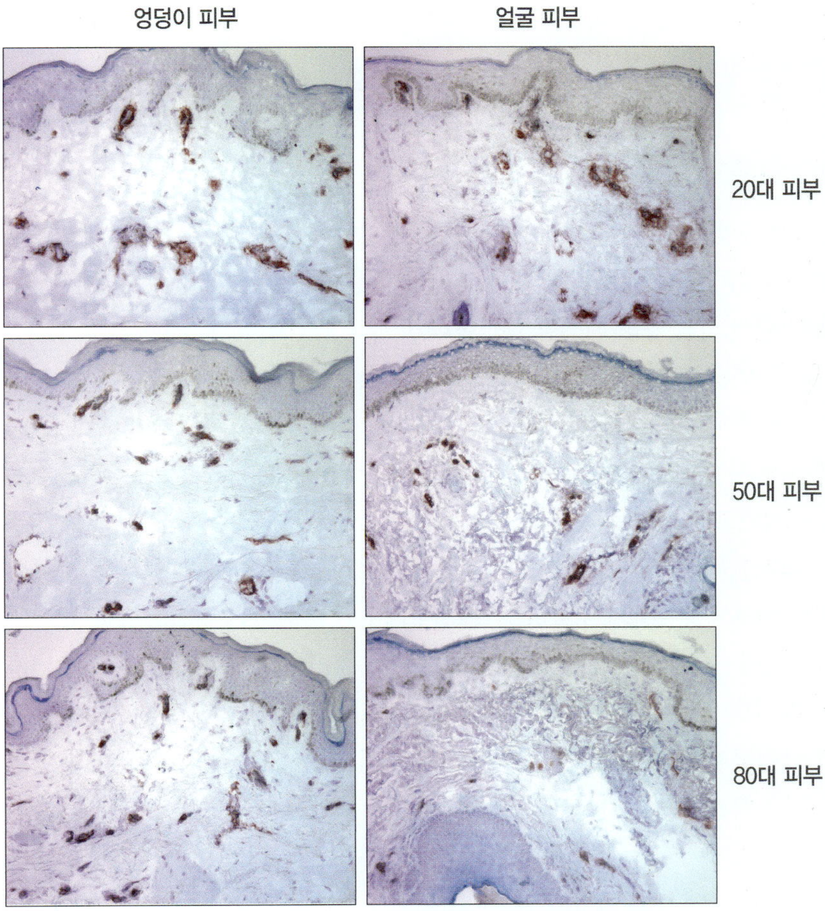

그림 5-16. 노화된 피부에서 혈관의 감소

엉덩이 피부는 햇빛 노출이 없어서 자연적으로 노화되는 피부이며, 얼굴은 자외선에 의하여 광노화가 발생하는 피부이다. 자연적으로 노화되는 피부에서는 혈관의 크기는 줄지만, 수는 변화 없는 것을 볼 수 있다. 광노화된 피부에서는 혈관의 크기와 수가 동시에 줄어든다

X. 지방층의 소실과 지방합성 감소

1) 자연노화에 따른 피하지방층의 감소

젊은이에 비하여 노인의 피하지방층에서 지질의 양이 감소된다. 그 결과 지방층 두께도 얇아지게 된다. 할아버지, 할머니들은 피하지방층에 지방이 거의 없는 것을 볼 수가 있다. 자연노화 과정에서 지방세포에서 지질의 합성이 감소하는 이유로는 지질합성에 관여하는 효소들의 양이 감소되기 때문이다.

지방이 빠지면 피부를 지지하는 중요한 구조물이 없어지는 효과가 발생하며, 그 결과 피부는 더 주름지고, 탄력이 없어지게 된다. 뚱뚱한 사람이 피부

가 팽팽한 경향을 보이는 이유는 두꺼운 지방층이 피부를 펴주는 효과가 있기 때문이다.

2) 광노화에 따른 피하지방층의 감소

햇빛을 받는 피부의 피하지방층에서의 지질합성은 더 감소한다. 광노화된 피부의 지방층은 엉덩이 피부와 같이 햇빛을 보지 않는 부위의 지방층에 비하여 훨씬 적은 양의 지질을 합성한다.

최근 연구결과에 따르면 하루 1~2시간 야외에서 받는 자외선이 사람 피하지방세포에서의 지질합성을 40% 정도 감소시킨다는 사실이 증명되었다. 자외선이 지방세포에 존재하는 지질합성 효소의 양을 감소시켜서 지질합성을 감소시킨 결과이다.

자외선은 표피를 투과해서 진피 상부에까지 도달할 수 있다. 실제로 자외선이 피하지방층까지 도달하지 못하기 때문에 자외선이 직접적으로 피하 지방세포에서 지질합성을 감소시킬 수 없다. 그러나 자외선이 표피에 존재하는 각질형성세포와 진피에 존재하는 섬유아세포에 작용한 결과, 이들 세포가 합성하여 분비한 물질들이 피하지방층에 간접적으로 작용하여 지질 합성을 감소시킨다는 사실이 밝혀졌다.

3) 피하지방층이 건강에 미치는 영향

피하지방층은 과거에는 여분의 에너지 저장장소라고만 생각해 왔으나, 최근에는 지방세포가 분비하는 여러 물질, 예를 들어 아디포넥틴(adiponectin)과 렙틴(leptin) 등이 우리 몸의 여러 기능 및 대사작용에 관여한다고 알려지고 있다.

이런 물질이 생성되는 정도는 비만 정도에 따라 다르다. 비만인 사람의 지방세포가 분비하는 물질들은 우리 몸의 건강에 나쁜 영향을 주고 있다. 따라서 피부에 존재하는 지방세포는 피부뿐만 아니라 인체 건강에도 중요한 역할을 하고 있다.

4) 아디포넥틴의 항 노화효과

최근 연구에 따르면 아디포넥틴이 노화를 억제하는 기능이 있음이 밝혀지고 있다. 또한 100세 이상 장수하는 사람의 혈중에서 아디포카인의 양이 증가되어 있음이 관찰되었다.

(1) 피부노화에 따른 아디포넥틴 합성 감소

노인의 피하지방세포에서는 젊은 사람의 피하지방세포에 비하여 아디포넥틴의 생성이 감소되어 있는 것을 확인하였다. 또한 같은 노인에서도 광노화된 피부 밑에 위치하는 지방세포에서는 자연노화된 피부의 지방세포에 비하여 아디포넥틴의 생성이 더욱 감소된다는 것도 확인하였다. 따라서 노인이 되면 지방세포에서 분비되어 건강에 좋은 아디포넥틴의 양이 감소되므로 건강에 나쁜 영향을 미치게 된다. 만약 노화되어 감소되어 있는 아디포넥틴의 양을 증가시킬 수 있다면 건강에 좋은 효과를 보일 것이다. 많은 연구자들이 아디포넥틴의 합성을 증가시키는 물질이나, 아디포넥틴이 결합하는 수용체를 활성화시키는 물질을 찾아 피부노화를 예방하고, 인체 건강을 좋게 하기 위한 방법을 연구하고 있다.

(2) 자외선이 아디포넥틴 합성 억제

피부에 자외선을 쪼이면 피하지방세포에서의 아디포넥틴의 생성이 일시적으로 억제된다. 따라서 일상생활에서 쪼이는 자외선이 피하지방세포에서의 아디포넥틴 합성을 억제시키며, 만성적으로 햇빛에 노출된 노인피부의 지방세포에서 그 효과가 지속되어, 광노화된 피부의 지방세포에서 아디포넥틴의 합성이 감소된다.

5) 노화에 따른 피하지방세포에서의 렙틴 합성 감소

노화 및 광노화된 피부에서 렙틴의 합성이 감소되며, 자외선을 일시적으로 피부에 쪼이면 지방세포에서의 렙틴 합성을 감소된다. 렙틴이 에너지 대사에 여러 가지 중요한 역할을 하고 있기 때문에 노화에 따른 지방세포에서 렙틴의 감소가 우리 건강에 나쁜 영향을 미치게 된다.

참고문헌

1. An HT, Yoo JY, Lee MK, et al. Single dose radiation is more effective for the UV-induced activation and proliferation of melanocytes than fractionated dose radiation. *Photodermatol Photoimmunol Photomed.* 2001 Dec;17(6):266-71.
2. Chung JH, Yano K, Lee MK, et al. Differential effects of photoaging vs intrinsic aging on the vascularization of human skin. *Arch Dermatol.* 2002 Nov;138(11):1437-42.
3. Chung JH. Photoaging in Asians. *Photodermatol Photoimmunol Photomed.* 2003 Jun;19(3):109-21.
4. 조광현, 이미경, 조성진 외. 광노화에 따른 피부의 조직학적 변화. *대한피부과학회지.* 2003;41(6):754-60.
5. Kim MS, Oh YJ, Lee S, et al. Ultraviolet radiation attenuates thrombospondin 1 expression via PI3K-Akt activation in human keratinocytes. *Photochem Photobiol.* 2006 May-Jun;82(3):645-50.
6. Chung JH, Eun HC. Angiogenesis in skin aging and photoaging. *J Dermatol.* 2007 Sep;34(9):593-600.
7. Kajiya K, Kunstfeld R, Detmar M, et al. Reduction of lymphatic vessels in photodamaged human skin. *J Dermatol Sci.* 2007 Sep;47(3):241-3.
8. Kwon OS, Yoo HG, Han JH, et al. Photoaging-associated changes in epidermal proliferative cell fractions in vivo. *Arch Dermatol Res.* 2008 Jan;300(1):47-52.
9. Oh JH, Kim YK, Jung JY, Shin JE, Chung JH. Changes in glycosaminoglycans and related proteoglycans in intrinsically aged human skin *in vivo*. *Exp Dermatol.* 2011 May;20(5):454-6.
10. Oh JH, Kim YK, Jung JY, Shin JE, Kim KH, Cho KH, Eun HC, Chung JH. Intrinsic aging- and photoaging-dependent level changes of glycosaminoglycans and their correlation with water content in human skin. *J Dermatol Sci.* 2011 Jun;62(3):192-201.
11. Won CH, Yoo HG, Park KY, Shin SH, Park WS, Park PJ, Chung JH, Kwon OS, Kim KH. Hair growth-promoting effects of adiponectin in vitro. *J Invest Dermatol.* 2012;132(12):2849-51.
12. Kim EJ, Lee DH, Kim YK, Eun, HC, Chung JH. Adiponectin Deficiency Contributes to Sensitivity in Human Skin. *J Invest Dermatol.* 2015;135(9):2331-4.
13. Lee DH, Oh JH, Chung JH. Glycosaminoglycan and proteoglycan in skin aging. *J Dermatol Sci.* 2016 Sep;83(3):174-81.
14. Oh JH, Shin MK, Lee H, Lim J, Choi M, Cho S, Chung JH. Analysis of sulfated glycosaminoglycan composition change in intrinsically aged and photoaged human skin using an enzymatic degradation method. *J Dermatol Sci.* 2018 Dec;92(3):281-3.
15. Ohn J, Been KW et al. Discovery of a transdermally deliverable pentapeptide for activating adipoR1 to promote hair growth. *EMBO Mol Med.* 2021;13(10):e13790.

06
Chapter

피부노화에 따른 기능 변화

어떤 사람이 늙어 보인다, 또는 나이에 비해 젊게 보인다 하는 척도는 피부의 노화 상태에 따라 결정된다. 피부 속에 구조적으로 그럴만한 변화가 오기 때문에 피부가 겉으로 늙어 보이는 것이다.

Chapter 6 / 피부노화에 따른 기능 변화

Chapter
06

Dermatogerontology

피부노화에 따른 기능 변화

어떤 사람이 늙어 보인다, 또는 나이에 비해 젊게 보인다 하는 척도는 피부의 노화 상태에 따라 결정된다. 피부 속에 구조적으로 그럴만한 변화가 오기 때문에 피부가 겉으로 늙어 보이는 것이다. 이러한 노화에 따른 피부 속의 변화는 결국은 피부를 구성하는 세포들의 기능 변화의 결과이다. 피부세포가 젊었을 때 하던 기능을 노화에 따라 점점 못하게 되기 때문에 피부 속에 여러 변화가 초래되는 것이다. 따라서 사람의 외모는 나이보다는 피부 세포의 생리적, 기능적 노화 정도에 따라 더 결정된다고 할 수 있다. 즉, 같은 나이의 노인 중에서도 더 늙게 보이는 경우에 여러 가지 신체기능도 많이 떨어져 있다고 볼 수 있다.

피부에 존재하는 세포는 노화되면 세포의 분열능력이 감소하고, 세포의 고유한 기능을 수행하는 능력이 점점 감소하게 된다. 또한 외부에서 자극이 왔을 때 반응하는 능력도 감소하게 된다. 예를 들어, 피부가 노화되면 세포분열이 감소하기 때문에 노인 피부는 상처가 났을 때 더디게 치유되는 것이다. 또한 각질층을 만드는 능력이 감소하여 피부장벽 기능이 떨어진다. 피부가 노화되면 피하지방세포에서 지질합성하는 정도가 감소되기 때문에 피하지방층의 두께가 점점 얇아지고 체온을 보호하는 능력이 감소된다. 피부가 노화되면 피부 면역세포인 랑게르한스 세포의 수와 기능이 감소하여 피부

면역기능이 감소하여 균에 감염이 잘 되게 된다. 피부세포가 비타민D를 합성하는 능력도 감소한다.

피부노화는 자연피부노화(natural aging)와 광노화(photoaging)로 크게 나눌 수 있다. 광노화는 노출부위 피부에 발생하는 노화 현상으로 자연피부노화에 비하여 일찍 발생하며, 심하게 발생하게 된다. 특히 태양광선에 포함된 자외선이 피부 세포의 기능을 심하게 손상시키게 된다. 따라서 어렸을 때부터 햇빛을 피하고 자외선 차단을 철저히 한다면 피부가 늙는 현상과 피부의 기능 감소를 70~80% 정도 예방할 수 있다.

I. 피부 상처치유 능력 감소

젊은 피부에 비하여 노인피부는 상처가 나면 잘 낫지 않는다. 그 이유는 상처가 난 피부조직의 손실을 채우기 위하여 피부세포가 분열하여 손상받은 피부조직을 원상태로 재생하여야 하는데, 노인이 되면 세포의 성장 속도와 한 개의 세포가 둘로 증식하는 능력이 감소하기 때문에 상처치유 속도가 늦어지게 된다.

이러한 세포 분열 및 표피 재생 속도의 감소는 60세 이후에 급격히 나타나게 된다. 대체로 60세 이전에는 젊은 피부의 수준을 유지하고 있으나 갑자기 그 능력이 감소하게 된다. 아직까지 왜, 무엇 때문에 이런 현상이 나타나는지는 확실히 모르고 있다. 노인에서는 더딘 상처치유 때문에 상처에 이차적으로 세균감염의 위험이 증가하므로 더 세심한 주의가 필요하다.

Ⅱ. 피부장벽 기능 감소

피부장벽(skin barrier)은 각질형성세포가 죽어 형성된 각질세포와 그 사이를 채우는 지질 성분과 당 성분으로 구성되어 있다. 젊은 피부는 두꺼운 각질층과 두꺼운 기름막으로 피부장벽이 형성되어 장벽기능이 완벽하다. 그러나 노인 피부는 각질형성세포의 분열 능력이 떨어지기 때문에 표피의 두께가 얇아지고, 그 결과 각질형성세포가 분화과정을 거쳐서 죽어서 만들어지는 각질세포도 줄어들게 되고, 결국 각질층의 두께도 얇아진다. 또한 각질형성세포가 지질을 합성하는 능력도 노화가 될수록 감소된다. 그 이유는 지질 합성에 관여하는 효소들의 작용이 감소하기 때문이다. 따라서 노인피부는 각질층의 두께가 감소하고 그 사이를 채우는 기름막도 감소하기 때문에 피부장벽기능이 감소한다.

노인이 되면 피부장벽 기능의 감소로 인하여 피부를 통한 수분의 증발이 많아지고, 그 결과 피부에서의 수분량이 감소되며, 노인의 피부는 점점 건조해진다. 대부분의 노인피부는 건조하고, 하얗게 일어나는 피부를 가지고 있다. 피부가 건조하면 피부는 가려워진다. 피부장벽 기능의 감소에 의해 건조해진 피부 때문에 60~70세 이상의 노인에서는 거의 대부분 가려움증을 호소한다. 일반적으로 가려움증을 유발하는 많은 원인 중에서 피부건조가 가장 흔한 원인이다. 습도가 낮고 실내온도가 높은 겨울철에는 노인의 가려움증이 더 심해진다.

Ⅲ. 체온조절 기능 감소

나이가 들면 피하지방층의 지방세포에서 지질의 합성 능력이 떨어지며, 그 결과 지방층의 두께가 감소된다. 특히, 햇빛에 노출되는 피부의 지방층은 더욱 두께가 감소된다.

지방층은 체온의 발산을 막는 작용을 하고 있으며, 노인이 될수록 지방층이 얇아지게 되면 체온의 소실이 증가되게 된다. 따라서 노인이 되면 금년 겨울이 작년에 비하여 더 춥게 느껴지며 점점 추위를 더 느끼게 된다.

Ⅳ. 피부면역 기능 감소에 따른 감염과 피부암 증가

일반적으로 노인에서는 피부의 면역 기능이 감소된다. 피부의 면역 기능은 외부에서 침입하는 균을 막아주는 역할을 한다. 따라서 노인피부에서는 세균 감염, 곰팡이에 의한 감염, 바이러스에 의한 감염의 위험성이 증가된다.

또한 피부의 면역 기능은 피부에 생기는 악성종양을 초기에 알아차리고 암세포를 초기에 죽이는 역할도 하고 있다. 노인피부에서 면역 기능이 감소하는 현상은 노인에서 피부암을 증가시키는 중요한 원인 중에 하나이다.

노화에 따른 랑게르한스세포의 수와 기능의 감소가 노인피부에서 관찰되는 면역 기능 감소의 주된 원인이다.

V. 비타민D 합성 감소

피부세포들은 비타민D의 원료인 콜레스테롤을 합성하고 있다. 피부에서 우리 몸에서 만드는 콜레스테롤의 20~25% 정도를 합성하나 노화가 진행될수록 피부세포가 콜레스테롤을 합성하는 능력이 감소한다. 특히, 자외선은 피부세포에서 콜레스테롤을 합성하는 효소(HMG-CoA reductase)의 발현을 감소시키기 때문에 자외선을 오래 받은 피부에서는 콜레스테롤의 합성이 더 감소된다.

피부에 존재하는 콜레스테롤이 자외선을 받으면 비타민D가 만들어지게 된다. 그런데 노인피부에서는 비타민D의 원료인 콜레스테롤의 합성이 감소되기 때문에, 결과적으로 젊었을 때에 비하여 적은 양의 비타민D를 합성하게 되고, 만약 그 양이 충분하지 못하면 골다공증과 같은 비타민D가 부족해서 생기는 증상이 발생할 수도 있다. 비타민D는 정신건강에도 중요하여 비타민D가 부족하면 인지기능이 감소되며, 우울증의 위험도가 증가한다. 비타민D는 암 발생에도 관여하여 만약 비타민D가 부족하면 대장암 등 각종 암의 발생이 증가한다.

참고문헌

1. Chung JH, Hanft VN, Kang S. Aging and photoaging. *J Am Acad Dermatol*. 2003 Oct;49(4):690-7.
2. Blair MJ, Jones JD, Woessner AE, Quinn KP. Skin Structure-Function Relationships and the Wound Healing Response to Intrinsic Aging. *Adv Wound Care (New Rochelle)*. 2020 Mar 1;9(3):127-143. doi: 10.1089/wound.2019.1021.
3. Wang Z, Man MQ, Li T, Elias PM, Mauro TM. Aging-associated alterations in epidermal function and their clinical significance. *Aging (Albany NY)*. 2020 Mar 27;12(6):5551-5565.
4. Bocheva G, Slominski RM, Slominski AT. The Impact of Vitamin D on Skin Aging. *Int J Mol Sci*. 2021 Aug 23;22(16):9097.
5. Kajiya K, Kim YK, Kinemura Y, Kishimoto J, Chung JH. Structural alterations of the cutaneous vasculature in aged and in photoaged human skin in vivo. *J Dermatol Sci*. 2011 Mar;61(3):206-8.

07
Chapter

한국인의 피부노화

한국인은 인종상 몽고인종(Mongolian)에 속한다. 동아시아와 폴리네시아(태평양의 중남부에 널리 산재하는 섬들 지역) 지역에 사는 사람과 미국 인디언, 에스키모 등이 몽고인종에 속한다. 몽고인종의 피부색은 갈색이다. 특히 한국, 일본, 중국, 싱가포르 사람들은 피부색이 매우 비슷하며, 피부색은 연한 갈색에서 진한 갈색을 띠고 있다. 몸에 털이 별로 없고, 머리카락은 직모이며 검은색이다.

Chapter 7 / 한국인의 피부노화

Chapter 07 Dermatogerontology

한국인의 피부노화

I. 한국인의 피부

1) 한국인은 몽고인종

한국인은 인종상 몽고인종(Mongolian)에 속한다. 동아시아와 폴리네시아(태평양의 중남부에 널리 산재하는 섬들 지역) 지역에 사는 사람과 미국 인디언, 에스키모 등이 몽고인종에 속한다. 몽고인종의 피부색은 갈색이다. 특히 한국, 일본, 중국, 싱가포르 사람들은 피부색이 매우 비슷하며, 피부색은 연한 갈색에서 진한 갈색을 띠고 있다. 몸에 털이 별로 없고, 머리카락은 직모이며 검은색이다.

반면에 북아메리카, 유럽 등에 사는 백인들은 피부가 희고, 머리카락은 곱슬머리이며, 얼굴과 몸에 털이 많다. 아프리카 출신의 흑인들은 피부색이 검고, 매우 곱슬곱슬한 머리카락을 가지고 있다.

2) 피부색에 따른 일광 노출 후 피부반응의 차이

백인, 동양인, 흑인의 피부는 유전적, 구조적, 기능적 차이를 보인다. 한국인을 비롯한 아시아인들은 백인에 비하여 피부색이 더 진하기 때문에 자외선에 의한 피부 손상 반응이 적다. 즉, 인종 사이에 자외선에 대한 피부 반응이 큰 차이를 보이게 된다.

한 예를 들자면 해변에서 일광욕을 하였을 경우 백인들은 화상을 쉽게 입는 반면에 피부색은 까맣게 타지 않으며, 한국인과 같은 동양인은 백인에 비하여 화상은 덜 입는 반면에 상대적으로 피부는 훨씬 까맣게 타게 된다. 흑인들은 웬만해서는 태양광선에 화상을 입지 않는다.

II. 세계인의 6가지 피부형

사람의 피부형을 백인에서부터 흑인까지 6가지 형으로 나누고 있다. 1형 피부는 피부색이 아주 흰 백인 피부를 말하며, 6형 피부는 매우 검은 피부를 가지고 있는 흑인 피부를 의미한다. 동양인 피부는 3~5형에 속한다. 이 피부형 분류는 처음 제안한 피부과 의사인 피츠페트릭(Fitzpatrick) 교수의 이름을 따서 Fitzpatrick 피부형이라고 한다. 대체로 백인은 1형과 2형, 동양인은 3형에서 5형까지, 흑인은 6형에 속하나 서로 겹칠 수 있다.

1형 피부는 흰 피부를 가지고 있고, 피부에 멜라닌색소가 매우 적기 때문에 햇빛에 의한 화상은 매우 쉽게 입으나, 반대로 햇빛을 쪼인 후에도 피부가 절대로 검어지지 않는 피부형을 말한다. 반대로 6형의 피부형은 흑인 피부로서 멜라닌색소가 많기 때문에 햇빛에 의한 화상을 잘 입지 않으며, 피부는 쉽게 햇빛에 의해 검게 타는 특징을 가지고 있다.

1형 피부: 항상 화상이 일어나고, 절대 피부가 검어지지 않는다.
2형 피부: 화상이 쉽게 일어나고, 최소한으로 피부가 검어진다.
3형 피부: 화상이 잘 일어나고, 피부가 점차적으로 옅은 갈색으로 검어진다.
4형 피부: 화상이 잘 일어나지 않으며, 피부가 쉽게 갈색으로 검어진다.
5형 피부: 드물게 화상을 입고, 피부가 항상 쉽게 진한 갈색으로 검어진다.
6형 피부: 절대 화상을 입지 않고, 피부가 매우 검어진다.

1) 한국인의 피부형

우리나라 사람은 55% 정도가 3형 피부에 속하며 30%는 4형 피부, 12%는 5형 피부, 그리고 나머지 3% 정도가 2형에 속한다.

2) 피부형에 따른 피부노화와 피부암 발생

1형과 2형 피부는 쉽게 자외선에 의하여 피부가 늙게 되고, 피부암이 발생하는 등 자외선에 의한 손상을 심하게 받게 된다. 반면에 5형과 6형 피부에서는 노출부에서 발생하는 피부노화 현상의 위험성이 상대적으로 적으며, 피부암의 발생도 매우 적다. 3형, 4형, 5형 피부에서는 피부노화와 피부암 발생의 위험도가 중간 정도이다.

Ⅲ. 한국인의 피부노화

피부의 현재 노화 상태를 정확히 알고, 치료 후에 피부 노화의 개선 정도를 정확히 측정하기 위해서는 피부가 얼마나 노화되어 있는지 정확히 판정할 수 있는 기준이 있어야 한다. 노화의 정도를 정확히 알 수 있는 지표를 노화의 생물학적 지표(biomarker)라고 한다. 그러나 아직까지 피부가 얼마나 노화되었는지를 정확히 알 수 있는 생물학적 지표는 없다. 다른 말로 어떤 한 가지 생물학적 지표만으로 피부노화 정도를 정확히 판단할 수는 없다는 뜻이다.

1. 한국인의 피부노화 판정을 위한 사진 판정기준

피부노화를 정확히 판정하기 위하여는 주름살, 색소반점, 피부 탄력성 감소 등을 비롯한 각종 피부노화에 따른 변화를 포괄적으로 관찰한 후에 종합적인 판단을 내려야 한다.

한국인의 피부노화 정도를 정확하게 판정할 수 있는 '한국인의 피부노화 판정기준'을 저자가 개발하였다. 이 피부노화 판정기준은 한국인 여성과 남성들이 일생 동안 거치는 피부노화에 따른 변화를 사진을 찍어서 10년 간격으로 기준을 정하고, 그에 따라 피부노화 정도를 판정하는 방법이다.

1) 주름살 판정기준

20대 초반에서 80대 이상까지 한국인 1,000명의 사진을 찍었다. 일정한 조명 아래서 일정한 각도로 촬영하였으며, 그 사진을 주름살이 적은 사람부터 많은 사람까지 나열하였다. 그리고 나이별로 가장 대표적이고 전형적인 주름살을 가진 사람의 사진을 선택하여 배열하여, '한국인의 주름살 판정기준'을 만들고 점수를 정하였다.(그림 7-1)

그림 7-1. 한국인의 여성과 남성의 주름살 판정기준

한국인의 연령대를 대표할 수 있는 주름살을 가진 남자와 여자의 사진을 선택하여 만들었다.

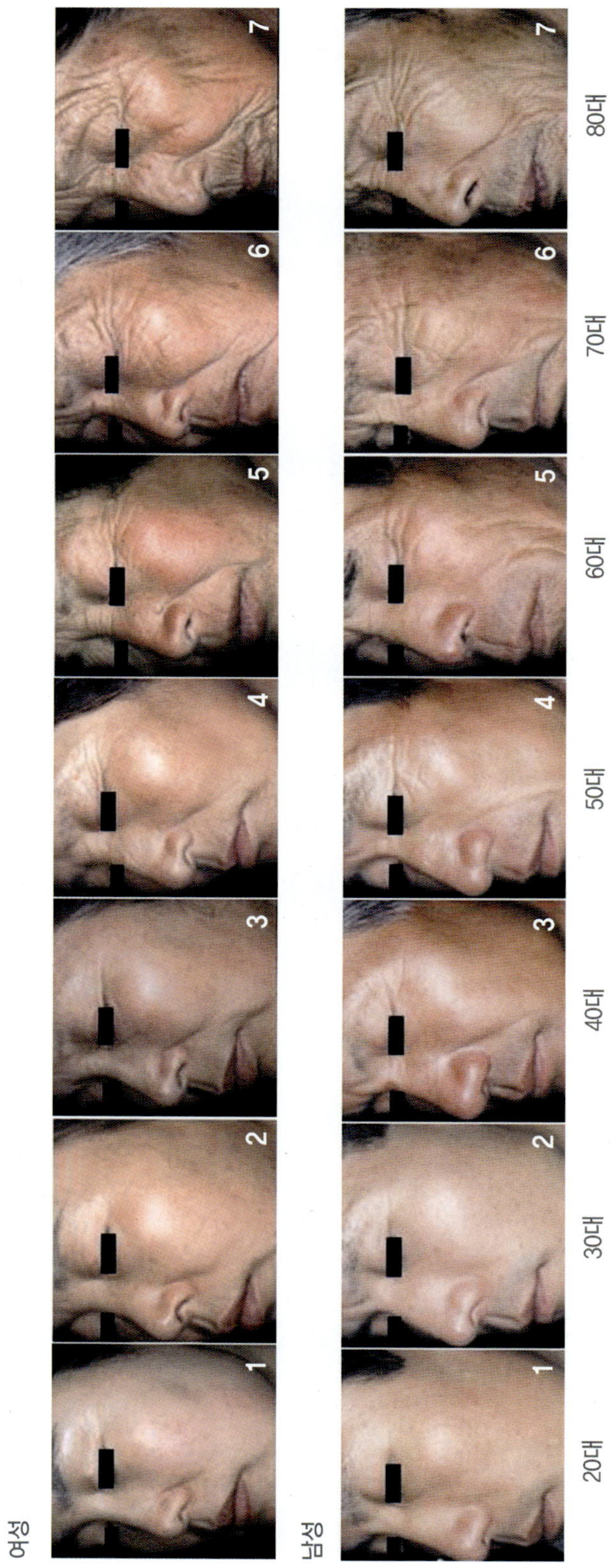

2) 색소침착 판정기준

마찬가지 방법으로 색소성 반점이 적은 사람에서부터 많은 사람까지 1,000장의 사진을 배열한 후에 대표적이고, 전형적인 사진을 골라서 '한국인의 색소침착 판정기준'을 만들었다.(그림 7-2)

2. 피부노화 판정기준의 유용성

1) 피부노화의 정량화가 가능

어떤 사람의 피부를 연구할 때 그 사람 피부의 노화 정도를 정확히 판정할 수 있는 기준이 필요한데, 저자가 개발한 판정기준은 매우 객관적으로 피부노화의 정도를 판단하게 해 준다.

여러분의 얼굴 옆에 판정기준의 사진을 놓고 얼굴의 주름살 정도를 판정기준의 사진과 비교하여 보면, 3점 또는 4점, 아니면 3점과 4점의 중간인 3.5점 등의 점수를 얻을 수 있다. 이렇게 주름살의 정도와 색소침착의 정도를 각각 매우 객관적으로 판정하고 정량화할 수 있다.

2) 항 피부노화 효과 검증

주름 개선 화장품의 효능을 판정하거나, 미백제의 효과를 판정할 때 사용할 수 있다. 신물질을 얼굴에 3개월 발랐더니 4점이었던 얼굴 주름이 2점으로 되었다면 그 효과를 분명이 알 수 있을 것이다.

실제로 미국 식약처(FDA)에서는 사진을 이용한 주름개선 효능 판정을 아주 유용한 방법으로 인정하고 있으며, 이 방법으로 얻은 임상결과를 평가하여 제품의 효능을 인정하고 판매를 허락해 주고 있다.

3) 객관적이고 정확한 판정이 가능

피부노화를 판단하고, 물질의 효능을 판정할 때, 기준이 되는 사진을 환자의 얼굴 옆에 대고 직접 비교하기 때문에 누가 판정하더라도 크게 오차를 보이지 않는 매우 객관적이고 정확한 판정방법이다.

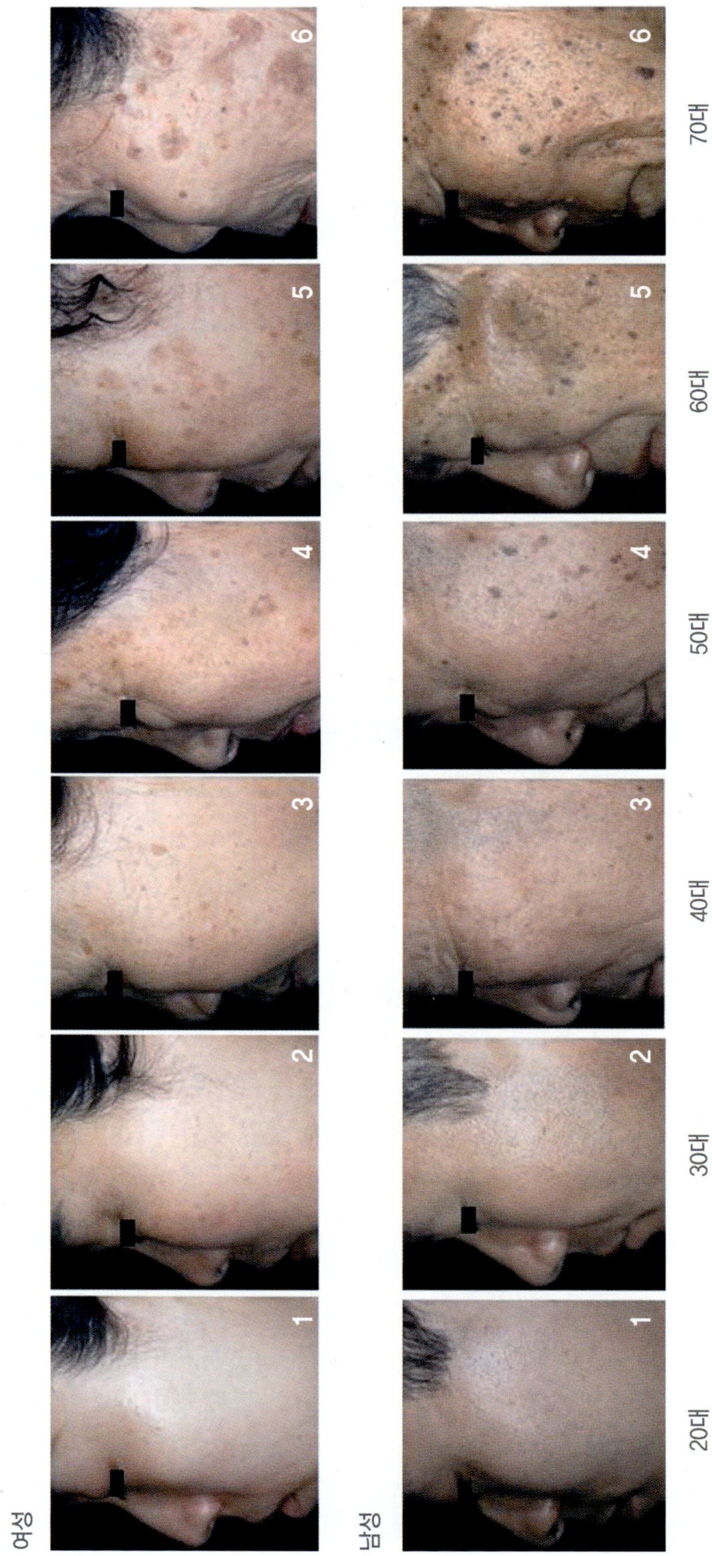

그림 7-2. 한국인의 색소침착 판정기준

각 연령대에 대표적인 색소침착 정도를 보인 남자와 여자의 사진을 선택하여 만들었다.

4) 한국인에 맞는 기준임

한국인과 백인에서의 피부노화 현상은 많은 차이를 보인다. 따라서 한국인의 판정기준은 백인에서는 이용할 수 없으며, 반대로 백인의 판정기준을 한국인에 사용할 수 없다. 그래서 한국인에 적합한 판정기준이 필요하며, 현재 저자가 개발한 판정 기준이 한국인의 피부노화 판정기준으로 널리 사용되고 있다.

참고문헌

1. Chung JH, Koh WS, Youn JI. Relevance of skin phototyping to a Korean population. *Clin Exp Dermatol.* 1994 Nov;19(6):476-8.
2. Youn JI, Oh JK, Kim BK, et al. Relationship between skin phototype and MED in Korean, brown skin. *Photodermatol Photoimmunol Photomed.* 1997 Oct-Dec;13(5-6):208-11.
3. Chung JH, Lee SH, Youn CS, et al. Cutaneous photodamage in Koreans: influence of sex, sun exposure, smoking, and skin color. *Arch Dermatol*. 2001 Aug;137(8):1043-51.
4. 정진호. 피부 노화. *대한의사협회지*. 2000;43(5):448-54.
5. Seon-Pil Jin, Jin Ho Chung, Chapter; skin aging in asian. In; Asian skin and skin diseases. *MEDRANG*. 2011. pp. 21-8.
6. 정진호. 피부가 능력이다. *청림Life*. 2016. pp. 115-66.

08
Chapter

피부노화 증상

주름살은 크게 두 종류로 나눌 수 있다. 피부 속 표정 근육의 움직임에 따라서 피부가 접혀서 형성되는 주름살과 피부 노화에 따라 피부 속의 구조적 변화 때문에 생기는 주름살로 나눌 수 있다.

Chapter 8 / 피부노화의 증상

Chapter

08 피부노화 증상

Dermatogerontology

I. 주름살 Wrinkle

주름살은 크게 두 종류로 나눌 수 있다. 피부 속 표정 근육의 움직임에 따라서 피부가 접혀서 형성되는 주름살과 피부 노화에 따라 피부 속의 구조적 변화 때문에 생기는 주름살로 나눌 수 있다.

1. 주름살의 종류

1) 근육의 수축에 의한 주름살

눈썹 사이의 내천자(川) 주름이나 코와 입술 사이의 팔(八)자 주름 그리고 눈가에 웃음질 때 생기는 눈가 주름은 근육의 수축에 의하여 피부가 접혀서 생기는 주름이다. 얼굴 근육에 따라 주름이 생기는 경우에는 근육에 의하여 피부가 계속적으로 접혀 있게 되기 때문에 근육 수축이 수년 동안 오랜 시간이 지속되면 피부에 변형이 와서 주름살을 손으로 펴도 피부에 선이 남아 있다.

● **보톡스의 주름 치료효과**

보톡스(botox)는 근육을 마비시키는 독을 이용하는 치료 방법이다. 보톡스를 근육에 소량 주사하면, 근육이 더 이상 수축하지 못하게 된다. 보톡스를 주사하는 경우, 근육의 수축이 풀려서 주름이 없어지는 것을 보면 근육의 수축이 주름 형성에 중요하다는 것을 잘 알 수 있다. 최근에는 많은 사람들이 보톡스 주사를 맞고 얼굴 주름을 개선하고 있다. 그러나 보톡스 주사를 맞으면 평소에 표정지을 때 수축하던 표정 근육들이 더 이상 수축하지 못하기 때문에 표정이 부자연스럽게 되는 부작용이 있을 수밖에 없다.

2) 피부노화 현상에 의한 주름살

그림 8-1에서 보는 주름살은 근육의 수축에 의해 형성된 주름살이 아니며 피부가 노화되어 피부 속에 구조적 변화가 생겨서 형성된 주름살이다. 즉, 주름살을 따라 피부가 깊이 파여 있는 것은 아니라는 것을 알 수 있다. 대부분의 주름은 사진에서 보는 것처럼 피부에 실제로 주름살이 파여 있는 것이 아니다. 그러면 과연 이런 주름살은 왜 생기는 것인지 설명하고자 한다.

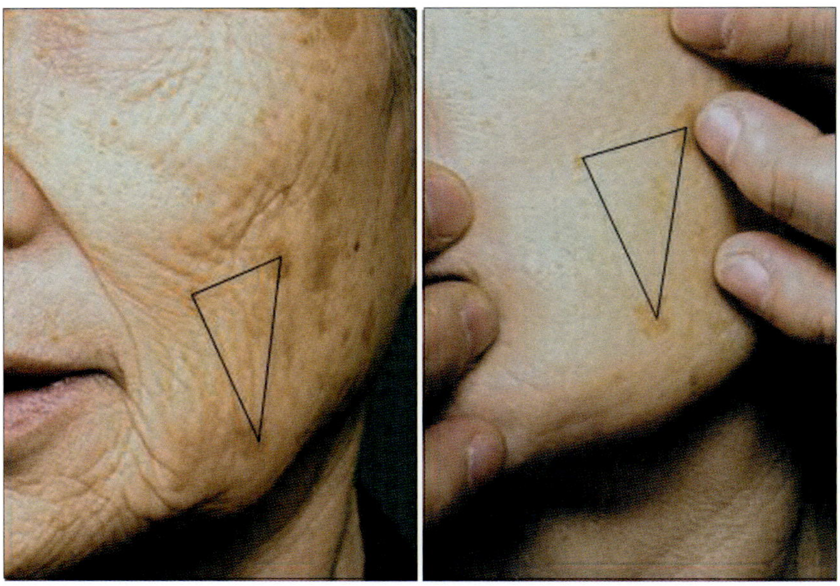

그림 8-1. 주름살

할머니의 주름진 얼굴을 손으로 살짝 펼치면 주름살의 흔적을 볼 수 없다. 피부에 실제로 골이 파져 있는 것이 아니다.

2. 주름살의 원인

1) 콜라겐의 결핍이 주름살의 원인

(1) 섬유아세포가 콜라겐 합성

나이가 들면 피부의 주 구성단백질인 콜라겐의 양이 부족하게 되어 주름살이 발생하게 된다. 피부에서 콜라겐을 합성하는 세포는 섬유아세포이다.

섬유아세포는 콜라겐을 합성하며, 새로 만들어진 콜라겐은 서로 꼬이고, 연결되어 콜라겐섬유를 만들게 된다. 콜라겐섬유는 피부의 구조와 형태를 유지하고, 피부에 단단한 강도를 제공하고, 피부에 탄력을 제공한다.

그림 8-2를 보면 20대부터 80대까지의 여성들의 얼굴 피부와 엉덩이 피부에서 새로 만들어지고 있는 콜라겐의 양이 얼마나 되는지를 볼 수 있다. 새로 만들어진 콜라겐이 표피와 진피 사이에 붉게 염색되고 있음을 볼 수 있다. 콜라겐은 섬유아세포에서 만들어지고, 만들어지면 즉시 세포 밖으로 내보내진다. 세포 밖으로 나온 콜라겐은 표피와 진피가 만나는 부위로 모이게 된다. 이 부위에서 콜라겐 분자는 서로 합쳐지고 서로 얽혀 콜라겐섬유(collagen fiber)를 형성하기 시작한다. 새로 형성된 콜라겐섬유는 진피 밑으로 내려 보내지게 되며 진피의 구조를 정상 상태로 유지하게 된다.

(2) 피부노화에 따른 콜라겐 합성 감소

피부가 노화되면 피부 섬유아세포에서 콜라겐을 만드는 능력이 감소하게 된다. 나이가 들수록 피부의 섬유아세포는 젊은 세포에 비하여 콜라겐을 훨씬 적게 만든다.

그림 8-2을 보면 젊은 사람의 엉덩이 피부에는 붉게 염색되는 새로 형성된 콜라겐의 양이 풍부한 것을 알 수 있다. 나이가 들수록 엉덩이 피부에서의 콜라겐의 양이 감소하는 경향을 보이고 있다. 그렇지만 80대 할머니 엉덩이에서도 아직까지 꽤 많은 양의 콜라겐이 합성되고 있음을 알 수 있다. 즉, 80대 할머니 엉덩이 피부에서도 새로운 콜라겐이 계속해서 만들어지고, 이것들이 서로 얽혀 새로운 콜라겐섬유를 형성하여 진피를 어느 정도 정상적으로 유지하고 있는 것이다. 이처럼 햇빛을 쪼이지 않는 피부는 노화가 되어도 어느 정도 콜라겐을 만들기 때문에 육안으로 심한 주름살이 생기지 않는다.

그림 8-2. 노화된 피부에서의 콜라겐 합성의 감소

사진에 있는 사람들의 엉덩이 피부와 얼굴 피부에서 콜라겐 단백질을 염색하였다. 빨갛게 염색된 것이 새로 합성되고 있는 콜라겐 단백질이다. 얼굴 피부는 40대 이후부터 콜라겐합성이 급속히 감소되고 있는 것을 알 수 있다. 같은 사람에서는 항상 얼굴 피부가 엉덩이 피부에 비하여 콜라겐 단백질이 더 많이 감소됨을 알 수 있다.

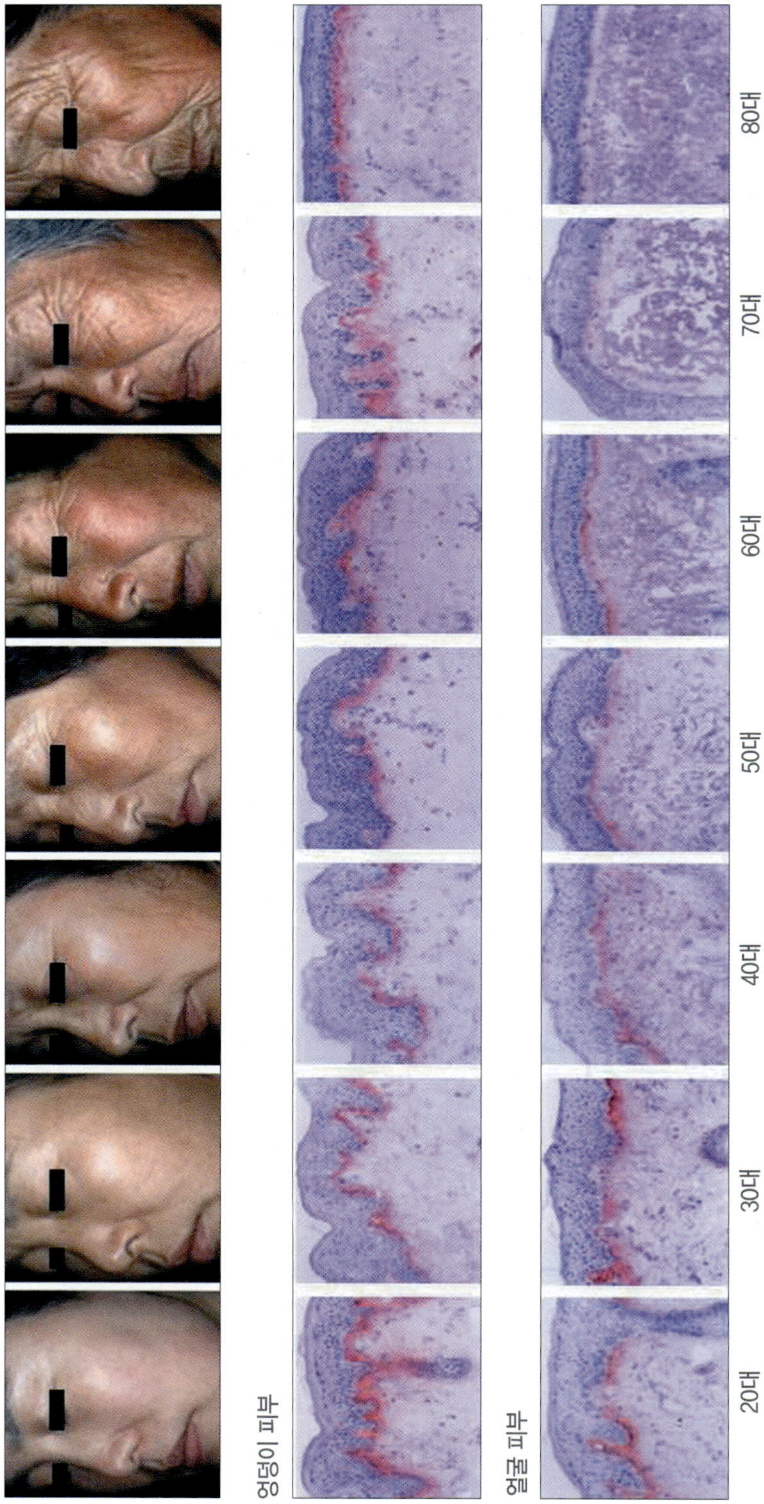

(3) 자외선이 콜라겐 양을 감소시킴

반면에 얼굴 피부를 보면 주름살의 심한 정도에 비례하여 붉은 색으로 염색된 새로 만들어진 콜라겐의 양이 감소하는 것을 관찰할 수 있다.(그림 8-2) 주름살이 거의 없는 20대 얼굴 피부에서는 콜라겐의 양이 많지만, 주름살이 어느 정도 생기는 40대, 50대의 얼굴 피부에서는 급격히 콜라겐의 양이 감소되며, 주름살이 심한 70대, 80대 얼굴에서는 거의 새로 만들어진 콜라겐이 없다는 사실을 확인할 수 있다.

새로 만들어지는 콜라겐이 없다는 사실은 진피의 구조와 형태유지에 중요하고 피부에 단단한 강도를 제공하는 콜라겐섬유를 정상 수준으로 유지할 수 없다는 것을 의미한다. 이와 같은 피부 속에서 일어나는 콜라겐의 감소라는 변화가 피부 겉에서는 주름살이란 형태로 나타나게 되는 것이다. 그럼 왜 얼굴에서는 엉덩이와 달리 콜라겐의 양이 급속히 감소하며, 나중에는 거의 만들지 못하는 것일까?

그 이유는 자외선이 콜라겐의 합성을 억제하기 때문이다. 자외선을 쪼이면 피부 섬유아세포는 바로 콜라겐을 만드는 것을 멈추게 된다. 즉, 자외선을 받은 피부에서는 콜라겐의 형성이 현저히 줄어들게 된다. 실험적으로 피부 섬유아세포를 배양한 후 자외선을 쪼이거나, 동물 피부와 사람 피부에 직접 자외선을 쪼인 후에 콜라겐 합성을 측정해 보면 자외선이 콜라겐의 합성을 급격히 감소시키는 것을 확인할 수 있다. 즉, 자외선을 쪼이면 자연 노화 현상으로 감소하는 것보다 더 심하게 콜라겐의 합성이 감소된다. 따라서 햇빛에 노출된 피부에서는 콜라겐의 양이 더욱 감소하게 되어 피부 주름살이 더 심하게 생기게 되는 것이다.

(4) 콜라겐 분해효소인 MMP (matrix metalloproteinase)

피부에 존재하는 콜라겐의 양은 합성되는 양만으로 결정되지 않는다. 피부에는 콜라겐을 분해하는 MMP라는 효소가 존재한다. 따라서 이 효소가 얼마나 많은 콜라겐을 분해하느냐도 피부에서의 콜라겐의 양을 결정하는 중요한 요소가 된다. 다시 말하면, 세포에서 합성되는 콜라겐 양에서 효소에 의해 분해되는 콜라겐 양을 빼면 피부가 실제로 이용할 수 있는 콜라겐 양이 되는 것이다. 정상 피부에서는 MMP라는 효소는 필요 이상의 콜라겐이 만들어졌을 때 과다한 콜라겐을 분해하거나, 콜라겐섬유가 손상을 받아 정상이 아닐 경우에 작동하여 손상된 콜라겐섬유를 분해하는 등 피부의 콜라겐섬유를 정상으로 유지하기 위한 역할을 하고 있다.

(5) 피부노화에 따른 MMP 효소의 증가

피부가 노화되면 피부세포에서의 콜라겐 분해 효소인 MMP의 합성이 많아진다. 젊은 피부와 노인피부를 비교해 보면 노인피부에서 MMP의 양이 많다. MMP-1, MMP-2, MMP-9 등의 MMP 효소들은 노인피부에서 젊은 피부에 비하여 증가되어 있다. 이들 MMP가 많다는 것은 그만큼 더 많은 콜라겐을 분해할 수 있음을 뜻하며, 그 결과 노화된 피부에서는 MMP에 의한 콜라겐의 분해가 많고 그 결과 콜라겐의 양이 더욱 부족해진다.

특히, 자연 노화된 피부에 비하여 광노화된 피부에서 MMP 효소 양이 더 많이 증가되어 있다. 그 결과 젊은 피부에 비하여 자연 노화된 피부, 자연 노화된 피부에 비하여 광노화된 피부에서 더 많은 콜라겐이 분해되고 있다.

(6) 자외선에 의한 MMP 효소 증가

더 중요한 사실은 자외선이 피부세포들에서 MMP 효소의 합성을 증가시킨다는 사실이다. 자외선을 동물 피부나 사람 피부에 쪼이면 여러 종류의 MMP 합성이 증가한다. 합성된 MMP는 세포 밖으로 나와서 피부조직에 머물며 피부를 손상시킨다. MMP 효소들은 콜라겐섬유를 비롯한 탄력섬유 등 피부를 구성하는 섬유들을 파괴한다. 또한 섬유아세포에서 새로 만들어지는 콜라겐도 세포 밖에서 MMP에 의하여 분해된다.

실제로 노인의 피부에서 노출 부위와 비노출 부위의 피부를 비교해 보면 햇빛에 노출된 피부에서는 MMP의 양이 비노출부위에 비하여 2배 이상 증가되어 있다. 그 결과 노출 부위에서는 콜라겐이 더 많이 분해되고, 콜라겐이 많이 부족하게 되어, 진피의 구조와 형태에 더 많은 변형과 손상을 초래하여 결국에는 더 심한 주름살이 노출부 피부에 생기게 되는 것이다.

(7) 자외선 조사에 의한 MMP 발현 증가의 분자적 기전

자외선을 사람의 피부에 쪼이면 MMP-1, -3, -9, -12 효소들의 합성이 증가되며 자외선을 받을 때마다 이 MMP 효소들에 의하여 피부에 존재하는 콜라겐섬유가 파괴되게 된다. 자외선에 의한 MMP 효소 발현을 증가시키는 분자생물학적인 기전은 다음과 같다.(그림 8-3)

1. 자외선이 MAP kinase 효소의 발현과 활성을 증가시킨다. MAP kinase에는 ERK, JNK, p38 kinase가 있으며, 자외선을 쪼이면 이들의 발현과 활성이 증가한다.

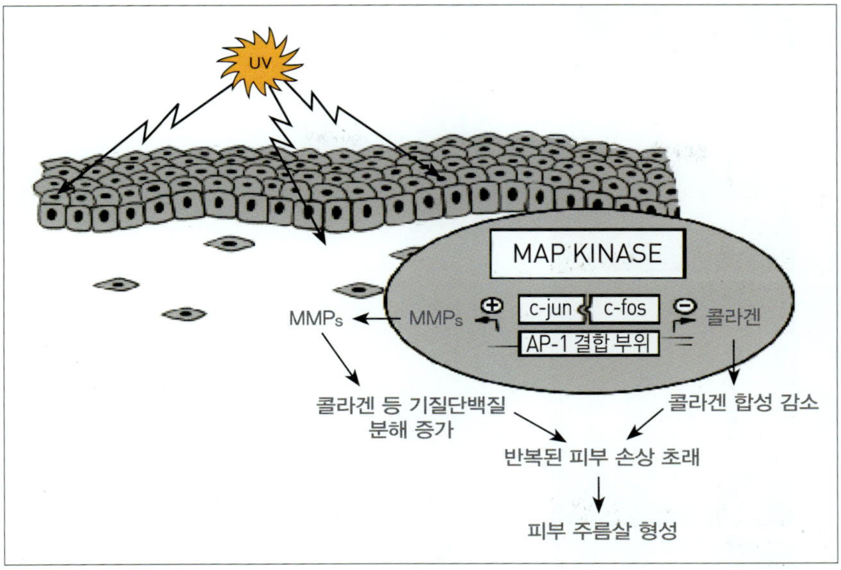

그림 8-3. 자외선에 의한 MMP 효소 증가의 분자생물학적 기전

자외선에 의해 증가된 c-Jun 단백질이 AP-1 전사인자의 활성을 유도한다. 증가된 AP-1 전사인자는 MMP 유전자의 발현을 증가시킨다.

2. 증가된 MAP kinase 효소는 c-Jun 단백질을 인산화시킨다.
3. 인산화된 c-Jun은 c-Fos라는 단백질과 결합하여 AP-1 전사인자를 형성한다.
4. 증가된 AP-1 전사인자는 핵으로 이동하여 AP-1에 의해 조절되는 표적 유전자의 DNA에 결합하여 그 유전자의 발현을 증가시킨다.
5. AP-1 전사인자가 결합할 수 있는 대표적인 유전자에는 MMP-1, -3, -9, -12 등이 있다.
6. 발현이 증가된 MMP 효소들은 세포 밖으로 분비되어서 콜라겐섬유, 탄력섬유를 비롯한 피부 기질단백질을 분해한다.

(8) 노화된 피부에서의 MMP 발현 증가의 분자적 기전

자외선을 받았을 때와 비슷한 기전으로 노화된 피부에서 MMP 효소의 발현이 증가한다.

1. 자연노화된 피부와 광노화된 피부에서도 c-Jun 단백질의 발현이 노화에 따라 증가한다.(그림 8-4)
2. 그 결과 AP-1 전사인자의 활성이 증가한다.
3. 증가된 AP-1 전사인자는 MMP 효소들 유전자의 발현을 증가시킨다.

(9) 레티노익 산의 콜라겐 합성증가 효과와 주름개선 효과

콜라겐의 양을 증가시키면 주름살을 호전시킬 수 있으며, 이런 사실이 콜라겐의 부족이 주름살의 원인으로 중요하다는 사실을 증명해 주고 있다.

그림 8-4. 노화에 따른 c-Jun 단백질의 증가

얼굴과 엉덩이 피부에서 노화가 진행됨에 따라 c-Jun 단백질의 발현이 증가함을 볼 수 있다. 같은 사람에서는 항상 얼굴 피부에서 엉덩이 피부에 비하여 c-Jun 단백질이 많음을 알 수 있다. c-Jun 단백질이 많을수록 AP-1 전사인자의 활성이 증가하며, 그 결과 MMP 합성이 증가한다.

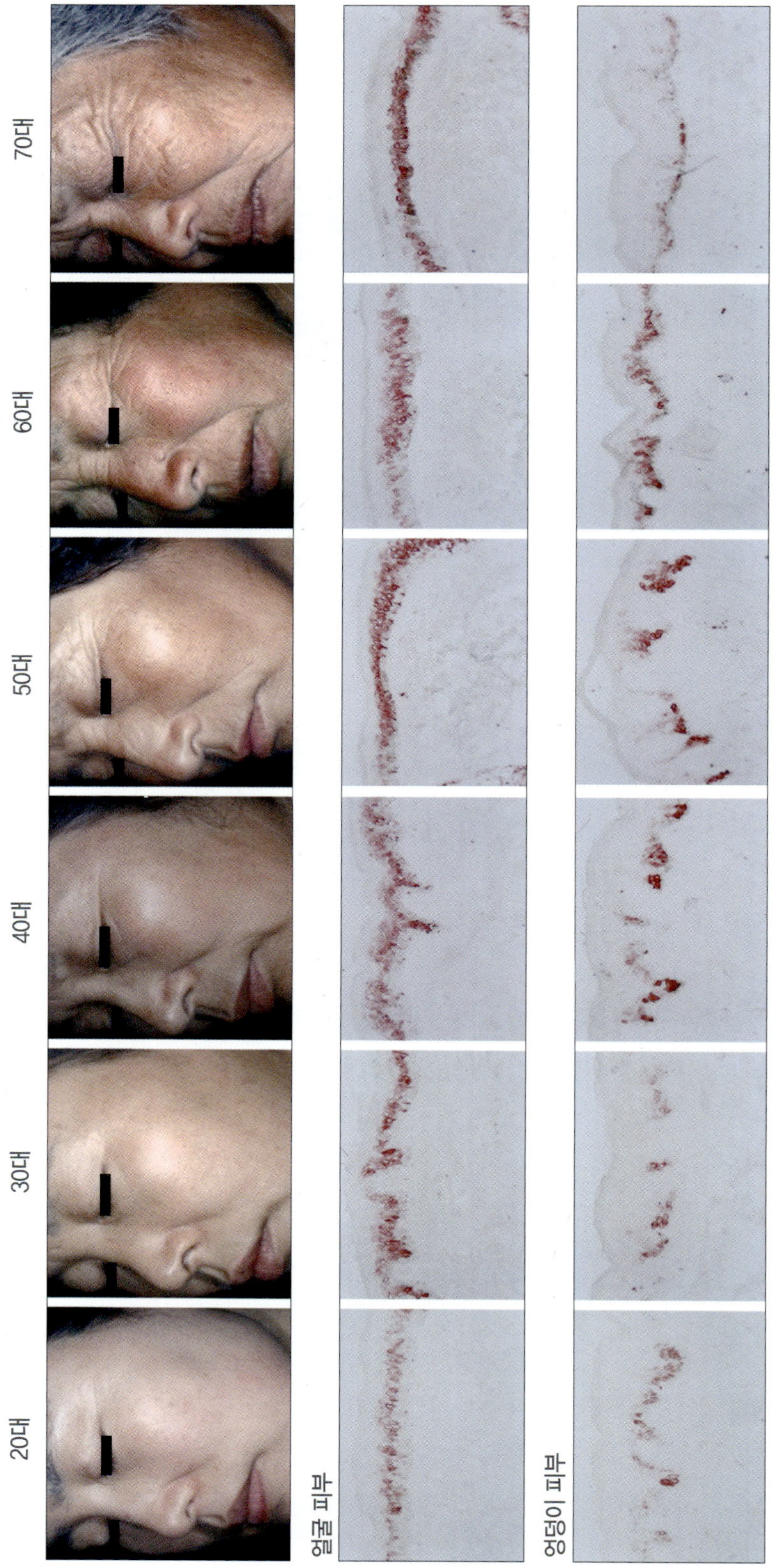

레티노익 산(retinoic acid)을 9개월 이상 바르면 주름살을 개선시킬 수 있다.(그림 8-5) 동시에 레티노익산을 바르면 피부에서 콜라겐 양을 증가시킬 수 있다. 레티노익 산을 바르기 전과 바른 후에 피부에 존재하는 새로 만들어진 콜라겐의 양을 비교해 보면, 바르기 전에는 거의 없던 붉은 색의 콜라겐이 바른 후에는 많아진 것을 알 수 있다.

레티노익 산에 의하여 콜라겐이 새롭게 합성되고, 새로 합성된 콜라겐은 서로 얽혀서 콜라겐섬유를 만들어 피부의 구조와 형태를 젊은 피부 수준으로 튼튼하게 돌려놓았고, 피부의 강도와 탄력도 젊은 피부와 비슷하게 변하였기 때문에 피부의 주름살이 좋아진 것이다. 따라서 콜라겐의 합성을 증가시키면 주름살을 없앨 수 있으며, 콜라겐의 감소를 예방하면 주름살이 생기는 것을 예방할 수 있다.

2) 탄력섬유의 손상이 주름살의 원인

(1) 탄력섬유는 피부 탄력 유지에 중요

피부의 형태를 유지하기 위하여 피부조직에 강도를 주는 골격이 콜라겐섬유와 탄력섬유이다. 이중 탄력섬유는 피부에서 진피 무게의 약 1~2% 정도를 차지하고 있으며 피부 탄력성을 책임지는 매우 중요한 피부 골격이라고 할 수 있다.

(2) 탄력섬유는 정교한 네트워크를 형성

사람 피부에서는 탄력섬유가 매우 복잡하고, 정교한 네트워크를 형성하고 있다. 젊은 사람의 엉덩이 사진(그림 2-4, 그림 8-6)을 보면, 탄력섬유는 표피에서부터 수직으로 매우 짧은 거리를 내려온다. 이처럼 수직으로 배열하고 있는 탄력섬유는 바로 평행으로 배열되어 있는 탄력섬유와 연결된다. 그리고 피부 깊숙한 진피에서는 더 굵은 탄력섬유가 수평으로 배열되면서 피부의 탄력과 형태를 유지하고 있다. 이와 같이 탄력섬유는 표피에서부터 시작하여 수직으로 내달리다가, 진피 위쪽에서 가로로 위치하는 탄력섬유와 연결되면서 정교한 네트워크를 이루고 있다.

그림 2-4
(36 p. 참조)

(3) 자연피부노화에 따른 탄력섬유 변화

엉덩이 피부에서 자연적인 피부노화 현상이 진행함에 따라 수직으로 배열된 탄력섬유의 배열이 점점 엉성해지고 불규칙해지며, 그 수가 감소되어 가는 것을 관찰할 수 있다.(그림 8-6) 또한 수평으로 배열된 탄력섬유는 길이가 짧아지고, 두께는 두꺼워지는 경향을 볼 수 있다. 탄력

바르기 전 9개월 바른 후

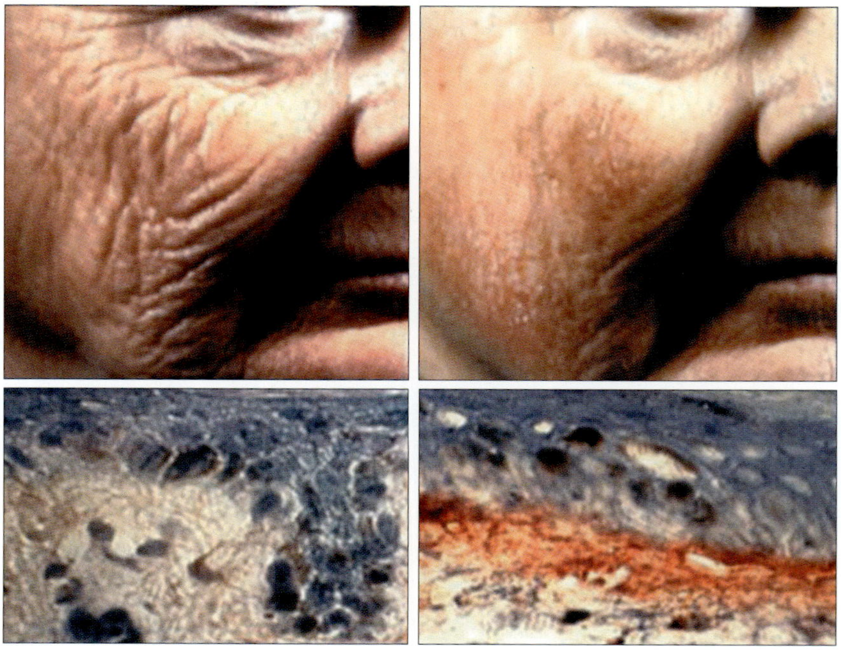

그림 8-5. 레티노익 산의 주름 개선 효과

레티노익 산을 9개월 바른 후 주름살이 없어지고, 동시에 거의 감소되어 있었던 콜라겐의 합성이 다시 만들어지는 것을 볼 수 있다. 이 사진은 미국 미시간 의과대학 "보히(Voorhees)" 교수에게 얻은 사진이다.

섬유는 길이가 길고, 두께가 적당할 때 가장 탄력성이 좋고, 길이가 짧아지거나, 두꺼워질 때는 탄력성이 감소된다.

(4) 광노화에 따른 탄력섬유의 손상

햇빛에 노출된 얼굴 피부는 엉덩이 피부보다 주름살이 훨씬 심하게 생기며, 피부 탄력도 많이 떨어지게 된다. 이는 탄력섬유의 기능이 더 심하게 소실되기 때문이다.(그림 8-6)

먼저 20대 여성의 얼굴을 자신의 엉덩이 피부와 비교해 보면, 젊은 20대 얼굴 피부에서의 탄력섬유에 이미 많은 변화가 와 있다. 수직으로 배열된 탄력섬유의 길이가 짧아지고, 수가 감소된 것을 알 수 있다. 나이가 들수록 수직으로 배열된 탄력섬유의 배열이 불규칙해지면서 점점 감소되어, 50대 이후에서는 수직으로 배열된 탄력섬유를 볼 수가 없다. 진피에 가로로 배열하고 있는 탄력섬유는 점점 두꺼워지며, 섬유 형태를 소실하여, 40대 이후부터는 탄력섬유가 변형되어 생긴 물질이 덩어리 형태로 침착되기 시작하며, 70대 이후에는 그 양이 엄청난 것을 볼 수 있다. 피부에 탄력을 유지할 수 없게 탄력섬유가 심하게 변형된다.

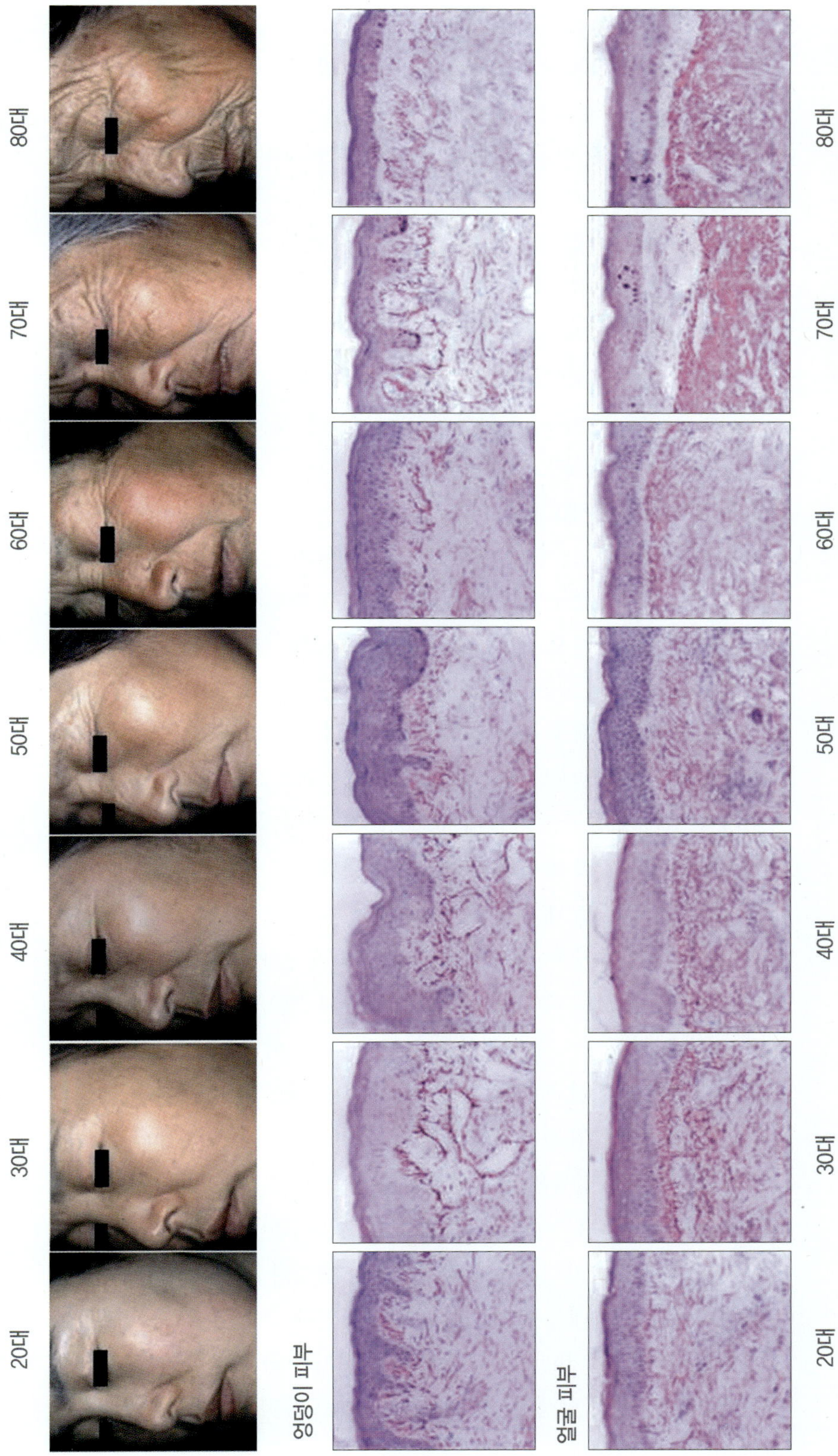

그림 8-6. 피부노화에 따른 탄력섬유의 변화

사람피부에서 탄력질 단백질 염색을 시행하여 탄력섬유의 변화를 관찰한 사진이다. 햇빛을 항상 쪼이고 있는 얼굴 피부는 20대부터 탄력섬유가 비정상적으로 보이며, 나이가 들수록 그 변화가 점점 심해짐을 볼 수 있다. 노출부위인 얼굴 피부 진피에서는 탄력질에 염색되는 비정상적인 물질의 침착을 볼 수 있으며, 나이가 들수록 그 양이 많아지고 있다.

(5) 탄력섬유 분해 효소 MMP-12 증가

탄력섬유를 분해하는 효소인 MMP-12의 발현은 자연 노화된 피부에서는 80세 이상의 노인피부에서 경미하게 증가하는 반면에, 항상 자외선을 받고 있는 얼굴 피부에서는 20대부터 MMP-12 효소가 상당량이 관찰된다.(그림 8-7)

이는 20년 동안 자외선을 받은 결과이며 증가된 MMP-12에 의하여 20대의 젊은 얼굴 피부에서도 이미 탄력섬유가 꽤 손상을 받고 있다. 얼굴에서의 MMP-12의 발현 정도는 나이가 들면서 점점 증가되며 노인의 얼굴에서는 엄청난 양의 MMP-12 효소가 존재하고 있으며 탄력섬유를 파괴하고 있는 것이다. 자외선에 의해 증가된 MMP-12가 얼굴의 탄력섬유 파괴의 주범이라고 할 수 있다.

(6) 호중구 탄력질 분해효소

탄력섬유를 파괴하는 또 다른 효소로는 백혈구의 일종인 호중구에서 합성하여 분비하는 '호중구 엘라스테이스(neutrophil elastase)'가 있다. 이 효소는 구조상 금속 성분을 가지고 있지 않기 때문에 MMP 효소에 속하지 않는다.

자외선을 받으면 호중구가 모여들고, 호중구에서 탄력질 분해효소인 호중구 엘라스타제를 분비함으로써 탄력섬유를 분해한다.(그림 8-8) 따라서 우리 피부에서 탄력섬유를 분해하는 효소로는 MMP-12와 호중구가 만드는 호중구 엘라스테이스를 들 수 있다.

(7) 탄력섬유의 손상과 피부의 주름살이 비례함

얼굴에서 수직으로 배열된 탄력섬유의 수와 길이, 그리고 수직으로 내려오는 탄력섬유가 차지하는 넓이를 각각 정량화하여 보면, 주름살이 심할수록 수직으로 배열된 탄력섬유의 수는 적어지며, 길이가 짧아지고, 전체 넓이도 감소하는 것을 확인할 수 있다. 즉, 탄력섬유의 손상 정도와 주름살의 심한 정도가 잘 연관되어 있다. 탄력섬유의 손상이 주름살의 중요한 원인임을 나타내는 증거이다.

(8) 주름살은 콜라겐섬유와 탄력섬유의 변성이 원인

노화된 피부는 주름살이 들어간 부위와 그 인접한 주름살이 없는 부위 모두 동일하게 콜라겐섬유와 탄력섬유의 변형과 감소가 발생되며, 그 결과로 피부의 형태를 유지하는 힘이 약해진다. 그 결과 중력에 의하여 쉽게 피부가 접히거나 처지는 현상과 피부가 근육의 움직임에 의해 쉽게 접히는 현상이 발생하는데 이것이 노화가 되면 주름살이 생기는 주된 이유라고 생각된다.

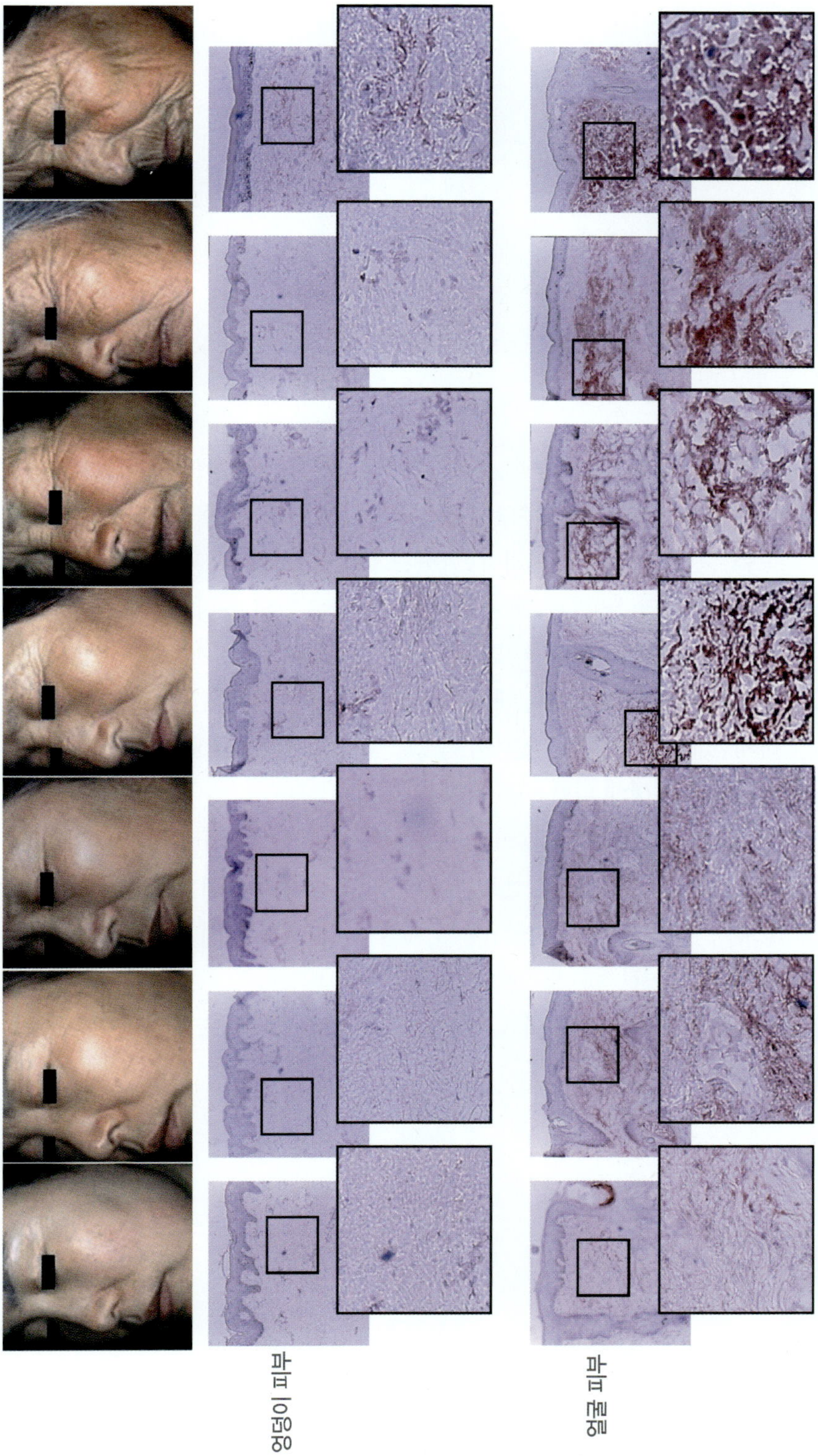

그림 8-7. 얼굴 피부에서는 MMP-12 효소가 20세부터 증가되어 있다.

얼굴 피부에서는 20세부터 붉게 염색되는 MMP-12 효소가 증가되어 있는 것을 볼 수 있으며, 나이가 들면서 점점 그 양이 늘어남을 볼 수 있다. 그러나 자외선에 노출되지 않는 엉덩이 피부에서는 80세 이상이 되어야 약간의 MMP-12 효소가 관찰되고 있다.

정상피부 / 자외선 조사 1일 후 피부

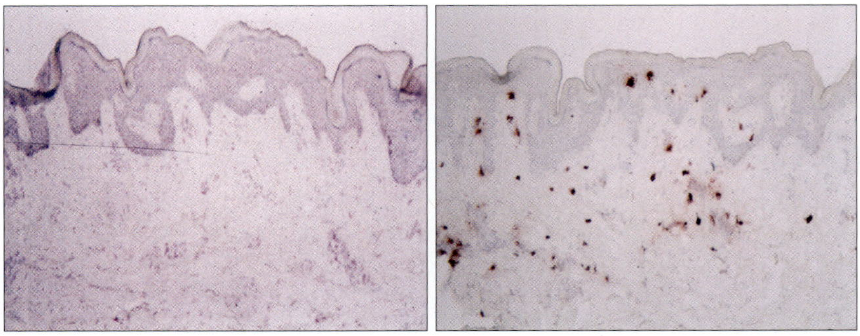

그림 8-8. 자외선 조사 후 호중구 엘라스테이스의 증가
사람의 피부에 자외선을 쪼이면, 그 자리에 염증세포가 모여든다. 백혈구의 일종인 호중구에서 합성하는 탄력질 분해효소인 "호중구 엘라스테이스"를 빨간색으로 염색한 사진이다. 이 효소가 피부에서 탄력섬유를 파괴한다.

피부의 형태를 유지하는데 콜라겐섬유와 탄력섬유가 제일 중요한 골격이지만, 이들 외에도 피부의 형태를 유지하고 피부장력을 유지하는데 도움을 주는 성분들은 다양하다. 특히 프로테오글리칸 등과 같은 단백질과 글리코사미노글리칸과 같은 당성분들도 피부 형태 유지에 중요한 역할을 하고 있기 때문에 이들의 감소나 변성도 주름살 형성에 중요한 역할을 한다. 따라서 주름살 형성에 콜라겐섬유와 탄력섬유의 변성이 가장 중요하지만, 다른 피부 구성 성분의 변성도 중요한 역할을 하고 있다.

(9) 탄력섬유 재생에 의한 주름살 개선 효과

레티노익 산을 노인의 팔이나 얼굴에 바르면 손상된 탄력섬유가 재생된다.(그림 8-9) 레티노익 산을 수개월 이상 동안 바르면 없어졌던 탄력섬유가 다시 생기며, 탄력섬유의 재생정도와 주름살이 호전되는 정도와 밀접한 연관성이 있음이 입증되었다.(그림 8-10) 즉, 주름살은 콜라겐섬유의 부족뿐만 아니라 탄력섬유의 부족에 의해서도 발생한다는 확실한 증거이다.

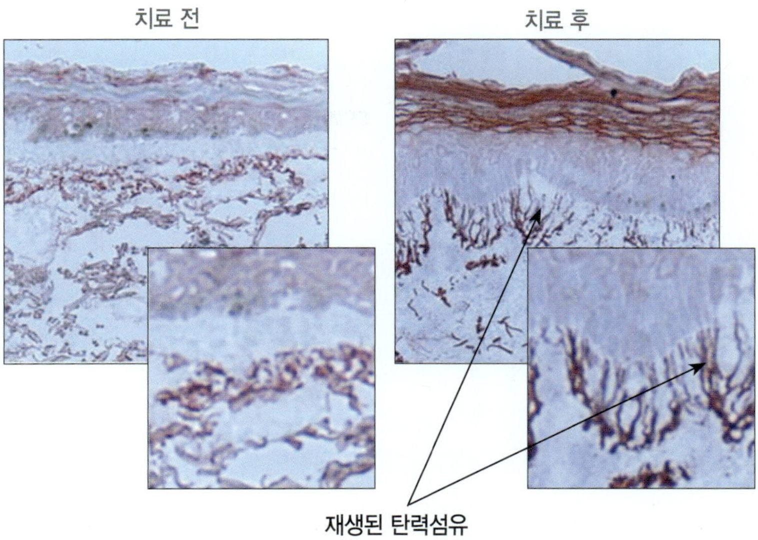

그림 8-9. 레티노익 산의 탄력섬유 재생 효과

노인의 피부에 레티노익 산을 1주일에 3번씩 4주 동안 바른 후 탄력섬유가 재생되는 것을 관찰하였다.

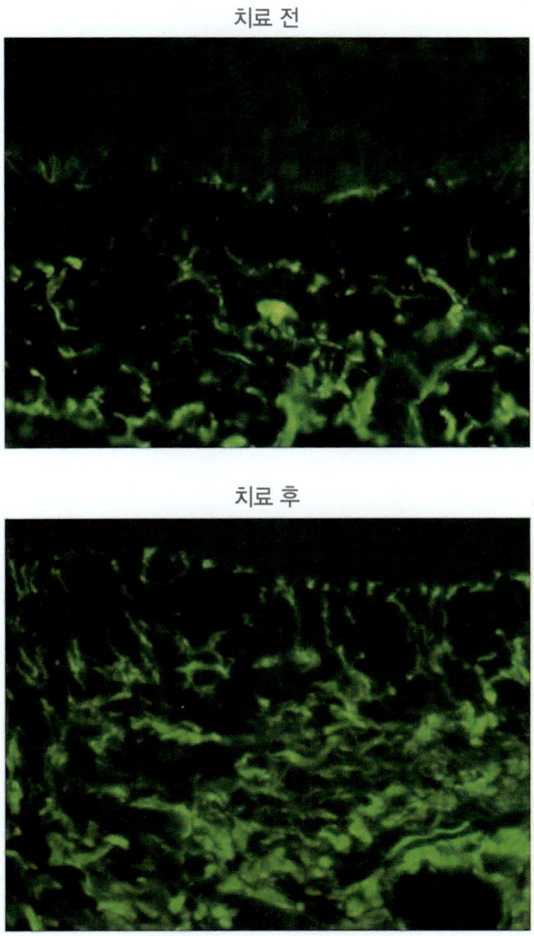

그림 8-10. 레티노익 산의 탄력섬유 재생 효과

노인의 얼굴 피부에 레티노익 산을 6달 동안 바른 후 탄력섬유가 재생되는 것을 관찰하였다. 표피 바로 아래 수직으로 배열된 섬유와 진피 내의 굵은 탄력섬유의 양이 증가한 것을 볼 수 있다. 6달 후에 레티노익 산에 의한 탄력섬유 재생정도와 주름살 호전 정도가 유의하게 비례하였다.

II. 색소성 반점 Pigmented spot

피부는 자외선으로부터 우리 몸을 보호하기 위하여 멜라닌색소를 만든다. 자외선을 받는 피부는 일시적으로 멜라닌색소를 형성하는 능력이 증가하며, 동시에 멜라닌세포의 수가 증가한다.(그림 8-11)

자외선을 계속적으로 받으면 멜라닌세포의 기능과 수가 계속적으로 증가하지만, 자외선을 더 이상 받지 않으면 멜라닌세포는 정상적인 기능으로 돌아가며, 증가하였던 멜라닌세포 수도 다시 정상을 유지하게 된다. 그러나 얼굴 피부와 같이 계속적으로 자외선을 받는 경우에 일부 멜라닌세포는 병적으로 변하게 되며, 자외선을 더 이상 받지 않아도 계속해서 많은 양의 멜라닌색소를 만들고, 늘어난 수도 계속 유지된다. 그 결과 임상적으로 색소성 반점이 발생된다.

자외선에 노출된 피부에서 흔히 관찰할 수 있는 색소성 반점으로는 주근깨, 기미, 흑자, 불규칙한 색소침착, 검버섯 등이 있다.

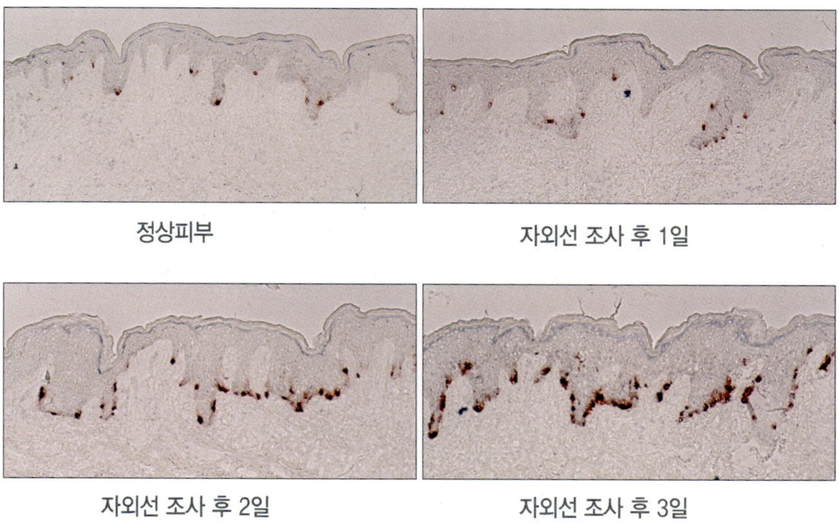

그림 8-11. 자외선 조사 후 멜라닌세포 수와 기능의 증가

자외선 조사 후 3일 후까지 계속하여 멜라닌세포의 수가 증가하며, 멜라닌색소 합성도 증가한다.

1. 주근깨

1) 임상증상

주근깨는 피부색이 흰 사람일수록 더 잘 생긴다.(그림 8-12) 일반적으로 양쪽 빰에 깨알 같은 크기의 작은 갈색 반점들이 많은 수가 생긴다. 햇빛을 받으면 일시적으로 색깔이 짙어지고, 겨울철에는 다시 색깔이 희미해진다.

2) 조직소견

자외선에 의하여 피부의 멜라닌세포는 그 크기가 커지며, 멜라닌색소를 만드는 능력도 정상 피부의 멜라닌세포보다 증가된다. 그 결과 멜라닌색소의 양이 많아지며 겉으로는 갈색의 작은 반점이 모여 있는 주근깨의 형태를 보이게 된다. 그러나 주근깨가 있는 피부의 멜라닌세포의 수는 정상 피부와 동일하다.

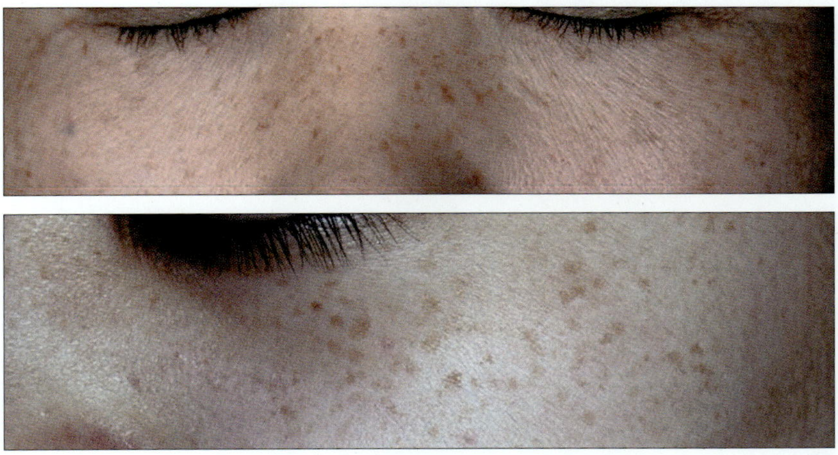

그림 8-12. 주근깨

주근깨는 피부색이 흰 사람에 많고 여름에는 짙어지고 겨울에는 희미해진다.

2. 기미

1) 임상증상

기미는 주로 광대뼈 위치에 생기며, 뺨이나 이마, 간혹 턱 부위에도 발생한다. 갈색의 반점이 불규칙한 모양으로 좌우 대칭적으로 발생한다.(그림 8-13) 자외선이 기미의 가장 중요한 원인이지만, 호르몬의 변화도 중요한 원인이기 때문에 주로 여성에 발생하고, 임신 중에 생기기도 한다.

2) 조직소견

기미 부위의 멜라닌세포의 수는 정상 피부와 같으나, 자외선을 받은 후 색소를 많이 만들기 때문에 갈색으로 보인다.

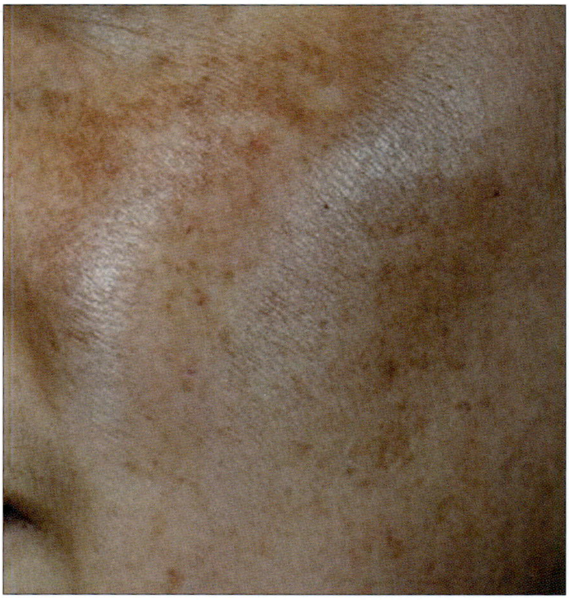

그림 8-13. 기미

주로 중년 여성에 많으며, 광대뼈 위치에 갈색의 반점이 넓게 발생한다. 자외선이 가장 중요한 원인이다.

3. 흑자

1) 임상증상

흑자(黑子)는 햇빛에 의해 발생하기 때문에 '일광 흑자'라고도 한다. 60세 이상 노인의 90%에서 관찰된다. 주로 얼굴에 잘 생기며 손등, 팔, 다리 등 햇빛에 오랜 세월 노출된 피부에 발생한다. 경계가 명확하게 지어지는 갈색 반점이 생긴다.(그림 8-14) 우리나라에서는 여성이 남성에 비하여 더 흔하게 발생한다.

2) 조직소견

흑자 부위에는 멜라닌세포의 수가 증가하여 있고, 멜라닌색소의 합성도 증가된다.

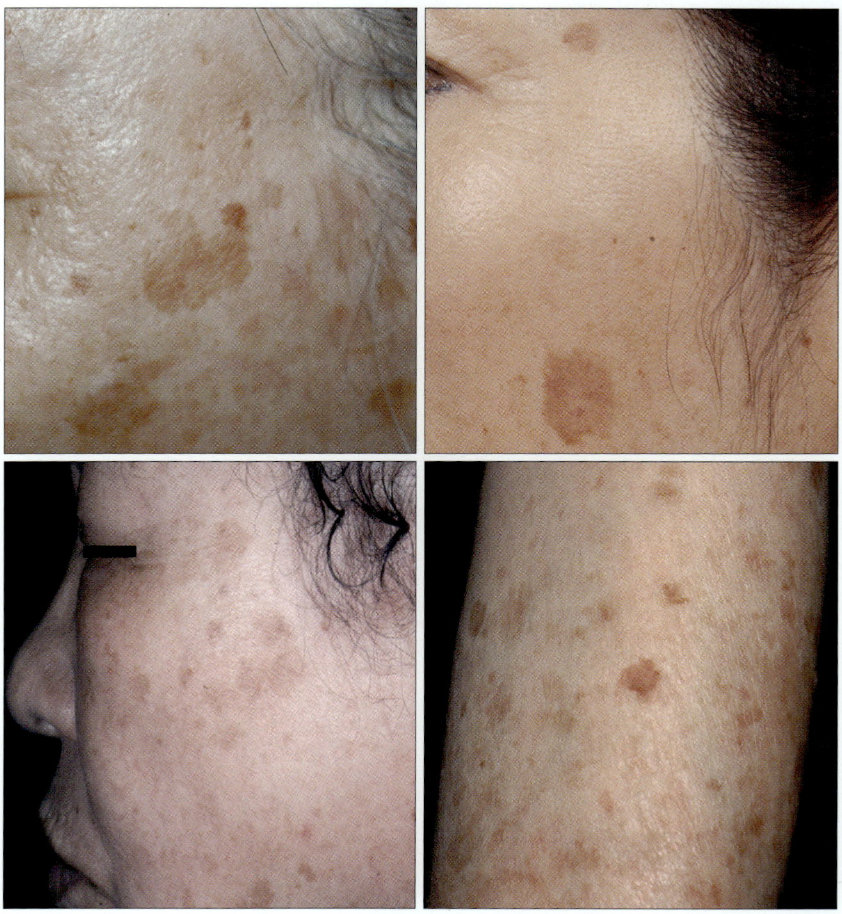

그림 8-14. 흑자

주로 자외선에 의해 발생하며, 멜라닌세포 수가 증가하여 발생한다. 60세 이상의 노인에는 대부분 한 두 개 이상의 흑자를 관찰할 수 있다.

4. 불규칙한 색소침착

1) 임상증상

노인의 얼굴과 팔 피부와 같이 오랜 세월 동안 햇빛에 노출된 피부는 자외선에 의하여 심한 손상을 받으며, 특히 전반적으로 불규칙하게 얼룩덜룩한 갈색의 색소침착과 반점들을 관찰할 수 있다.(그림 8-15)

2) 조직소견

이 부위의 멜라닌세포는 지속적인 자외선의 자극으로 인하여 멜라닌색소를 만드는 능력이 증가되어 있고, 그 결과 멜라닌색소가 증가되어 있다.

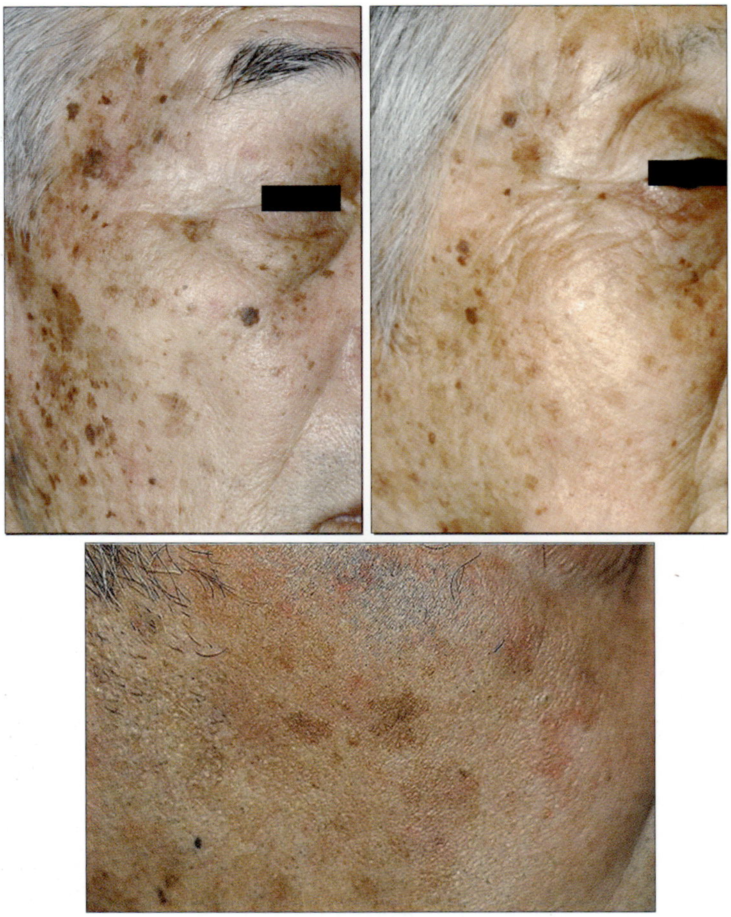

그림 8-15. 불규칙한 색소침착

얼굴 피부에 얼룩덜룩한 갈색 색소침착을 볼 수 있다. 얼굴에 전반적으로 불규칙한 색소가 침착되어 있으며, 자세히 보면 흑자와 검버섯도 관찰된다.

5. 검버섯(지루각화증)

1) 임상증상

검버섯은 갈색 내지는 진한 갈색의 피부보다 약간 튀어나온 사마귀처럼 보이는 병변을 말한다.(그림 8-16) 노인에게서 생기기 때문에 '저승꽃'이라고도 한다. 우리나라에서 검버섯은 40세 이상 사람의 80%, 그리고 60세 이상 노인에서는 90%에서 한 개 이상의 검버섯을 관찰할 수 있다. 즉, 나이가 들면 거의 예외 없이 생긴다.

2) 원인

햇빛 노출이 검버섯의 주원인이다. 하루 평균 6시간 이상 야외에서 생활을 한 노인의 경우, 하루 평균 3시간 이하로 야외활동을 한 노인에 비하여 2.3배 이상 많은 검버섯이 생긴다. 검버섯은 햇빛에 자주 노출되는 피부에서 더 많이, 더 크게 생기며, 간헐적으로 노출되는 피부에서는 그 빈도가 매우 줄어든다. 우리나라에는 여성보다는 남성에서 검버섯의 빈도가 높다.

3) 조직소견

일종의 양성종양으로서 각질형성세포가 변형된 종양세포의 증식이 관찰되며, 멜라닌색소의 증가가 관찰된다. 얼핏보면 색소가 증가되어 있어 색소성 질환으로 오인할 수 있으나, 사실은 색소성 질환이라기보다는 양성종양이다.

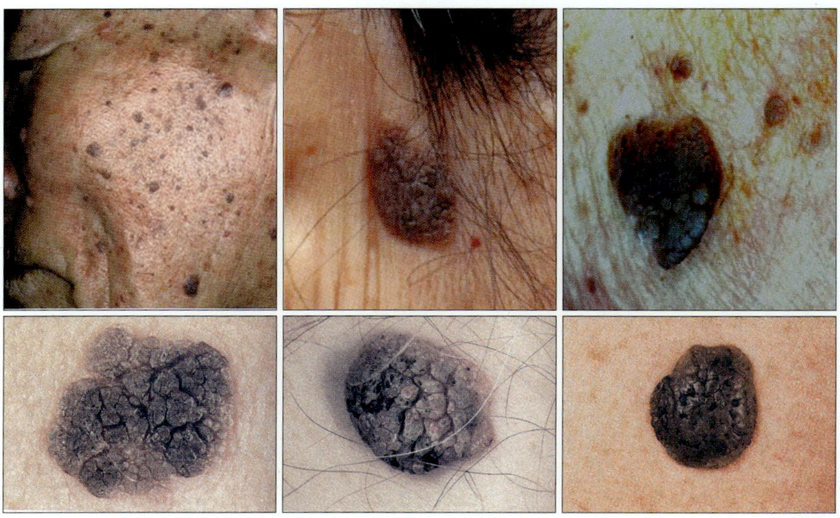

그림 8-16. 검버섯

노인에서 저승꽃이 폈다고 하는 것이다. 피부보다 튀어나와 있으며 사마귀처럼 표면이 불규칙하다. 주로 자외선을 노출한 부위에 생기며, 노인 남성에서 흔하다.

III. 피하지방층의 소실에 의한 얼굴 볼륨 감소

1) 임상증상

나이가 들면 얼굴에 주름살이 많아지고, 색소성 반점이 생기는 증상 외에 얼굴의 볼륨감이 없어지고 뺨, 턱주위, 이마, 눈주위의 피부가 움푹 들어가는 증상이 관찰된다. 이는 얼굴 피하지방층의 지방세포의 크기가 감소한 결과로 생각된다.

피하지방층의 감소가 심할수록 더 늙어 보이고 얼굴에 주름살이 많아지게 된다. 피하지방층이 없어지면 피부주름살을 펴주는 효과가 없어지며, 피부가 더 접히게 되기 때문이며, 나이 들어서 마른 사람이 뚱뚱한 사람보다 주름살이 많은 이유이다.

2) 피하지방층

피하지방층에는 지방세포가 지질을 합성하여 지방형태로 저장하고 있다. 정상적으로 우리 몸에 있는 지방의 85%가 피하지방층에 존재하며, 나머지 15%는 내장지방으로 존재하고 있다. 인체가 노화함에 따라 피하지방층의 두께는 점차 감소하고, 내장지방은 점차 증가한다. 과거에는 피하지방과 내장지방은 남아도는 에너지를 단순히 저장해 둔 것이라고 생각했지만, 최근 연구 결과에 따르면 남아도는 에너지가 피하지방으로 저장되는 것은 건강에 도움이 되나, 내장지방으로 저장되는 것은 대사질환을 유발할 수 있다는 사실이 밝혀지고 있다. 따라서 노화에 따라 피하지방 합성능력이 감소하는 것은 인체 건강에 도움이 되지 않는다.

3) 원인

피부노화에 따라 피하지방층에서의 지질합성이 감소된다. 지방세포가 지질을 합성하는 능력이 노화현상에 따라 감소하게 된다. 그러면 점차적으로 피하지방세포의 크기가 감소하게 되고, 결과적으로 피하지방층의 두께가 감소하게된다.

특히 자외선을 받은 피부의 바로 아래 피하지방층의 지방세포에서는 지질합성이 급격하게 감소된다. 비록 자외선은 진피 중간까지 침투하여 들어갈 수 있고, 지방층에는 도달하지 못하지만, 간접적으로 피하지방층에서의 지질합성을 감소시키기 때문이다.

실험적으로 젊은 자원자의 엉덩이 피부에 자외선B를 최소홍반량의 2배의 용량(여름철 한낮에 한시간 정도 햇빛을 받을 때 받는 정도)으로 조사하면 24시간 후에 피하지방층의 지방세포에서 지질합성 능력이 약 40% 정도 일시적으로 감소한다고 알려져 있다. 물론 더 이상 자외선을 쪼이지 않으면 지질합성 능력이 정상으로 회복한다.

반면에 계속적으로 수년 동안 자외선을 받고 있는 얼굴과 같은 노출부위 피부에서는 피하지방층에 존재하는 지방세포에서 지질합성이 항상 감소되어 있다. 노인의 엉덩이 피부와 얼굴 피부의 피하지방층의 지방세포에서 지질 합성 정도를 비교하면 자외선에 항상 노출되어 있는 얼굴에서 같은 사람의 엉덩이에 비하여 약 30% 정도 감소되어 있다고 알려져 있다.

자외선에 의해서 피하지방층의 지방세포에서 지질합성이 감소하는 이유는 자외선에 노출된 표피를 구성하는 각질형성세포와 진피에 존재하는 섬유아세포에서 합성된 여러가지 싸이토카인들이 간접적으로 지방세포에 작용하여 지질합성을 억제하기 때문이다.(그림 8-17)

노인의 얼굴과 손등, 팔과 같이 수십 년간 햇빛에 노출된 피하지방층의 지방세포는 자외선의 영향으로 지질합성을 점점 못하게 되고, 그 결과 지방세포의 크기가 감소되며, 지방층의 두께가 감소되고, 지방층의 양이 감소된다. 결과적으로 자외선에 의해 피하지방층의 소실하게 되고 얼굴 볼륨이 감소하게 된다.

그림 8-17. 자외선에 의한 피부지방층에서의 지질 합성 감소

햇빛을 오랜 기간 받으면 피하지방층의 지방세포에서의 지질합성이 감소한다. 자외선에 노출된 표피의 각질형성세포와 진피의 섬유아세포에서 분비된 여러가지 싸이토카인이 지방세포에서의 지질합성을 간접적으로 억제한다.

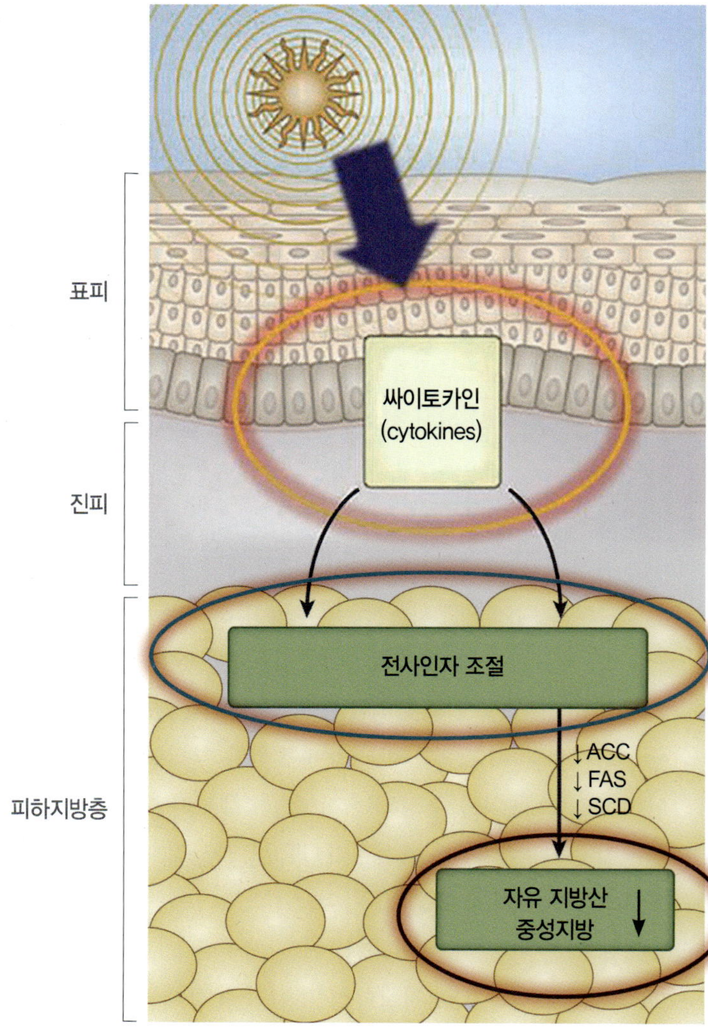

Ⅳ. 피부건조 Dry skin

1) 임상증상

노인피부는 겨울철에 나뭇잎이 마르듯이 피부가 건조해진다. 그 결과 피부가 거칠어지고, 하얀 껍질이 일어나게 된다. 심하면 가뭄에 논바닥이 갈라지듯이 피부가 갈라지고 튼다. 피부는 스스로 피부가 건조해지는 것을 막기 위해 노력한다. 피부세포가 여러가지 싸이토카인을 분비하여 각질형성세포를 증식시키고 분화를 촉진시켜 각질층을 두껍게 만들고, 그 사이를 채우는 지질 성분을 더 만들고자 노력하여 피부를 덜 건조하게 만든다. 그러나 분비된 싸이토카인들이 주위 피부에 염증을 유발하고 가려움증을 느끼게 하는 부작용을 유발한다. 그 결과 건조한 피부는 가려움증이 생기고, 가려워서 긁게 되면 피부가 붉어지고, 심하면 진물이 나고, 진물이 마르면 딱지가 앉게 된다. 이 경우를 건조성 습진이라고 한다. 피부가 건조하면 가려움증을 느끼게 되기 때문에 건조성 습진이 발생하는 경우가 매우 흔하다.(그림 8-18)

2) 피부건조의 원인

피부가 노화되면서 건조해지는 원인으로는 피부장벽 기능의 감소로 인하여 수분 손실이 증가하는 것과 피부에서 보습에 중요한 역할을 하는 물질이 감소하는 것이 중요하다.

(1) 피부장벽 기능의 이상

피부장벽은 죽은 각질세포와 그 사이를 채우는 지질 성분과 당 성분으로 되어 있다. 피부장벽은 수분 소실을 막아주는 역할을 하기 때문에, 만약 피부장벽의 기능에 이상이 발생하면 피부를 통한 수분 소실이 늘어나게 된다. 그 결과 피부는 건조해진다.

피부장벽
(47 p. 참조)

노화된 피부에서는 각질층이 얇아지며, 그 사이를 채우는 지질의 합성이 감소하기 때문에 피부장벽의 기능이 감소된다. 또한 각질층에 존재하는 당 성분도 노화된 피부에서는 감소하기 때문에 피부장벽의 기능이 감소한다. 그 결과 피부를 통한 수분 손실이 증가하며 피부는 건조해진다.

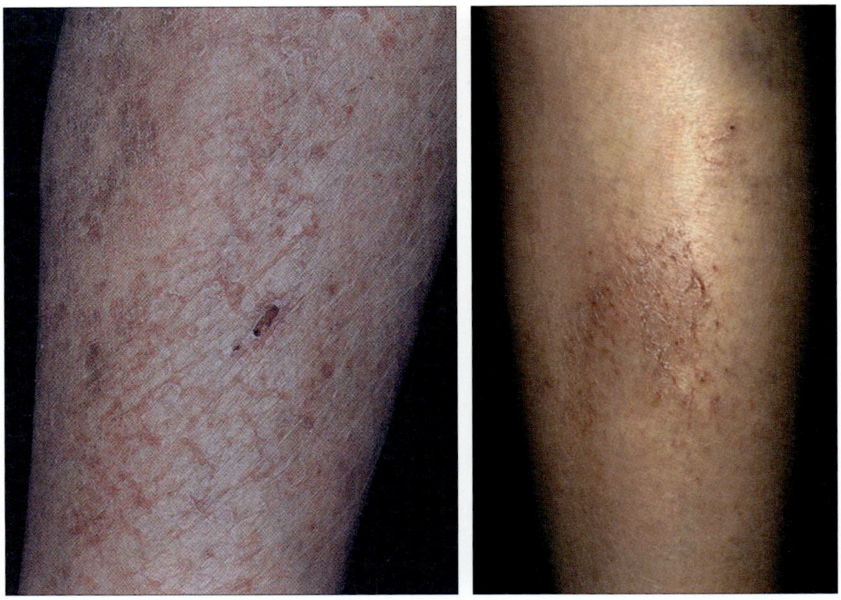

그림 8-18. 건조한 피부와 건조성 습진

노화된 피부는 피부장벽 기능이 손상되어 피부의 수분이 쉽게 소실된다. 그 결과 노인의 피부는 건조해진다. 건조한 피부는 거칠고, 하얀 인설이 관찰되며, 가려운 경우가 흔하다. 심하게 건조하면 피부에 염증이 생기고, 긁으면 진물이 생길 수 있다. 이를 건조성 습진이라 한다.

글리코사미노글리칸 (40 p. 참조)
프로테오글리칸 (42 p. 참조)

(2) 글리코사미노글리칸(GAG)과 프로테오글리칸의 감소

GAG는 자신의 분자량보다 1,000배 이상의 많은 물 분자와 결합하는 능력을 가지고 있다. 따라서 GAG는 피부가 건조되는 것을 예방하고 피부를 촉촉하게 유지하는 기능을 하고 있으며 GAG 성분이 감소하면 피부가 건조해지게 된다.

노화된 피부의 표피에서 히알루론산이 감소된다. 히알루론산은 피부에 많은 양이 존재하고 있으며, 물 분자와의 결합력이 매우 큰 물질이다. 따라서 히알루론산이 감소되면 피부가 건조해진다. 또한 노화된 피부에서는 황산기를 가지고 있는 GAG들이 감소된다. 이중 헤파란 황산염이 노화에 따라서 가장 많이 감소한다. 이들 GAG의 양의 감소와 노인피부의 수분량의 감소가 서로 비례 관계가 있다. 일반적으로 노인이 되면 피부가 건조해지는데, 피부에 있는 GAG의 양이 감소되는 것이 피부건조증의 원인 중 하나이다.

이들 GAG들은 프로테오글리칸에 결합하여 존재하기 때문에 프로테오글리칸이 감소하여도 GAG의 양이 상대적으로 감소하게 되며, 피부는 건조해진다.

V. 모세혈관확장증

1) 임상증상

노인의 얼굴과 목 부위에 모세혈관이 증식되어 있는 경우가 종종 관찰된다.(그림 8-19) 특히 목 부위가 전체적으로 붉게 변하는 경우도 관찰되는데, 이 경우도 모세혈관의 수가 많아졌기 때문이다.

2) 원인

자외선은 피부에서 혈관 형성을 촉진한다. 사람 피부는 자외선을 받을 때마다 일시적으로 혈관을 형성한다.(그림 8-20) 따라서 반복적으로 자외선을 받는 피부에서는 모세혈관의 증식이 일어나게 된다.

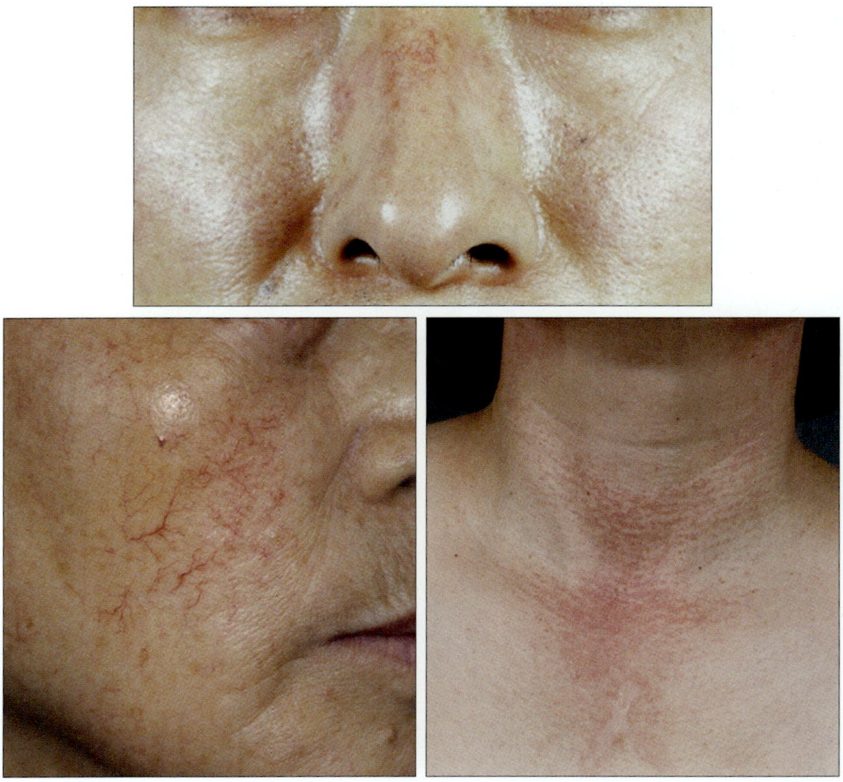

그림 8-19. 모세혈관확장증
햇빛을 오랜 기간 받으면 피부에 새로운 혈관이 생기게 된다. 그 결과 모세혈관이 늘어나게 된다.

그림 8-20. 자외선에 의한 혈관 생성

사람 피부가 자외선을 받으면 새로운 혈관을 형성한다. 사람의 엉덩이에 자외선(여름 한낮에 1~2시간에 받은 정도의 자외선 양)을 쪼여준 후 1일, 2일, 3일 후에 그 부위의 피부에서 혈관 수와 크기가 증가하는 것을 볼 수 있다. 붉게 염색된 구조가 피부에 존재하는 혈관들이다.

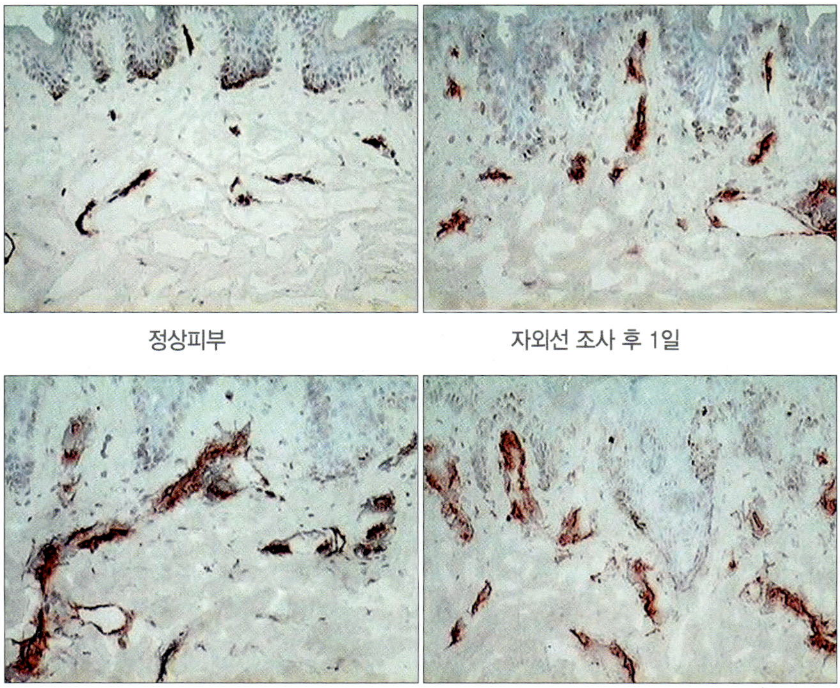

(1) 자외선이 혈관세포 성장인자(VEGF)를 증가시킴

자외선을 받은 피부세포는 혈관 형성을 촉진하는 '혈관세포 성장인자(vascular endothelial growth factor, VEGF)'라는 물질을 합성함으로써 혈관을 새롭게 만든다. 각질형성세포와 섬유아세포와 같은 피부에 존재하는 세포들이 혈관세포 성장인자를 합성할 수 있다. 자외선은 이들 세포에서 혈관세포 성장인자 합성을 증가시키며, 그 결과 피부에 새로운 혈관이 형성된다.

(2) 자외선이 혈관생성 억제물질을 감소시킴

반대로 피부세포는 필요에 따라 혈관 생성을 억제하는 트롬보스폰딘(thrombospondin)이란 물질을 많이 만들어 혈관의 형성을 억제하기도 한다. 자외선을 피부세포에 쪼이면 혈관형성 억제작용을 하는 트롬보스폰딘의 합성이 감소되며, 결과적으로 새로운 혈관이 형성된다.

결론적으로 자외선이 혈관의 형성을 촉진하는 물질인 혈관세포 성장인자는 증가시키고, 혈관형성을 억제하는 물질인 트롬보스폰딘은 억제하기 때문에 자외선을 받은 피부에서는 새로운 혈관이 만들어지게 된다.

사람 피부에 자외선을 쪼였을 경우 2~3일 후에 자외선을 받은 피부의 혈관의 수가 거의 2배 정도 증가하고, 혈관의 크기도 2배 이상 커지며, 결과적으로 진피 내의 총 혈관의 넓이는 약 3배 정도 증가하게 된다. 만일 자외선을 계속해서 받으면 혈관세포 성장인자가 계속 만들어지고, 혈관 형성이 계속되며, 새로 형성된 혈관이 점점 완벽해지며 성숙된 혈관이 된다. 실제로 햇빛에 계속 노출되어 있는 얼굴이나 목 피부에는 새로운 모세혈관이 계속 형성된다.

VI. 노인성 자반증

1) 임상증상

노인의 피부는 약한 충격에도 쉽게 멍이 드는 경우가 있다. 이런 증상은 햇빛에 오랜 세월 노출된 피부에서 흔히 관찰된다. 살짝만 스치거나 부딪히거나 몇 번 긁기만 해도 출혈이 되고 멍이 든다.(그림 8-21)

2) 원인

노인성 자반증의 원인은 혈관을 둘러싸고 있는 주위 조직이 약해져서 혈관이 쉽게 외부 충격에 의해 터지기 때문이다. 자외선에 오랜 세월 노출된 피부에서는 혈관 주위에서 혈관을 잘 지지해주는 콜라겐섬유와 탄력섬유들이 소실되거나 변성된다. 혈관을 지지하는 구조물이 없어지기 때문에 혈관이 정상적으로 위치하지 못하고 주위의 충격으로부터 보호받지 못하기 때문에, 작은 충격에도 혈관이 파열되어 쉽게 멍이 들게 된다. 또한 자외선 노출로 인해서 표피의 두께도 종이장처럼 얇아져서 외부 충격으로부터 얇아진 표피가 피부의 혈관들을 보호해주지 못하기 때문에 아주 약한 피부 자극에도 혈관이 쉽게 터져 멍이 들게 된다.

그림 8-21. 노인성 자반증

노인성 자반증은 피부의 혈관이 쉽게 터져 멍이 자주 들게 되는 것이다. 건강에 문제가 있는 것은 아니다. 단지 노인에서 자외선에 오래 노출된 피부가 얇아지고, 약해져서, 피부가 혈관을 잘 보호하지 못하여, 외부의 약한 충격에 의해서 혈관이 쉽게 터지기 때문에 멍이 쉽게 생긴다.

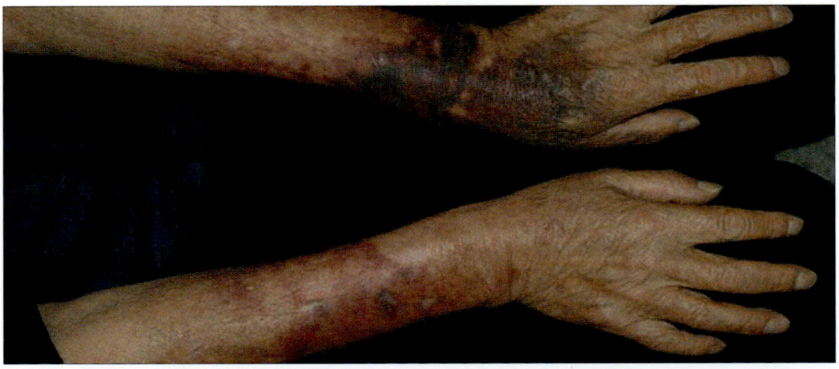

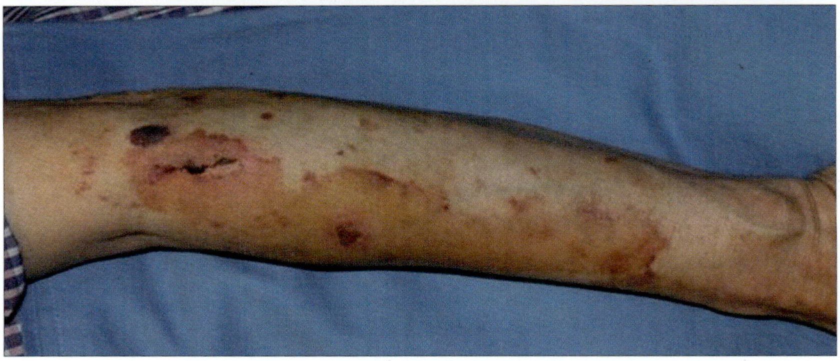

참고문헌

1. 서진영, 조광현, 은희철 외. 피부노화의 특징과 발생기전. *대한피부연구학회지*. 2001;8(4):187-94.
2. Kwon OS, Hwang EJ, Bae JH, et al. Seborrheic keratosis in the Korean males: causative role of sunlight. *Photodermatol Photoimmunol Photomed.* 2003 Apr;19(2):73-80.
3. Chung JH. Clinical manifestation and cause of skin aging in Asians. *Keio J Med.* 2003;52(1):54-5.
4. 이채욱, 박상철, 정진호. 장수인의 피부노화(광노화기전 및 피부질환. *한국노화학회지*. 2005;15(3):35-43.
5. 이채욱, 이갑석, 박상철 외. 초장수인의 피부 특징 및 피부질환의 빈도에 대한 연구. *한국노화학회지*. 2005;43(8):1034-8.
6. Kim S, Kim Y, Kim JE, et al. Berberine inhibits TPA-induced MMP-9 and IL-6 expression in normal human keratinocytes. *Phytomedicine.* 2008 May;15(5):340-7.
7. Lee JY, Kim YK, Seo JY, et al. Loss of elastic fibers causes skin wrinkles in sun-damaged human skin. *J Dermatol Sci.* 2008 May;50(2):99-107.
8. Kim EJ, Kim YK, Kim JE, Kim S, Kim MK, Park CH, Chung JH. UV modulation of subcutaneous fat metabolism. *J Invest Dermatol.* 2011 Aug;131(8):1720-6.
9. Krutmann J, Morita A, Chung JH. Sun exposure: what molecular photodermatology tells us about its good and bad sides. *J Invest Dermatol.* 2012 Mar;132(3 Pt 2):976-84.
10. Kim EJ, Kim YK, Kim MK, Kim S, Kim JY, Lee DH, Chung JH. UV-induced inhibition of adipokine production in subcutaneous fat aggravates dermal matrix degradation in human skin. *Sci Rep.* 2016 May 10;6:25616.
11. Choi YE, Song MJ, Hara M, Imanaka-Yoshida K, Lee DH, Chung JH, Lee ST. Effects of Tenascin C on the Integrity of Extracellular Matrix and Skin Aging. *Int J Mol Sci.* 2020 Nov 18;21(22):8693.

09

Chapter

원인에 따른 피부노화의 종류

자연 피부노화 현상은 햇빛에 노출되지 않은 피부에서 관찰되는 피부노화 현상이다. 즉, 세월이 흘러감에 따라 피할 수 없는 노화 현상을 말한다. 내인성 피부노화(intrinsic skin aging, chronological skin aging)라고도 부른다.

Chapter 9 / 원인에 따른 피부노화의 종류

Chapter 09 Dermatogerontology

원인에 따른 피부노화의 종류

I. 자연 피부노화 Natural skin aging

1. 정의

자연 피부노화 현상은 햇빛에 노출되지 않은 피부에서 관찰되는 피부노화 현상이다.(그림 9-1) 즉, 세월이 흘러감에 따라 피할 수 없는 노화 현상을 말한다. 내인성 피부노화(intrinsic skin aging, chronological skin aging)라고도 부른다.

2. 임상증상

자연적으로 노화된 피부의 특징으로는 잔주름, 창백한 피부색, 피부건조증, 경미한 탄력감소 등을 들 수 있다. 또한 태양광선에 장기간 노출된 피부에서와는 달리 자연적으로 노화된 피부에서는 색소성 질환, 양성종양, 피부암 등의 노인성 피부질환은 상대적으로 드물게 발생한다.

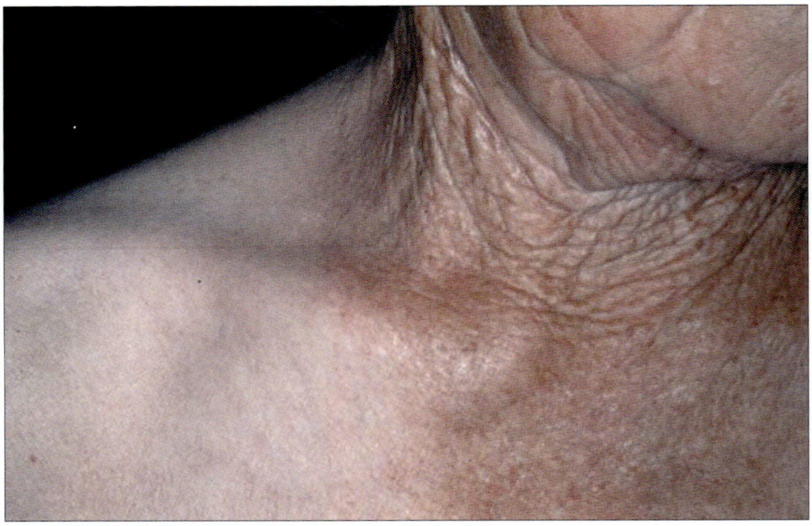

그림 9-1. 자연 피부노화와 광노화

70세 할머니의 사진이다. 옷에 의해 가려지는 피부와 햇빛에 직접 노출되고 있는 피부를 비교해 보면 큰 차이가 있다. 노출 부위의 피부가 심하게 노화되어 있는 것을 알 수 있다. 옷에 가려진 부위에서는 자연 피부노화가 햇빛에 노출된 피부에서는 광노화 현상이 관찰된다.

3. 원인

아직까지 노화의 신비가 풀리지 않고 있다. 많은 노화 이론이 주장되고 있으나, 유전적으로 노화 현상이 결정되고 있다는 주장(노화 프로그램 이론)과 환경적 요인이 중요하다는 이론(활성산호 이론)이 가장 많이 연구되고 있다.

1) '노화 프로그램' 이론

이 이론은 노화 현상이 유전적으로 결정되어져 있기 때문에 노화 현상은 결코 피할 수 없는 현상이라는 이론이다. 태어나면서 미리 정해진 수순대로 노화의 증상이 나타나도록 노화의 프로그램이 유전자에 새겨져 있다는 것이다.

이 이론을 가장 잘 뒷받침하는 증거는 동물의 종류에 따라 최대 수명이 일정하게 정해져서 태어난다는 사실이다. 사람의 수명은 생쥐 수명의 30배 정도 된다. 수명을 결정하는 유전자가 있다는 이론이다. 피부가 노화되는 것도 이런 노화 유전자에 의하여 이미 정해진 프로그램에 따라 나타난다고 생각한다.

과학자들은 수명을 결정하는 노화 유전자를 알아내기 위하여 효모나 선충, 초파리 등의 생물체를 이용하여 연구하였으며, 실제로 이들의 수명을 연장시킬 수 있는 유전자들을 여러 가지 발견하였다. 그러나 이런 유전자들이 어떻게 수명을 조절하는지 그 작용기전과 기능에 대해서는 아직도 연구할 부분이 많이 남아있다. 이들 유전자가 정말로 수명을 결정하는 바로 그 유전자라는 결론을 내리기에는 아직 이른 감이 있다. 그리고 아직까지 인간에서는 노화 현상을 조절하고 인간의 수명을 결정하는 유전자는 발견되지 않았다.

2) '활성 산소' 이론

이 이론은 인간이 살면서 외부 환경으로부터 매일 조금씩 손상을 받게 되며, 그 손상이 계속적으로 축적되어 결국은 병을 발생시키고 우리 몸을 늙게 만든다는 것이다. 이 학설이 맞다면 외부 환경을 직접 접하고 있는 피부는 외부 환경으로부터 손상을 제일 많이 받고 있기 때문에 제일 많이 늙게 되는 장기일 것이다.

이 노화 이론은 산소로부터 유래한 활성 산소에 의하여 단백질, 지질, 그리고 DNA를 비롯한 세포를 구성하는 성분들이 손상을 받게 되며, 그 결과 세포의 기능이 감소하고, 이러한 손상이 반복되면서 노화 과정이 진행된다는 이론이다.

(1) 활성 산소

모든 분자들은 원자와 전자를 가지고 있다. 모든 분자들의 원자는 1개씩이지만 전자는 분자의 종류에 따라 다양한 수가 존재한다. 이 전자들이 짝수로 짝을 이루고 있으면 안정한 상태이나, 홀수로 짝이 맞지 않을 때는 매우 불안정한 상태가 되며, 짝을 맞추기 위하여 전자를 주위 물질로부터 빼앗아 와서 자기 자신을 안정화시키려는 성질이 있다.

세포는 산소를 이용하는 여러 대사과정에서 일시적으로 산소에서 유래한 홀수의 전자를 가지는 물질들을 생성하게 되며, 이런 불안정한 홀수의 전자를 가지는 산소유래 물질들을 '활성 산소'라고 한다.

(2) 활성 산소의 종류와 작용

활성 산소는 영어로는 reactive oxygen species라고 하며 약자로 'ROS'라고 부른다. 활성 산소에는 O_2^- (과산소), H_2O_2 (과산화 수소), OH^- (하이드록실 라디칼) 등이 있으며,(그림 9-2) 이것들이 주위의 단백질이나 지질, 그리고 DNA들을 공격하여 전자를 빼앗으며, 전자를 빼앗긴 세포의 성분들은 산화되어 기능을 잃어버리거나 기능에 손상을 받게 된다. 이러한 손상이 축적되면 세포는 점점 기능을 잃고 노화되거나 죽게 된다. 따라서 활성산소는 우리 몸의 노화를 유발할 뿐만 아니라, 여러 질환의 원인이 되기도 한다.

그림 9-2. 활성 산소의 생성과 소실

과산소, 과산화 수소, 하이드록실 라디칼 등의 활성 산소가 대사과정에서 발생되며, 과산소 디스뮤테이스, 카탈레이스 글루타티온 과산화 효소 등의 효소에 의하여 물과 산소로 변화하게 된다.

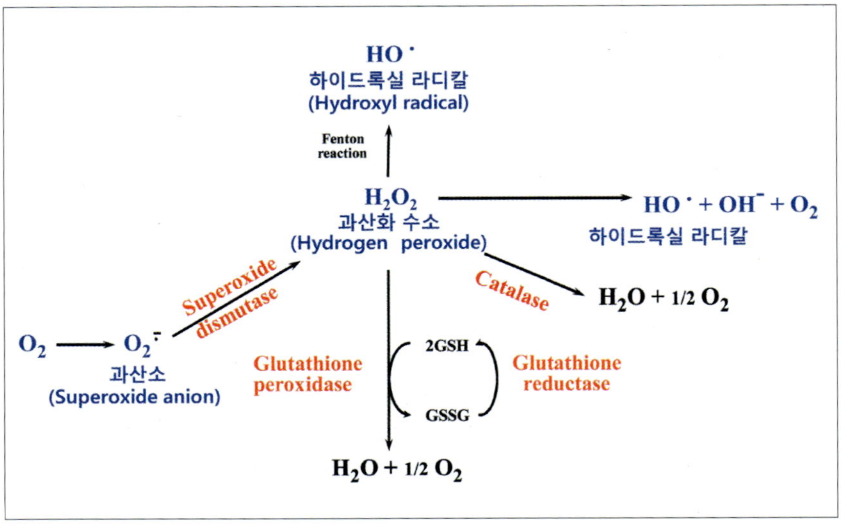

(3) 활성 산소가 생기는 이유

피부는 항상 외부 환경으로부터 활성 산소에 의해 공격을 당하고 있다. 활성 산소가 생기는 원인은 다음과 같다.

1. 햇빛, 열, 오존, 공해물질이 우리 몸에 들어오면 안정한 산소와 반응하여 불안정한 활성 산소를 형성한다. 미세먼지가 우리 몸을 노화시키고, 폐질환을 유발한다고 생각되는 것도, 미세먼지가 이러한 활성 산소를 형성하기 때문이다. 담배를 피면 엄청난 활성산소가 형성된다. 담배에는 여러 가지 유해한 화학물질이 있지만, 이외에도 활성 산소를 통해 피부노화를 유발시키기도 한다.
2. 세포가 정상적으로 산소를 이용하는 에너지 대사과정에서도 활성 산소가 형성된다.(그림 9-2) 특히 '미토콘드리아'라고 하는 기관에서 산소로부터 에너지를 얻는 과정에서 산소에 전자를 하나 추가하여 O_2^-(과산소), 를 생성한다. O_2^-는 세포에서 '과산소 디스뮤테이스(superoxide dismutase, SOD)'라는 효소에 의하여 H_2O_2(과산화 수소)로 변화된다. H_2O_2는 다시 '카탈레이스(catalase)'나 '글루타티온 과산화 효소(glutathione peroxidase)'라는 효소에 의하여 물과 산소로 변화하게 된다. 이처럼 정상 대사과정에서 O_2^-, H_2O_2와 같은 활성 산소가 생성된다.

II. 광노화 Photoaging

1. 정의

광노화란 햇빛에 항상 노출되는 얼굴, 목, 손등, 팔의 피부에서 관찰되는 피부노화 현상을 말한다.(그림 9-1) 광노화된 피부의 특징은 자연적인 피부노화에 비하여 노화의 정도가 심하고, 일찍부터 노화 현상이 시작된다. 광노화는 자외선의 노출을 피하면 예방할 수 있는 피부노화 현상이다.

2. 임상증상

노인에서 옷에 가려진 부위와 그렇지 않은 피부는 피부노화에 따른 임상증상의 차이가 매우 크다.(표 9-1)

햇빛에 노출된 피부에는 깊고, 굵은 주름살이 심하고, 피부 색깔이 갈색으로 변하며 자세히 보면 군데군데 하얗게 색깔이 빠진 곳도 관찰된다. 또한 피부의 탄력이 없어져서 피부가 중력에 의해 밑으로 처지게 된다.

반면에 옷에 의해 햇빛으로부터 보호받은 피부는 자연 피부노화 현상을 보인다. 젊은 사람의 피부에 비하여 노화가 진행되어 있으며, 잔주름살이 많고, 피부가 건조하면서 창백해진다.

표 9-1. 내인성 노화와 광노화된 피부의 임상증상의 비교

	내인성 노화	광노화
주름살	잔주름	굵은주름, 잔주름
피부색조	창백	불규칙한 색소침착
피부건조증	경미함	심함, 거친 피부
탄력성 감소	경미함	매우심함, 피부가 처짐
색소성 질환	간혹 발생	증가(흑자, 주근깨,기미)
양성종양	간혹 발생	증가(검버섯 등)
피부암	간혹 발생	증가

3. 원인

광노화의 원인은 태양광선이다. 태양광선에 포함된 광선 중에서 자외선이 가장 중요한 원인 광선이다. 태양광선에 평생 노출되는 피부에는 심한 노화 현상이 관찰된다.

1) 태양광선

빛은 광자로 구성되어 있으며 파장을 가지고 있다. 태양광선에는 여러 종류의 빛이 존재한다. 광자가 진동하는 폭인 빛의 파장에 따라 자외선, 가시광선, 적외선 등 여러 종류의 빛으로 인위적으로 나눈다.(그림 9-3)

(1) 자외선

파장이 200~400 nm 사이의 광선을 자외선이라고 한다. 자외선은 영어로는 Ultraviolet light이며 약자로 UV라고 부른다. 자외선은 '빨주노초파남보'의 가시광선보다 파장이 짧은 광선이며 보라색 광선보다 짧은 파장이라는 뜻으로 보라색(violet) 앞에 ultra라는 단어를 붙인 것이다. 자외선은 다시 세 가지로 인위적으로 분류한다.

- **자외선C (UVC):** 200~290 nm까지를 UVC라 한다. 빛의 특성상 파장이 짧을수록 투과력이 약하고, 길면 투과력이 강하다. UVC는 파장이 짧기 때문에 대기권을 통과하지 못한다. 더 자세히 설명하면 대기권에 있는 오존층에서 자외선C는 모두 흡수된다. 따라서 지구 표면에는 도달하지 못하며, 지구상의 생물체는 평상시에는 UVC에 노출될 기회가 없다. 그러나 최근 들어 공해로 인하여 오존층이 파괴되고, 그 결과 지구의 극지방에서는 UVC가 지표면까지 도달하고 있다고 한다.
- **자외선B (UVB):** 290~320 nm까지의 자외선이 UVB이다. 자외선을 파장에 따라 나누는 이유는 그 파장에 따라 광선의 특성이 다르기 때문이다. 자외선B는 자외선A에 비하여 생물학적 효과가 100~1,000배 이상 강하다. 즉, 피부에 화상을 일으키는 효과, DNA를 손상시키는 효과, 그리고 피부에 색소를 침착시켜 피부를 검게 만드는 효과 등이 자외선B가 훨씬 강하다. 따라서 UVB를 효과적으로 차단하는 것이 매우 중요하다.

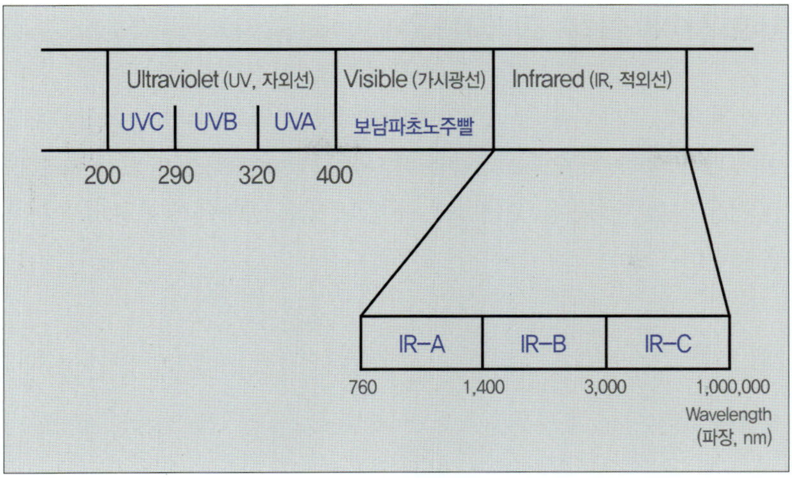

그림 9-3. 태양광선의 구성
태양광선은 파장에 따라 자외선, 가시광선, 적외선으로 나누고 있다.

- **자외선A (UVA):** 320~400 nm까지를 UVA라고 한다. 지표면에 도달하는 양을 비교해 보면 UVA가 UVB에 비하여 약 100배 정도 더 많다. 앞에서 자외선B는 자외선A에 비하여 생물학적 효과가 100~1,000배 이상 강하다고 했다. 따라서 사람이 생활하면서 받은 자외선의 영향을 자외선의 양을 고려하여 생각해 보면, 대략 UVA가 미치는 영향이 UVB에 비하여 비슷하거나, 약 1/10 정도 영향을 미치고 있다고 할 수 있다. 따라서 UVA도 효과적으로 그리고 철저히 차단해야 한다.

(2) 가시광선

400~760 nm 사이의 광선을 가시광선이라고 한다. 가시광선은 다시 7가지의 광선으로 나눌 수 있는데 그것이 빨강색에서 보라색까지의 '빨주노초파남보' 색깔의 광선이다. 우리 눈이 물체를 볼 수 있게 해 주는 빛이다. 가시광선도 피부에 나쁜 영향을 줄 수 있다고 최근 들어 연구결과가 나오고 있다.

(3) 적외선

가시광선보다 긴 760~1,000,000 nm 사이의 광선을 적외선(infrared light)이라고 한다. 적외선은 빨간색(red) 파장 밑이라는 뜻이다. 햇빛을 피부에 쪼이게 되면 피부가 따뜻해지는데 그 이유가 이 적외선이 피부에 흡수된 후에 열로 바뀌기 때문이다. 따라서 적외선을 열선이라고도 한다. 적외선이 피부에 미치는 영향에 대해서는 다음 장 "열 피부노화"에서 자세히 설명하였다.

열 피부노화
(154 p. 참조)

4. 자외선에 의한 피부반응

자외선에 의한 피부반응을 급성반응과 만성반응으로 나눈다. 급성반응은 한꺼번에 많은 양의 자외선을 받았을 때 나타나는 피부반응을 말하며, 만성반응은 적은 양의 자외선을 수년 또는 수십 년 받은 피부에서 관찰되는 피부반응을 말한다.

1) 급성 반응

한꺼번에 많은 양의 자외선을 쪼이면 피부에는 화상, 색소침착, 세포사멸 등 자외선에 의한 급성 피부반응이 일어난다.

(1) **화상 반응:** 일반적으로 해수욕장에 가거나, 야외활동을 수시간 이상 동안 하면서 햇빛을 심하게 쪼였을 경우에는 피부에 화상을 입게 된다.(그림 9-4) 피부가 붉어지고, 화끈거리면서, 피부가 따끔거리고, 심한 경우에는 물집도 생기게 된다.

일광화상은 햇빛을 심하게 본 후 20~24시간 후에 가장 심하게 나타난다. 화상을 받게 되면 피부 혈관이 늘어나고 염증세포가 모이며, 염증세포가 내는 물질에 의하여 염증이 증폭되고, 피부가 손상을 받게 된다. 이런 현상들은 더 이상 햇빛을 받지 않으면 수일 내에 증상이 좋아지게 된다.

(2) **색소침착 반응:** 그 다음으로 관찰되는 피부 변화로는 피부가 검어지는 현상이다.(그림 9-5) 해수욕을 하고 난 후에는 피부가 까맣게 탄다. 이는 자외선이 피부에 있는 멜라닌세포를 자극하여 멜라닌색소를 많이 만들게 하기 때문이다. 피부에 멜라닌색소가 많아지면 피부색은 까맣게 변하게 된다.

해수욕한 후에 피부가 가장 심하게 까맣게 되는 시기는 7일 후이다. 7일 후에 멜라닌색소가 가장 많이 피부에 축적되기 때문이다. 멜라닌세포가 만든 멜라닌색소는 주위의 각질형성세포로 이동하여 존재하게 되고, 시간이 지나면 각질형성세포가 각질층으로 이행하여 피부 밖으로 떨어져 나가면서 다시 원래 피부색으로 돌아오게 된다.

(3) **세포사멸 반응:** 햇빛에 화상을 입으면 며칠 후부터 피부가 벗겨지는 현상이 생긴다. 햇빛을 받으면 피부세포의 DNA가 손상을 받는다. 만약 손상을 받은 DNA를 그대로 놓아두면 암세포로 변화할 가능성이 매우 높기 때문에, 세포는 두 가지 중에 한 가지를 결정한다. 손상된 DNA를

치료하거나, DNA 손상이 너무 심하여 치료가 불가능한 경우에는 세포가 스스로 자살을 하여 피부암을 예방한다. 실제로 심하게 자외선에 노출된 피부에서는 자살하는 세포를 많이 확인할 수 있다.(그림 9-6) 이처럼 손상받은 세포가 스스로 죽는 현상을 세포사멸 반응이라고 한다.

이처럼 햇빛에 노출된 후에 많은 피부세포가 자살을 하게 되면 DNA에 손상을 받지 않았던 남은 피부세포는 죽은 피부세포를 보충하기 위하여 일시적으로 성장이 촉진되어 더 많은 피부세포를 만들어 죽은 세포를 보충한다. 그리고 자살한 세포는 며칠이 지나면 일시에 피부에서 떨어져 나가게 되는데 이것이 피부가 벗겨지는 현상인 것이다. 따라서 해수욕을 한 후에 피부가 심하게 벗겨지는 것은 자외선에 의해 DNA에 심한 손상을 받아 자살한 피부세포가 많다는 것을 의미한다.

만일 손상받은 DNA을 가진 피부세포가 자살을 하지 않거나, DNA를 제대로 치료하지 못할 경우 큰 문제가 발생한다. 손상된 DNA를 가진 세포는 암세포로 변형되어 계속 성장을 거듭하여 피부암이 발생하게 된다. 따라서 피부암의 대부분은 햇빛에 의해 심한 화상을 받은 경험이 있거나 평소에 햇빛을 많이 받는 피부에 주로 발생하게 된다.

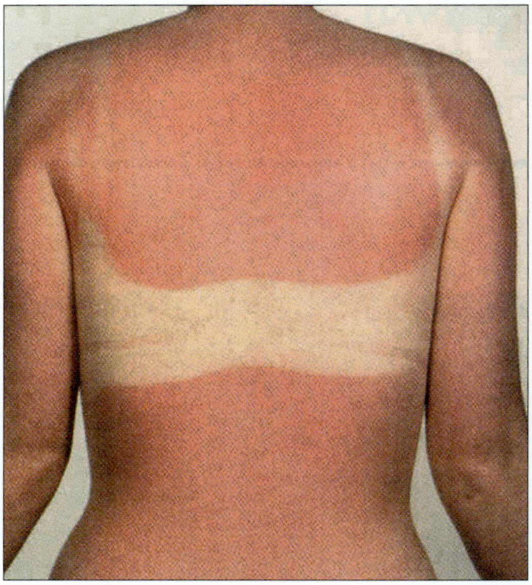

그림 9-4. 일광화상 반응

일광화상은 햇빛을 심하게 본 후 20~24시간 후에 가장 심하게 나타난다. 자외선에 의하여 피부에 염증이 생긴 것이다. 피부가 붉어지고, 심하면 물집이 생긴다.

그림 9-5. 색소침착 반응

햇빛을 본 후에 피부가 검게 변한다. 가장 심하게 까맣게 되는 시기는 7일 후이다.

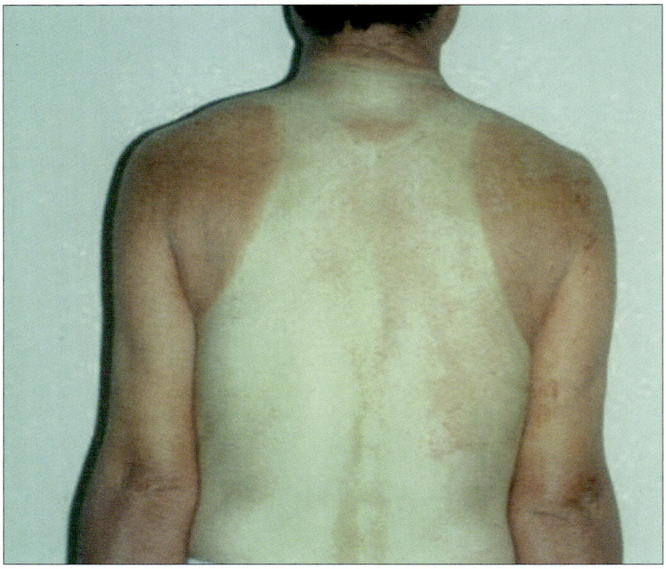

그림 9-6. 자외선에 의한 세포사멸

자외선에 의하여 DNA에 심한 손상을 받은 피부세포들은 스스로 자살하게 된다. 붉게 염색된 세포가 사멸 중인 세포이다. 표피뿐만 아니라 진피에도 붉게 염색된 세포를 볼 수 있다. 윗쪽의 정상 피부에서는 표피의 제일 위층에서 각질층을 만들기 위하여 죽는 세포 외에는 거의 볼 수 없다.

정상피부

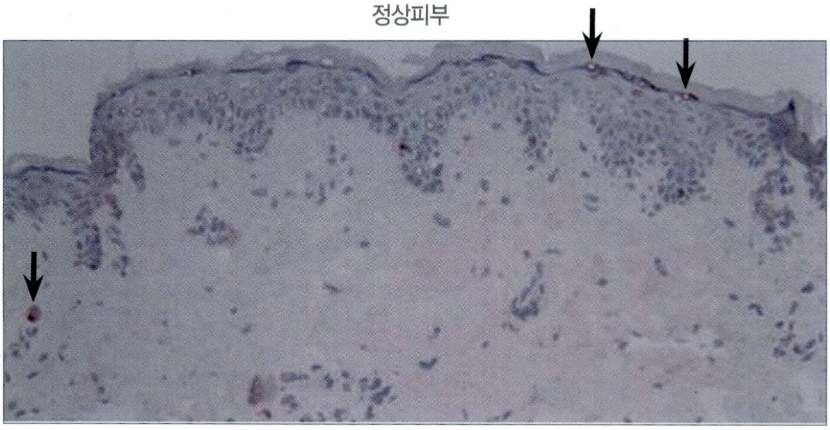

자외선 쪼인 피부

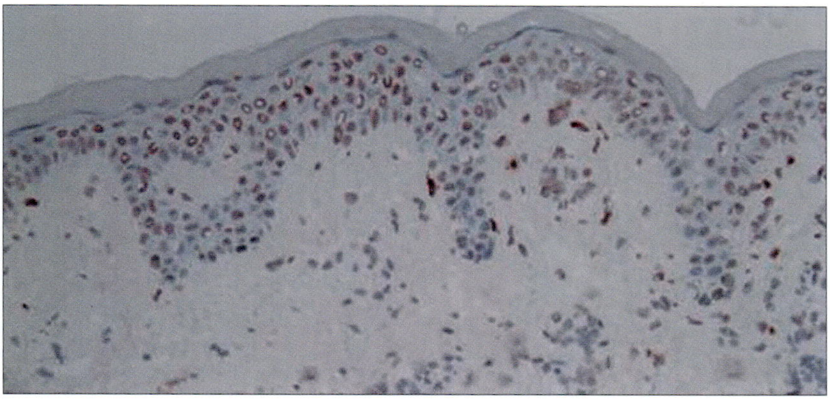

2) 만성 반응

적은 양의 자외선을 수년, 수십 년간 피부가 받게 되면 광노화, 피부암과 같은 현상이 일어나게 된다. 노화 반응과 발암 반응은 자외선에 의한 만성 피부반응에 속한다.

(1) 피부노화 반응

일상생활하는 동안 받는 자외선에 의한 작은 손상이 모여서 나중에는 피부에 큰 영향을 미치게 된다. 즉, 햇빛을 볼 때마다 조금씩 피부에서 일어나는 손상이 모여 결국에는 주름살, 반점, 검버섯과 같은 피부노화 증상이 생기게 된다. 이런 현상을 광노화 현상이라 한다.

- **광노화의 피부증상:** 광노화된 피부는 자연적으로 노화된 피부에 비하여 주름살에 굵고, 깊고, 그 수가 많으며, 잔주름도 많이 발생한다. 햇빛에 오랜 세월 동안 노출된 피부에는 불규칙한 색소침착이 발생하고, 흑자, 기미 등의 색소질환이 흔하게 발생한다. 또한 피부가 매우 거칠고 건조해진다. 피부의 탄력성이 심하게 감소하며, 피부가 처지는 현상이 관찰된다. 자외선의 영향으로 검버섯과 같은 양성종양이나 피부암의 빈도가 증가한다.
- **한국인에서의 광노화 발생:** 한국 사람들의 피부주름살이 생기는 모습을 20대부터 10년 간격으로 80대까지 관찰하면 그림 7-1과 같다. 20대에는 거의 주름살이 없다가 점점 눈 주위와 입주위에 주름살이 많아지고, 나중에는 이마와 뺨에 주름살이 생긴다. 한국인을 대상으로 조사한 결과 하루 평균 1~2시간 이내로 햇빛에 노출되는 생활 패턴을 가지고 있는 사람에 비하여 하루 5시간 이상 햇빛에 노출되는 사람에서 4.8배 이상 피부노화 위험성이 증가한다.

그림 7-1
(100 p. 참조)

(2) 피부암 발생반응

대부분의 피부암은 자외선에 의하여 발생한다. 자외선이 피부세포의 DNA를 손상하게 되며, 만약 손상을 받은 DNA를 효과적으로 치유하지 못하면, 그 세포는 암세포로 변형되어 피부암을 유발하게 된다.

- **피부암 발생빈도의 인종간 차이:** 백인에서는 피부암이 동양인에 비하여 수십 배 많이 발생한다. 그 이유는 백인에서는 피부에 멜라닌색소가 적어 자외선에 의한 DNA의 손상이 갈색 피부의 동양인 피부에 비하여 더 심하게 발생하기 때문이다. 멜라닌색소는 각질형성세포의

핵 위에 우산 모양으로 분포하게 되고, 핵 속에 위치하는 DNA를 자외선으로부터 보호하는 역할을 하고 있다. 따라서 멜라닌색소가 풍부한 흑인에서는 피부암이 거의 생기지 않으며, 백인에서는 발생이 매우 흔하고, 갈색 피부의 동양인에서는 흑인과 백인 중간 정도의 빈도로 피부암이 발생한다.

- **자외선의 양과 피부암은 비례**: 자외선을 많이 받으면 피부암이 발생할 가능성이 그만큼 높다.

첫째, 피부암은 일생 동안 받은 자외선의 총량과 관계가 있다. 피부암 중에서 노출부에 발생하는 편평상피세포암(그림 9-7)과 악성흑색종(그림 9-8)은 피부가 받은 자외선의 양에 비례하여 발생한다.

둘째, 자외선의 양보다는 얼마나 심하게 자외선을 받은 적이 있는지가 피부암 발생에 더 중요한 경우도 있다. 기저세포암(그림 9-9)이나 등, 가슴과 같이 불규칙적으로 햇빛에 노출되는 부위에 생기는 악성흑색종이 여기에 속한다. 즉, 해수욕을 하다가 심하게 화상을 받아 다음날 물집이 생길 정도로 많은 양의 자외선을 받은 경험이 있는 사람들에서 이런 피부암의 발생이 높다.

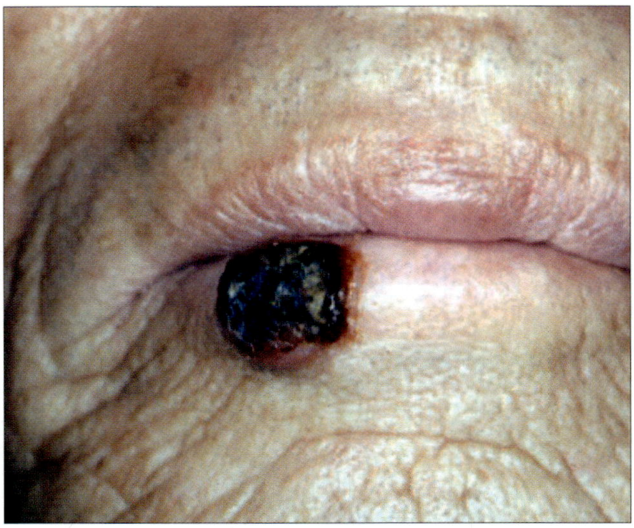

그림 9-7. 편평상피세포암
햇빛을 많이 받는 아랫입술에서 윗입술보다 더 많이 발생한다.

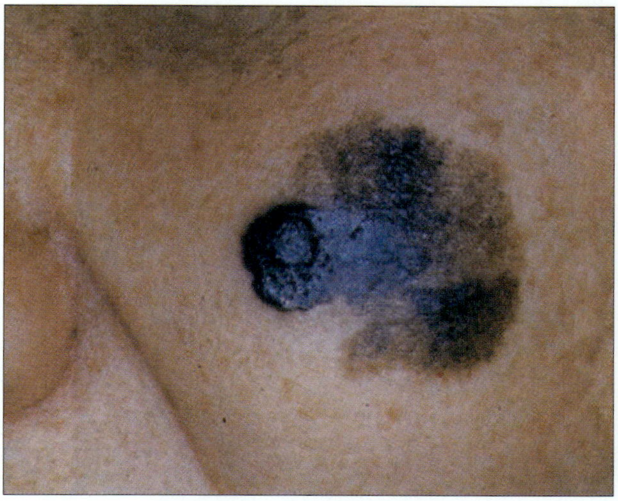

그림 9-8. 악성흑색종
얼굴에 생긴 악성흑색종이다.

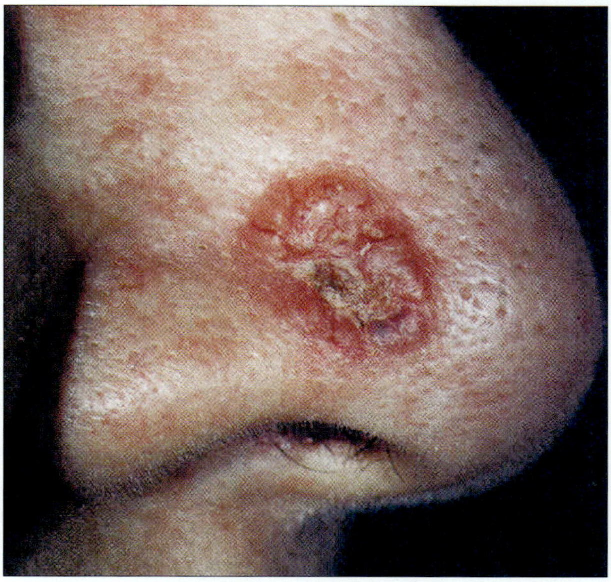

그림 9-9. 기저세포암
햇빛을 많이 받은 코에 생긴 기저세포암이다.

III. 열 피부노화 Thermal skin aging

1. 열 피부노화의 정의 및 원인

1) 정의

햇빛 속의 적외선 또는 히터, 사우나 등의 열에 의하여 피부 온도가 증가하면 피부는 늙게 되는데 이를 열 피부노화(thermal skin aging)라고 한다.

2) 원인

(1) **태양광선에 의한 피부 온도 상승:** 정상 피부의 온도는 31~32℃가 정상 온도이다. 우리 몸의 체온은 36.5℃가 정상 체온이지만, 피부의 온도는 체온보다는 약 4~5℃ 낮다. 여름 낮 직사광선을 받고 있으면 사람 피부의 온도는 15~20분 내에 40~42℃까지 또는 그 이상으로 올라간다. 사람의 피부가 검을수록 피부 온도가 더 올라간다. 피부 온도가 42℃ 이상으로 올라가면 피부가 따끔거리는 통증을 느끼게 된다.

(2) **적외선의 특징:** 햇빛이 피부의 온도를 올릴 수 있는 것은 햇빛의 광선 중에서 적외선(infrared light) 때문이다. 적외선은 가시광선보다 긴 파장으로 760 nm ~1 mm까지의 파장에 속하는 광선을 적외선이라고 한다.(그림 9-3) 적외선은 피부에 흡수된 후에는 열에너지로 바뀌고, 피부의 온도를 올리게 된다. 따라서 적외선을 열선이라고도 한다.

(3) **열 피부노화 사례:** 우리 주위에서 열 자극이 피부를 늙게 만든다는 증거들을 찾을 수 있다.

첫째, 평생 빵을 만들었던 제빵사의 팔에는 주름이 많고 피부가 더 늙는 현상이 관찰된다. 그 이유는 구운 빵을 꺼내기 위하여 뜨거운 오븐 속에 팔을 넣었다 뺐다를 자주 하기 때문이다.

둘째, 또한 긴 대롱을 이용하여 뜨거운 유리물을 입으로 불어 유리그릇을 만드는 사람의 얼굴에 노화 현상이 관찰되기도 한다. 뜨거운 열이 얼굴 피부의 온도를 올려 노화를 촉진하기 때문이다.

셋째, 다리 사이에 화로를 두고 몇 년 동안 군밤을 파는 사람 다리의 안쪽에서 피부노화 현상이 관찰된다.(그림 9-10) 임상적으로는 망사모양의 색소침착이 관찰되며, 조직학적으로는 광노화된 조직에서 관찰되는 조직소견과 동일한 소견이 관찰된다. 특히 일광 탄력섬유증과 동일한 소견이 관찰된다.

(4) **사우나, 찜질방과 피부노화**: 여러 가지 증거들을 보면 열 자극이 피부의 노화 현상을 촉진시키는 것이 확실하다. 뜨거운 목욕물에 몸을 오래 담그거나, 높은 온도의 사우나 방에 들어가거나, 찜질방에서 찜질을 하면 피부 온도가 40~42℃ 이상 올라간다. 피부의 온도가 올라가면 피부의 노화 현상이 촉진되므로 너무 뜨거운 온도에 오랜 시간 노출하는 것은 좋지 않다.

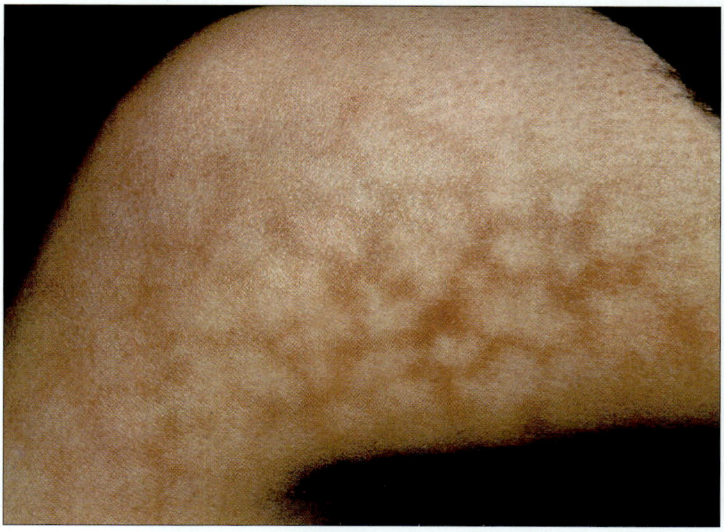

그림 9-10. 열에 의한 색소침착과 탄력섬유증 유발

이 환자는 다리 사이에 연탄불을 놓고 군밤을 수년간 구워 판매하였으며, 항상 열을 받은 부위의 피부에 색소침착이 발생하였다. 피부 진피에는 탄력섬유가 변성되어 나타나는 탄력섬유증의 조직학적 변화가 관찰된다.

2. 열 피부노화의 발생기전

1) 온도 상승에 의한 MMP 효소 발현 증가

피부세포에 41℃ 이상의 열 자극을 주면 콜라겐을 분해하는 효소인 MMP의 발현이 증가한다. 열도 자외선처럼 피부에서 콜라겐을 분해하는 효소인 MMP의 발현을 증가시킨다. 증가된 MMP 효소는 사람 피부의 콜라겐섬유, 탄력섬유 등을 분해한다. 따라서 열 자극이 반복되면 마치 자외선을 계속 쪼이는 것과 동일한 피부노화가 발생하게 된다.

2) 적외선에 의한 콜라겐 감소와 MMP 증가

과거에는 적외선은 단순히 열선이며, 물체의 온도를 올리는 작용만을 할 뿐 사람에게는 별로 해가 없는 광선으로 생각하였다. 그러나 적외선도 자외선과 마찬가지로 피부의 노화를 초래하는 광선임이 증명되었다. 적외선을 반복하여 쪼이면 사람 피부에서의 콜라겐의 합성이 급격히 감소된다.(그림 9-11) 동시에 콜라겐 분해 효소인 MMP 합성이 증가한다.

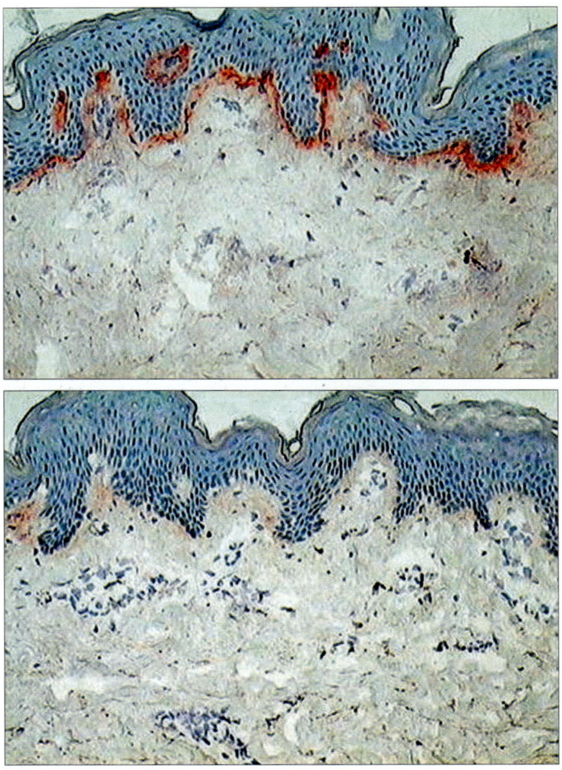

정상피부

적외선을 쪼여준 피부

그림 9-11. 적외선을 쪼이면 콜라겐 합성이 감소한다.

적외선을 사람 피부에 쪼이면 콜라겐 합성이 감소된다. 적외선을 쪼인 피부에서는 붉은 색으로 염색되는 콜라겐이 거의 없어진 것을 볼 수 있다.

3) 적외선에 의한 주름 형성

생쥐 피부에 적외선을 반복적으로 쪼이면 주름살이 생긴다.(그림 9-12) 또한 적외선이 자외선에 의한 주름 형성을 더 악화시킨다. 즉, 적외선은 단독으로도 주름살을 형성할 수 있으며, 자외선에 의한 피부노화 현상을 더 촉진시키는 역할을 한다.

4) 적외선과 열에 의한 피부의 혈관형성

사람의 피부에 적외선(infrared light)을 쪼이면 혈관의 수, 크기, 그리고 혈관의 총 면적이 일시적으로 증가한다.(그림 9-13) 또한 사람의 피부에 전기담요 등으로 열을 주어 피부 온도를 올리면 역시 혈관이 새롭게 만들어진다.

자외선(ultraviolet light)을 조사한 경우(그림 8-20)와 마찬가지로 적외선이나 열에 의해 새로운 혈관이 일시적으로 만들어지는데, 새롭게 만들어진 혈관들은 혈액성분이 쉽게 새어나갈 수 있을 정도로 엉성하고, 완벽하지 않은 상태이다. 그 결과 새롭게 형성된 혈관을 통하여 염증세포가 피부조직으로 나오게 되고, 그 부위에 염증반응이 일어나고 염증세포가 분비하는 효소에 의하여 피부가 손상을 받게 된다. 이 과정이 오랜 세월 반복되면 피부가 늙게 된다.

그림 8-20
(134 p. 참조)

5) 열자극이 탄력섬유증(elastosis) 유발

자외선에 의하여 광노화가 발생된 피부에서 관찰되는 가장 특징적인 조직학적 변화는 '일광 탄력섬유증'이라고 부르는 변화이다. '일광 탄력섬유증'은 자외선에 의하여 손상을 받은 탄력섬유가 섬유 모양의 형태를 잃어버리고, 고철 덩어리처럼 모여 있는 현상을 말하는 것이다.(그림 5-9) 이처럼 탄력섬유가 변성되는 탄력섬유증이 열 자극을 오래 받은 피부에서도 관찰된다.

그림 5-9
(75 p. 참조)

(1) 열에 의한 탄력섬유증 발생 이유

사람의 피부에 열 자극을 주면 피부에서 탄력섬유의 주 구성단백질인 휘브릴린(fibrillin)의 합성이 급격히 감소하며, 탄력섬유의 또 다른 구성단백질인 탄력질(elastin)의 합성이 급격히 증가하게 되는데, 이 증가된 탄력질이 피부에 쌓이게 된다. 또한 탄력섬유를 아주 잘 분해하는 효소인 MMP-12라고 부르는 효소의 합성이 열에 의해 증가된다. MMP-12 효소는 피부에 존재하는 탄력섬유를 파괴한다. 즉, 열에 의한 휘브릴린의 감소,

그림 9-12. 적외선은 주름살을 형성한다.

생쥐 피부에 15주 동안 자외선 또는 적외선을 쪼여 주었다. 적외선만 쪼인 생쥐 피부에서 주름살이 형성된 것을 볼 수 있다. 또한 적외선과 자외선을 동시에 쪼여 주면, 적외선이 자외선에 의한 주름형성을 보다 심하게 유발하는 것을 확인하였다.

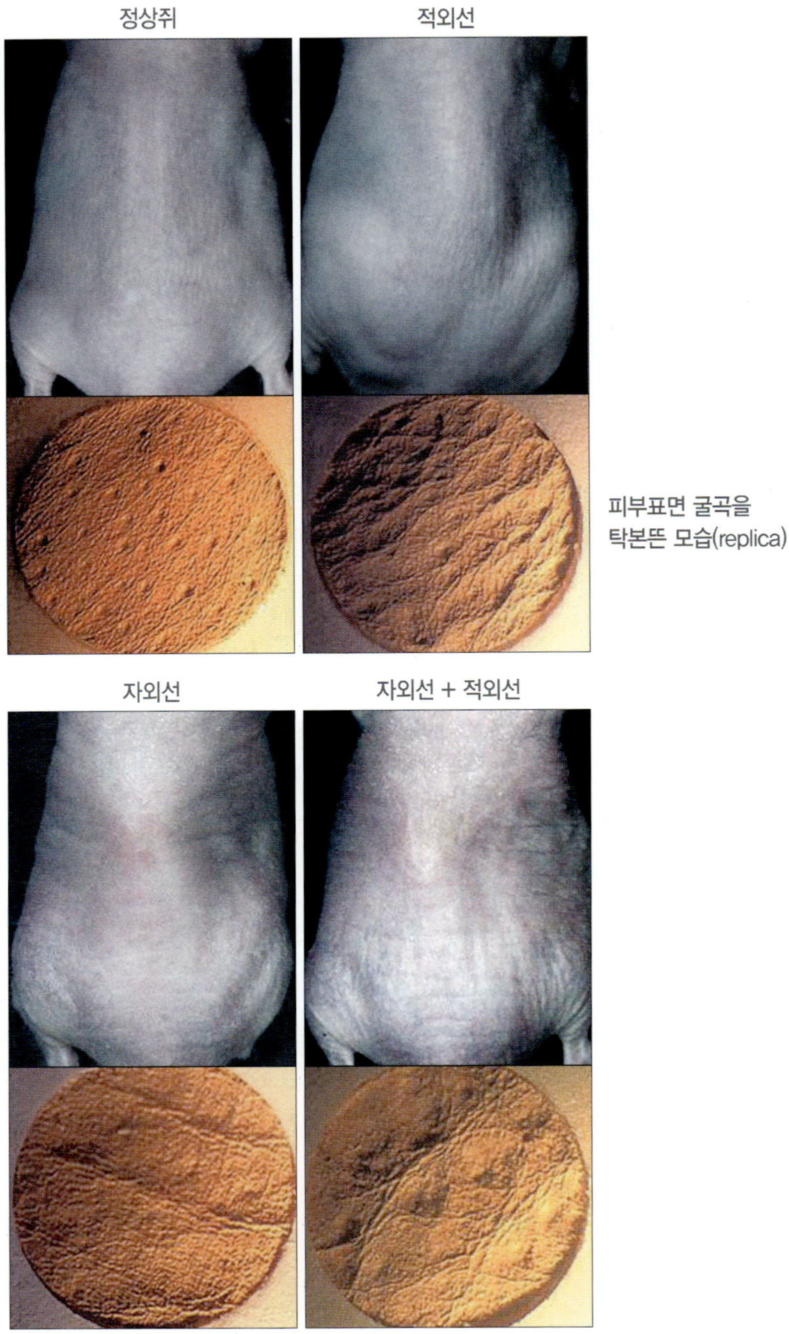

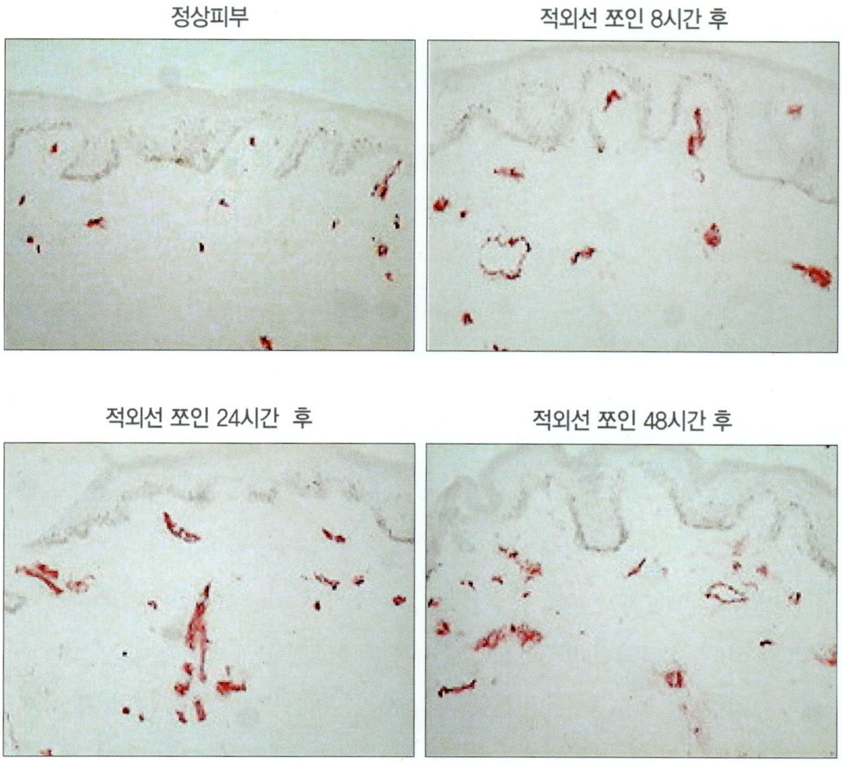

그림 9-13. 사람 피부에서의 적외선에 의한 새로운 혈관 형성

사람의 엉덩이에 적외선을 쪼여주면 새로운 혈관이 일시적으로 형성된다. 혈관의 수가 많아지고, 직경이 넓어진다.

MMP-12의 증가, 탄력질의 증가가 탄력섬유증 발생의 원인이다. 자외선에 의한 일광 탄력섬유증 발생 원인도 동일하다. 따라서 자외선처럼 열도 동일한 방법으로 피부의 노화 현상을 촉진시킨다고 할 수 있다.

6) 열에 의한 피부 손상은 자외선에 의한 손상보다 깊다

흥미롭게도 열 피부노화된 피부에서 관찰되는 탄력섬유증의 위치가 광노화된 피부에서보다 더 피부 깊숙이 관찰된다. 자외선은 진피의 윗부분까지만 투과할 수 있지만 열은 진피 아래까지 전달될 수 있기 때문에 자외선에 의한 경우보다 열에 의하여 발생한 일광 탄력섬유증이 더 깊게 존재한다.

(1) 흑인 피부에서는 열 피부노화가 중요

햇빛을 받을 때, 흑인 피부의 온도가 백인의 피부 온도보다 더 높게 올라간다. 흑인의 피부가 검게 보이는 이유가 멜라닌색소가 많기 때문이며, 멜라닌색소는 적외선을 잘 흡수하므로 피부 온도가 더 높게 올라간다. 따라서 흑인의 피부가 백인보다 열에 의한 손상을 더 받게 된다. 반대로 멜라닌세포는 자외선을 흡수하여 피부 통과를 막아주기 때문에 흑인에서는 백인에 비하여 자외선에 의한 손상은 덜 받게 된다.

(2) 열에 의한 손상은 깊다

열이 흑인 피부에서 더 발생하고, 열이 자외선보다 더 피부 깊숙이 전달되기 때문에 일광 탄력섬유증의 변화가 흑인 피부가 백인 피부에 비하여 더 피부 깊숙이 발생한다. 흑인 피부에 있는 멜라닌색소는 자외선을 흡수하여 자외선이 피부에 들어가는 것을 막고 있다. 따라서 자외선에 의한 일광 탄력섬유증은 오히려 흑인에서는 더 얕게 관찰되어야 한다. 그러나 반대로 흑인 피부에서 탄력섬유증이 더 깊게 관찰되고 있는 것은 자외선보다는 열에 의한 효과로 발생되었다는 것을 의미한다.

7) 피부 온도 변화를 감지하는 TRPV 단백질이 피부 열노화 발생에 중요

(1) TRPV 단백질의 역할

뜨거운 주전자를 만지거나, 뜨거운 음식을 먹을 때 뜨겁다는 것을 느끼고, 온도가 얼마나 되는지 짐작할 수 있는 것은 TRPV(transient receptor potential vanilloid)라는 단백질 때문이다.

생쥐 신경세포에서 TRPV 단백질의 기능을 없애면 그 쥐는 뜨거움을 전혀 느끼지 못한다. TRPV 단백질은 신경세포가 열 자극을 받아들이는 수용체의 역할을 하고 있으며, 열 자극이 오면 그 단백질이 활성화되어 신경세포를 자극하여, 뜨겁다는 느낌이 머릿속 뇌로 전달된다.

고추를 손으로 만지면 손이 화끈거리면서 열감을 느끼고, 매운 고추를 먹으면 입에 불이 붙는 느낌을 느끼는 것도 고추의 주성분인 캡사이신(capsaicin)이란 물질이 열자극의 수용체인 TRPV 단백질을 자극하기 때문에 열감을 느끼는 것이다. 다시 말하면 TRPV은 열 자극을 받아들이는 수용체인 동시에 고추의 주성분인 캡사이신의 수용체로 잘 알려져 있다.

TRPV 단백질은 6종류가 알려져 있으며, 그 중 4가지가 각질형성세포에 존재하고 있다. TRPV는 반응하는 온도에 따라 구별하는데, 예를 들어 TRPV-1은 43도 이상의 온도에 반응하며, TRPV-2은 53도, TRPV-3은 31도 이상의 온도, 그리고 TRPV-4는 24도 이상의 온도에 반응한다. 즉, 피부의 온도가 일정 온도 이상이 되면 해당되는 TRPV 수용체가 활성화되어 그 온도를 느끼게 되는 것이다.

(2) 열 피부노화 발생에서의 TRPV 단백질의 역할

사람의 정상 피부 온도는 약 31~32도 정도이다. 8월의 강한 직사광선을 받은 피부의 온도는 15분 이내에 40도 이상까지 올라갈 수 있으며, 결국은 피부에 통증을 느낄 정도로 피부 온도가 올라가게 되는데 이때의 피부 온도는 41~43도 정도이다. 대중목욕탕의 열탕의 물 온도가 43~45도 정도이다. 따라서 직사광선을 받는 피부, 찜질방에서 열 찜질을 당하는 피부, 열탕 속의 피부의 온도는 43도나 그 이상의 온도까지 쉽게 올라가게 된다.

피부세포에 열을 가하면 교원질을 분해하는 효소인 MMP가 증가하고, 염증을 유발하는 물질인 싸이토카인이란 물질의 합성이 증가한다. 증가한 MMP는 피부를 구성하는 콜라겐을 분해하고, 탄력섬유를 분해하여 피부의 탄력을 감소시키고, 그리고 주름살을 만들게 된다. 싸이토카인이란 물질은 피부에 염증을 일으켜 피부를 손상시키게 되고, 이런 현상이 반복되면 피부에 손상이 축적되어 결국은 피부가 노화되게 된다.

피부세포에서 TRPV-1 단백질의 기능을 억제하면 열을 주어도 MMP가 증가하지 않으며, 싸이토카인의 양도 증가되지 않는다. 즉, 피부세포를 이용한 실험에서 피부세포에 존재하는 TRPV-1 단백질이 열자극에 의한 MMP 합성과 싸이토카인 합성증가에 매우 중요한 역할을 하고 있음을 증명하였으며, TRPV의 기능을 억제하는 물질이 열자극에 의한 열 피부노화 발생을 예방할 수 있다.

(3) 노화된 피부에서의 TRPV-1 단백질의 발현 증가

노인피부에서 TRPV 단백질의 양이 젊은 피부에 비하여 많이 존재한다.(그림 9-14) TRPV 단백질이 외부 열 자극에 의한 MMP 발현을 증가시키는데 중요한 역할을 하고 있음이 증명되고 있기 때문에 노인피부에서 증가되어 있는 TRPV 단백질이 피부노화 발생에 중요한 역할을 하고 있을 가능성이 높다.

(4) 자외선 및 열 자극에 의한 TRPV-1 단백질의 발현 증가

일시적으로 자외선을 받거나, 열 자극을 받으면, 사람 피부에서 TRPV-1 단백질의 발현이 증가함이 밝혀졌다.(그림 9-15) 자외선이나 열자극에서 증가된 TRPV-1 단백질의 기능을 억제하면 자외선에 의한 나쁜 영향을 예방할 수 있다.

햇빛 노출에 의한 피부노화를 억제하기 위하여 자외선의 노출을 피하

그림 9-14. 노화된 피부에서의 TRPV-1 발현 증가

사람 피부 조직에 TRPV-1을 염색하였다. 붉은 색의 진한 정도가 TRPV-1 양을 나타낸다. 노인피부에서 그 양이 매우 증가되어 있음을 알 수 있다. 노인피부의 진피에서도 TRPV가 증가되어 있는 것을 볼 수 있다.

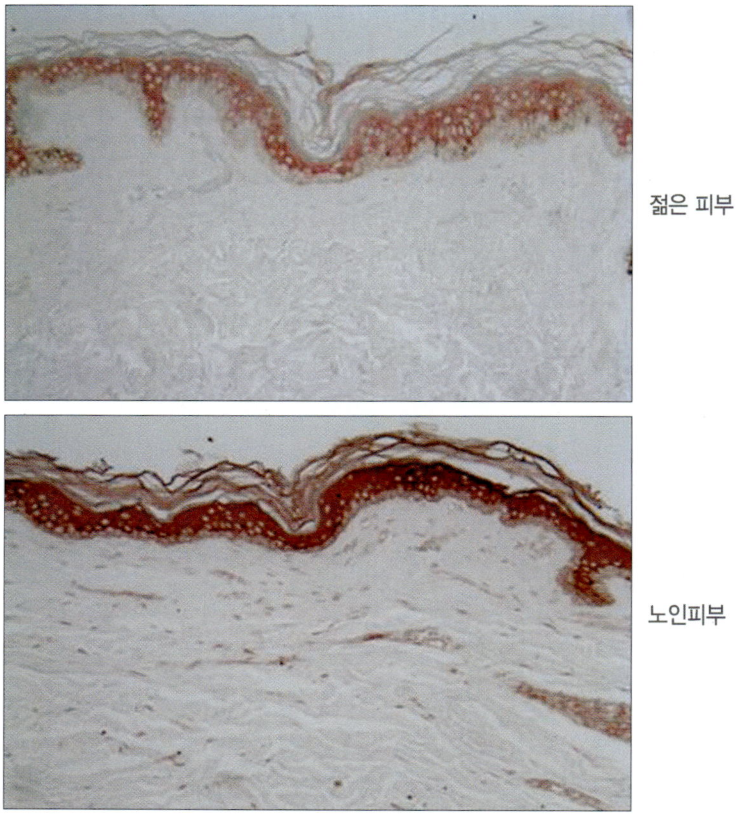

그림 9-15. 자외선에 의한 TRPV-1 발현 증가

자원자의 엉덩이에 자외선을 쪼이면 TRPV-1의 발현이 8시간 후부터 표피와 진피에서 유의하게 증가함을 관찰할 수 있다. 붉은 색의 진한 정도가 TRPV-1 양을 나타낸다.

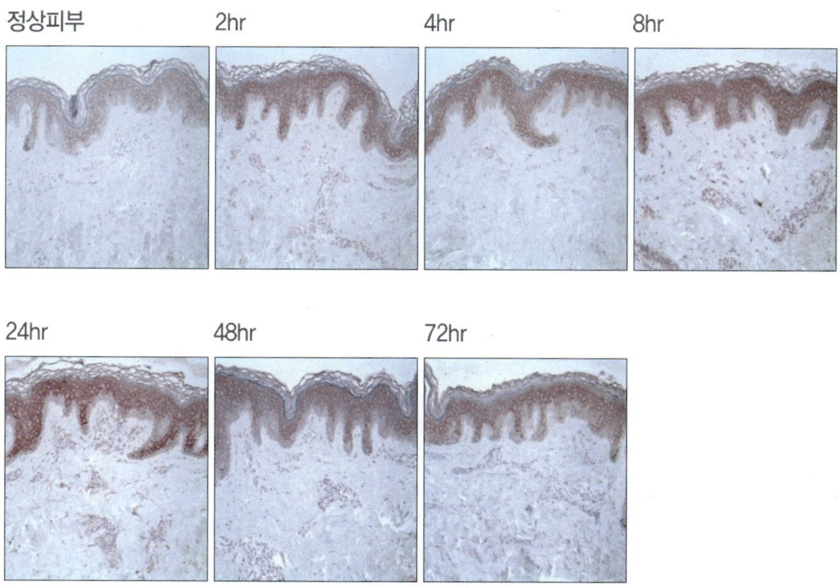

는 것이 중요하며, 자외선 차단제를 바르는 것이 중요하다. 앞으로는 자외선뿐만 아니라 태양광선에 포함되어 있는 적외선에 의한 열 피부노화를 예방하기 위하여 열차단물질 개발이 필요하다고 생각한다.(그림 9-16) 특히 TRPV-1 단백질의 기능을 억제하는 물질이 열노화 예방에 응용될 수 있다.

3. 태양광선에 포함된 자외선과 적외선의 상대적 효과

1) 지구 표면에서의 자외선과 적외선의 양

일반적으로 광선의 파장이 짧을수록 생물학적인 효과가 크다. 따라서 생물학적인 효과만 본다면 자외선의 생물학적 효과가 적외선보다 훨씬 크다. 그러나 햇빛에 포함된 광선의 양은 지구상의 위도에 따라 차이가 있지만, 자외선이 약 5% 정도이며 적외선은 약 60% 정도 된다. 적외선의 양이 자외선보다 약 12배 정도 많다. 적외선의 생물학적인 효과가 자외선에 비하여 상대적으로 약하지만 피부에 도달하는 양이 많기 때문에 적외선의 영향도 무시할 수 없다.

그림 9-16. 적외선은 주름살을 형성한다

자외선 차단제만으로는 햇빛으로부터 피부를 완벽하게 보호할 수 없다. 적외선 차단제 또는 열 차단제라는 새로운 개념의 차단제가 필요하다.

2) 태양광선을 쪼이고 있을 때 자외선과 적외선의 상대적인 효과

태양광선은 자외선에 의한 광노화와 적외선에 의한 열 피부노화를 동시에 유발한다. 실제로 일상생활에서 햇빛을 쪼이는 동안 자외선에 의한 영향과 적외선에 의한 영향이 각각 얼마나 되는지를 아는 것이 중요하다.

(1) 콜라겐을 감소시키는 효과는 자외선의 영향이 100이라고 할 때, 적외선의 영향은 50 정도로 자외선과 적외선의 효과가 2:1 정도이다.

(2) MMP 효소를 증가시키는 효과는 자외선의 영향이 100일 때, 적외선의 영향은 20 정도로 5:1 정도이다.

(3) 햇빛을 받으면 태양광선에 포함된 자외선이 DNA 손상을 일으킨다. DNA의 손상이 너무 심하여 치유가 불가능해지면 피부세포는 스스로 자살을 함으로써 사망하게 된다 자연 태양광선을 1시간~1시간 30분 정도 받으면 DNA에 심한 손상을 받아 스스로 자살하는 세포가 증가한다.(그림 9-17) 태양광선 중에 자외선이 DNA에 손상을 주고, 세포의 사망을 초래하는데 중요하다. 태양광선 1시간~1시간 30분 정도의 노출 시 받는 적외선의 양만으로는 DNA의 손상을 초래하지 않는다.

(4) 자외선에 의하여 손상을 받은 피부에는 호중구(neutrophil)와 대식세포(macrophage)가 모이며, 반면에 적외선에 의해 피부 손상을 받은 경우에는 호중구는 나타나지 않으며 대식세포만이 모여든다.(그림 9-18) 이런 염증세포들은 효소들을 만들어냄으로써 피부를 손상시키며, 이런 현상이 수십 년 계속되면 매일매일 발생한 작은 손상들이 축적되어 결국은 주름살 등 피부의 노화 증상이 발생된다.

이처럼 자연 태양광선을 쪼일 때 자외선의 효과가 가장 강하고 중요하지만, 열선인 적외선의 영향도 무시할 수 없는 수준임을 명심해야 한다.

정상 피부

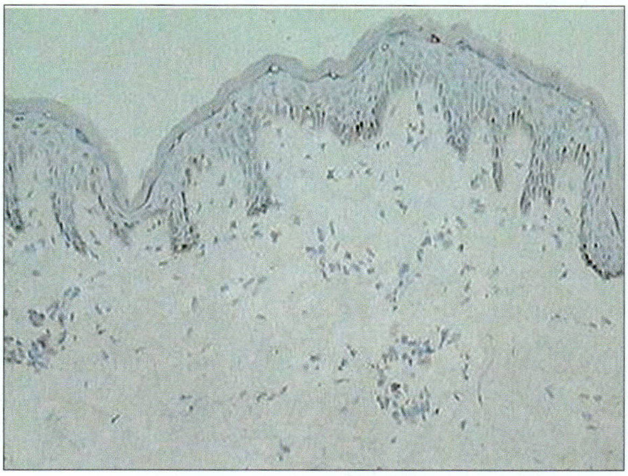

햇빛을 1시간 쪼인 피부

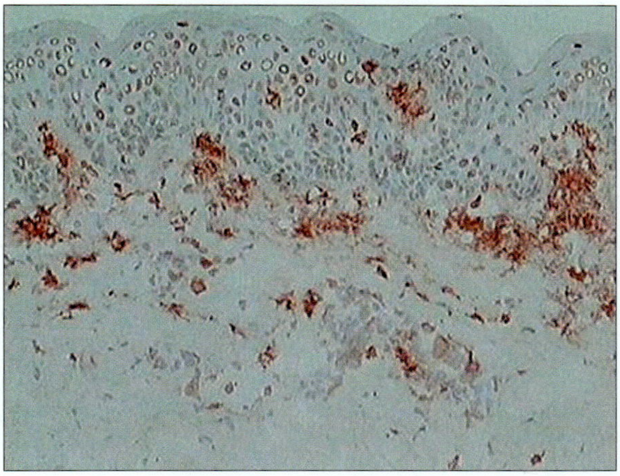

그림 9-17. 태양광선을 쪼이면 피부세포가 죽는다

서울의 여름철 한낮에 1시간 정도 햇빛을 받으면 우리 피부는 그림과 같이 된다. 햇빛에 의해 죽어가는 사람 피부의 세포를 붉게 염색한 것이다. 피부는 죽은 세포를 다시 채우기 위하여 세포의 증식을 시작한다.

그림 9-18. 태양광선에 포함된 자외선, 적외선, 열이 염증에 미치는 상대적 영향

염증세포 중에서 호중구는 자외선에 의하여 피부에 모이게 됨을 확인하였고, 대식세포는 자외선, 적외선, 열에 의하여 모이게 됨을 확인하였다.
자연태양광선에 의해 증가했던 호중구는 자외선을 제거하는 필터를 사용하여 적외선과 가시광선만을 조사한 피부에서는 증가하지 않았다. 즉, 호중구를 증가시키는 광선은 자외선이다.

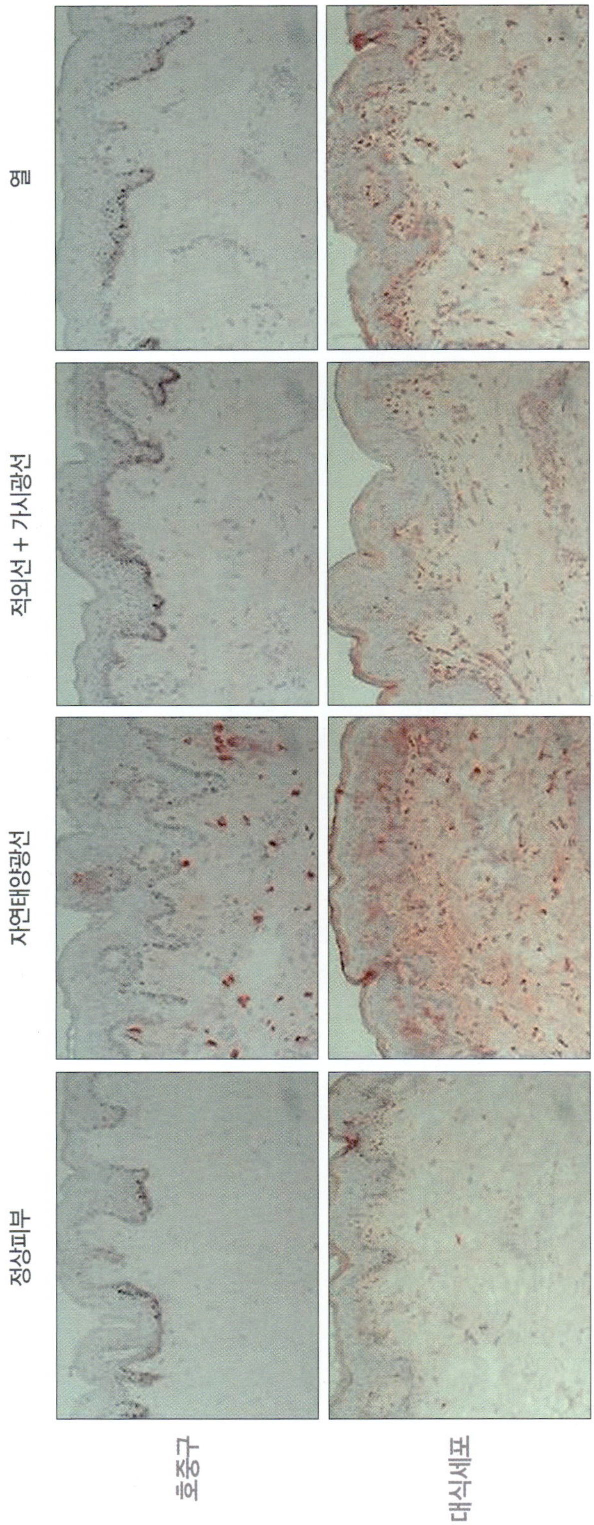

Ⅳ. 갱년기 피부노화 Climacteric skin aging

1. 정의

여성에서 폐경이 되면 피부가 급속히 노화된다. 폐경에 의한 피부노화를 갱년기 피부노화라고 한다. 중년 이후 남자에 비하여 중년 이후 여자에서 주름살의 발생 위험도가 2~4배 정도 높다. 피부의 주름살은 콜라겐 양이 결핍되어 발생하는 것이 중요한 원인 중에 하나이다. 폐경 이후에 주름살이 급격히 증가하는 것은 에스트로겐 결핍에 의한 콜라겐 합성의 감소 때문이다.

피부노화의 남녀 차이

50세 이전에는 한국 남자가 여자에 비하여 얼굴의 피부노화 현상이 더 빨리 그리고 심하게 관찰된다. 그러나 여성이 폐경을 하는 50세 이상에서는 여자에서 급속도로 얼굴 피부에 주름살이 생기면서 피부노화가 빨리 진행된다.

이는 50대 이전에는 남자가 야외활동을 많이 하고 담배도 많이 피며, 자외선 차단제도 상대적으로 덜 사용하기 때문에 남자의 얼굴에 노화 현상이 더 빨리 오지만, 50세 이후에는 여성에서 폐경 이후 에스트로겐의 결핍에 의한 피부노화가 급속히 진행되게 되어 여성 얼굴이 남자보다 더 늙게 되는 것이다.

2. 폐경

여성은 10대 초반에 초경을 시작한 이후에 매달 배란을 하고 생리를 한다. 이러한 생리 현상은 여자의 나이가 50세가 되면 없어지게 된다. 이를 폐경이라고 한다. 폐경(menopause)이 되는 여성의 나이는 거의 일정하며 48세에서 52세 사이에서 90% 이상의 여성이 폐경을 경험하게 된다.

우리나라는 50세 이상의 인구가 2010년 35%에서 2020년 현재 45%로 증가하였다. 즉, 여성 2명 중 거의 1명이 50세 이상이며, 우리나라 여성 2명 중

약 1명이 현재 폐경 상태이다. 2030년에는 50세 이상 인구비율이 55%로 현재보다 10% 더 증가할 것이며, 우리나라 여성 2명 중 1명 이상이 폐경 상태가 될 것이다. 또한 우리나라 여성의 평균 수명이 83세인데, 여성 일생의 1/3 이상을 폐경 상태에서 살고 있다.

폐경증상

폐경 이후에 나타나는 가장 큰 변화는 여성 호르몬인 에스트로겐의 분비가 소실되며, 혈중 에스트로겐의 양이 급격히 감소한다. 폐경이 되면 여러 가지 폐경 증상이 나타나는데, 이러한 증상들은 대부분 여성 호르몬인 에스트로겐이 부족하여 나타나는 증상들이다. 폐경의 증상으로 다음과 같은 증상이 관찰된다.

1. 얼굴이 화끈거리고 붉어지는 안면 홍조증이 생긴다.
2. 아침에 일어날 때 속옷과 잠옷이 축축해질 정도로 식은땀을 흘리게 된다.
3. 자꾸 깜박 잊어버리는 건망증이 생기며 기분이 저하되는 우울증이 생길 수도 있다.
4. 입에 침이 마르고, 질의 분비물이 적어진다. 성관계 시에 통증을 느끼는 경우가 많아진다.
5. 여성으로서의 생리적 기능이 없어진다.
6. 에스트로겐의 부족으로 인하여 뼈를 형성하는 콜라겐의 합성이 감소되어서 뼈가 약해지는 골다공증이 발생한다.
7. 근육이 줄어들고, 갑자기 살이 찌면서 몸무게가 늘어난다.
8. 피부에는 주름살이 갑자기 많이 생기며, 피부의 탄력이 떨어지고, 피부가 건조해지고, 거칠어진다.

3. 폐경에 따른 콜라겐의 변화

첫째, 폐경이 되고 에스트로겐이 감소하면 피부의 콜라겐 양이 감소된다.
에스트로겐은 피부의 섬유아세포에서 콜라겐 합성을 촉진하는 작용을 하는데, 폐경 후에는 이런 작용이 없어지므로 콜라겐 양이 줄어든다.

둘째, 어른에서는 자연 피부노화 현상으로 매년 1%의 콜라겐이 감소된다.

폐경 이후에는 1년에 평균 2.1%씩 콜라겐이 없어진다. 폐경 이후에는 콜라겐의 감소 속도가 매우 빨라지며, 폐경 첫 5년 동안 피부에 존재하는 콜라겐의 30%가 없어진다. 그 결과 폐경 후 첫 5년에 피부는 급속히 늙어 보이게 된다.

셋째, 피부뿐만 아니라 뼈에서도 콜라겐의 합성이 중요하다. 뼈는 칼슘과 콜라겐으로 이루어져 있다. 따라서 폐경 이후에는 뼈의 콜라겐 합성도 급격히 감소하여 뼈가 약해지는 골다공증이 오게 된다.

넷째, 폐경에 의한 콜라겐의 감소는 방광이나 요도에서도 발생하여 요실금의 원인이 된다.

4. 에스트로겐 호르몬과 피부노화

한국인 여자와 남자에서 주름살이 생기는 부위, 생기는 순서, 모양은 동일하며 차이는 보이지 않는다. 그러나 남자와 여자의 주름살이 심한 정도는 나이에 따라 다소 차이가 있다. 50세 이전의 나이에서는 남자가 여자보다 더 주름살이 더 빨리 그리고 심하게 생기는 경향이 있다. 그러나 중년 이후가 넘어가면 여성에서 남자보다 3.5배 이상 심한 주름살을 보이게 된다. 이는 여성에서 폐경 후에 여성 호르몬인 에스트로겐의 분비가 없어지는 것과 관련이 있다. 폐경 시 동반되는 에스트로겐 부족이 피부노화를 촉진시키기 때문이다.

폐경 이후에 에스트로겐 호르몬을 약의 형태로 매일 복용한 여성의 경우에는 그렇지 않은 경우에 비하여 피부노화 증상의 진행을 1/5 수준으로 감소시킨다는 사실도 증명되었다. 따라서 폐경 이후에는 인위적으로 에스트로겐을 보충해 주는 것이 필요하다.

그러나 최근에 경구 에스트로겐 치료가 유방암이나 자궁암의 발생을 증가시킨다는 우려 때문에 많은 폐경 여성들이 에스트로겐을 복용하기를 꺼리고 있다. 현재 폐경을 전문으로 연구하고 진료하는 의사들은 60세가 되기 전에는 경구 에스트로겐 치료가 폐경 증상의 치료와 예방을 위해서 꼭 필요하다고 하며, 60세 이상에서는 환자의 상태에 따라 선택적으로 에스트로겐 치료를 할 것을 권하고 있다.

5. 자녀 수와 피부노화의 연관성

흥미롭게도 몇 명의 자녀를 두었는지와 피부노화의 정도가 밀접한 관련성을 보인다. 즉, 여성이 아이를 한 명 날 때마다 피부노화의 위험성이 1.8배 증가한다. 아이를 많이 낳은 엄마들이 더 늙어 보인다는 충격적인 사실이었다. 즉, 아이를 낳은 적이 없는 여성에 비하여 아이를 한 명 둔 여성의 피부가 1.8배 더 늙으며, 아이를 두 명 둔 여성은 3.6배 더 늙어 보인다는 결과이다. 아이를 낳을수록 피부가 늙는 이유는 다음과 같다.

(1) **에스트로겐 결합 단백질**(estrogen-binding protein)**의 증가**: 에스트로겐은 에스트로겐을 잡고 있는 단백질과 결합하여 혈액 내에 존재한다. 단백질과 결합하고 있는 에스트로겐은 작용을 할 수 없는 반면에, 단백질과 결합되지 않고 홀로 존재하는 에스트로겐은 세포에 작용하여 효과를 발휘한다.
임신을 하면 에스트로겐의 혈중 농도가 임신 중에 급속히 증가한다. 그러나 임신 중 에스트로겐과 결합하는 단백질의 양도 동시에 증가한다. 임신이 끝나면 에스트로겐이 임신 전의 농도로 돌아오게 된다. 그러나 임신 중에 많이 증가된 결합 단백질에 의해 대부분의 에스트로겐이 결합되기 때문에 자유로운 형태의 에스트로겐의 양이 임신 전에 비하여 감소되게 된다. 그 결과 에스트로겐이 세포에 미치는 영향이 오히려 감소되는 결과를 초래하게 된다. 임신 횟수가 증가할수록 혈액 내에 에스트로겐 결합 단백질의 양이 증가하므로 에스트로겐의 효과가 떨어지게 된다. 그 결과 피부에서의 콜라겐의 합성이 감소되며 피부는 더 늙게 되는 것이다.

(2) **프로게스테론 증가**: 임신 중에 증가되는 프로게스테론(progesteron)이란 호르몬이 에스트로겐의 작용을 억제한다.

(3) **수유에 의한 배란 지연**: 임신 후에 아기에게 모유를 먹이게 되면, 배란이 늦어지며 에스트로겐의 분비가 낮은 상태로 유지되게 된다.

이와 같은 이유들로 해서 출산은 오히려 여성에게 에스트로겐에 노출되는 기회를 감소시키게 되며, 그 결과 에스트로겐의 효과를 감소시키는 결과를 초래함으로써 피부노화 현상이 촉진되는 것이다. 이런 사실도 에스트로겐 부족이 피부노화를 촉진시킨다는 사실을 잘 입증하고 있다.

V. 흡연에 의한 피부노화

1. 흡연이 피부노화를 촉진

담배를 피우면 피부의 노화 현상이 촉진된다. 백인에서는 이미 오래 전에 흡연이 피부의 주름살을 증가시킨다는 사실이 입증되어 있다. 한국 사람과 같은 동양인에서도 흡연이 피부 주름살을 유발하고 피부노화를 촉진함이 밝혀졌다.

담배를 하루 한 갑씩 1년을 피는 경우를 1 pack-year 라고 한다. 한국 사람들에서 담배를 하루 한 갑씩 30년을 피는 경우(30 pack-year) 또는 하루 두 갑씩 15년을 피는 경우(30 pack-year), 비흡연자에 비하여 2.8배 이상 피부노화가 촉진됨을 확인하였다. 그리고 하루 한 갑씩 50년을 피는 경우(50 pack-year), 또는 하루 두 갑씩 25년을 피는 경우(50 pack-year) 5.5배 이상 피부노화가 더 발생하게 된다.

2. 흡연과 자외선의 상승효과

흡연자가 하루에 태양광선에 노출되는 시간이 길면 길수록, 담배와 자외선이 함께 피부를 늙게 만들며, 그 효과는 각각의 효과를 합친 것보다 훨씬 심하게 상승효과를 보이게 된다. 한국 사람에서 30년 간 하루 한 갑씩 담배를 피는 경우는 피부노화의 위험성이 2.8배 증가, 태양광선에 하루 5시간 이상 노출되는 경우에는 4.8배 증가되었지만, 담배와 태양광선의 영향을 둘 다 받은 경우에는 무려 11배 이상 피부노화가 증가되는 것을 관찰할 수 있었다.

일본에서 연구된 결과에 따르면 일본 사람에서는 담배를 하루 한 갑씩 30년을 피고 동시에 하루 평균 2시간 이상 햇빛을 보는 경우에는, 담배도 피지 않고 햇빛도 거의 보지 않은 사람에 비하여 22배의 피부노화 위험성이 증가한다고 한다.

3. 담배가 피부노화를 유발하는 이유

담배를 오래 피면 실제 나이보다 더 나이 들어 보인다. 흡연이 내인성 노화 현상 및 자외선에 의한 광노화 현상을 더 악화시킬 수 있는 원인이라는 사실은 의심의 여지가 없다. 담배가 피부를 늙게 만드는 이유는 아직 확실하지 않다. 그러나 담배에는 수천가지의 유해 성분이 들어있고 담배를 필때마다 유해 성분이 폐를 통하여 혈액 내로 들어간 후 혈액을 통하여 피부에 도달하여 노화를 유발할 뿐만 아니라, 전신적으로 나쁜 영향을 미치게 된다. 또한 담배 연기가 직접 피부에 닿으면서 피부에도 영향을 미치게 된다. 연기에 포함된 활성 산소와 유해 성분들이 직접적으로 피부에 영향을 주어 피부를 늙게 만들 것이라고 추측하고 있다.

VI. 공기오염에 의한 피부노화

1. 공기오염에 의한 피부노화

공기 중에 있는 먼지와 작은 입자들이 피부를 비롯한 우리 몸의 여러 장기의 노화를 촉진한다. 최근 일본과 독일의 대도시에 사는 사람들을 대상으로 큰길에서 몇 m 떨어진 집에 사는 지와 피부노화 정도의 상관관계를 조사한 결과에 따르면, 큰 길에서 10 m 이내에 사는 사람이 그렇지 않는 사람에 비하여 피부노화가 심하다는 사실이 증명되었다.

2. 원인

자동차 배기가스에 포함된 화학물질이나, 작은 나노 입자들이 직접적으로 피부를 손상시키거나, 아니면 숨을 쉴 때마다 폐를 통하여 흡수되어 혈액을 타고 전신의 피부를 비롯한 우리 몸의 장기에 손상을 줄 가능성이 있다. 담배에 의한 피부노화가 발생하는 것과 비슷하다. 담배에 포함된 화학물질과 나노 입자들이 직접적으로 피부노화를 유발하는 것처럼, 자동차 배기가스에 들어 있는 물질도 직접적으로 피부노화를 촉진하는 작용을 할 것으로 추정된다. 따라서 큰 길에서 가깝게 살수록 큰 길에 지나다니는 차량에서 나오는 배기가스에 영향을 더 많이 받게 되며, 그 결과 피부노화가 심해진다는 것이 입증되었다. 가능하면 공기 좋은 곳에서 살도록 하자.

VII. 피부염증에 의한 피부노화

1. 피부염증의 정의

염증(inflammation)은 우리 몸을 보호하기 위하여 우리 몸의 세포가 외부 자극에 대하여 반응하는 현상을 말한다. 피부에 염증이 생기는 이유는 외부로부터 해로운 자극이 피부에 손상을 유발했기 때문이다. 외부 자극을 제거하고, 손상을 치유하기 위하여 염증세포가 모이게 된다. 염증세포들은 여러가지 물질을 분비하여 몸 속에 들어온 외부물질들을 제거하고 손상을 치유하는 역할을 하며, 그 과정에서 염증반응을 유발한다.

2. 피부염증의 증상

염증이 생긴 피부에서는 다음 4가지 증상이 관찰된다.

(1) **홍반**: 피부가 붉어진다. 염증 반응에 의해 혈관이 확장되고, 혈관안으로 피가 많이 모이기 때문에 염증 부위의 피부색이 붉어진다.

(2) **부종 및 수포**: 염증 부위에서 확장된 혈관에서, 또는 새로 형성된 혈관에서 조직 액이 혈관 밖으로 새어 나오면 부종이 생기고 염증 부위 피부가 붓게 된다. 부종이 심하면 수포가 생기거나 진물이 날 수도 있다.

(3) **열감**: 염증이 생긴 부위는 만져보면 따뜻하다. 이는 피부의 온도는 일반적으로 31~32도 정도이고 몸을 순환하는 피의 온도는 체온과 같은 36.5도 이기 때문에 혈관이 확장되어 피가 염증부위에 많이 모이면 그 부위가 따듯해지고 열감을 느끼게 된다.

(4) **소양증**: 화끈거리거나 가려운 증상이 있다. 간혹 통증을 느끼기도 한다. 이는 염증 세포와 피부에 존재하는 세포들이 내는 싸이토카인이란 물질이 신경을 자극하여 가려움증이나 통증을 유발하기 때문이다.

3. 피부염증의 예

자외선을 심하게 받으면 일광화상이 발생하며, 자극물질이나 알레르기 물질에 접촉하면 피부에 접촉피부염이 발생한다.

1) 일광화상

해변에서 일광욕을 심하게 하는 경우 피부에 화상을 입게 된다.(그림 9-4) 화상은 피부에 염증이 생긴 것이다. 즉, 햇빛이란 자극에 의하여 염증이 발생하고, 염증 증상이 동반된다. 화상을 입은 부위가 붉어지고, 붓고, 심한 경우에는 물집도 생기고, 진물이 나기도 한다. 또한 그 화상 부위가 화끈거리고 가려운 증상이 발생한다. 자외선이 피부세포에 손상을 주었기 때문에 우리 몸에서 일어나는 현상이다. 자외선에 의한 손상을 치유하는 과정인 것이다. 결국은 햇빛을 받으면 피부에 손상이 오고, 우리 몸은 그 손상을 치유하기 위해 염증 반응을 일으켜서 최대한의 노력을 하지만, 손상을 100% 완벽하게 치유할 수는 없다. 따라서 치유되지 못한 손상이 점점 피부에 축적되고, 처음에는 경미한 손상이라 눈에 띄지 않지만, 손상이 10년, 20년, 30년 계속되면 우리 눈에 띄기 시작하고 피부가 늙어 보이게 되는 것이다.

2) 접촉피부염

(1) 자극성 접촉피부염

염산과 같은 화학물질에 접촉하게 되면 누구나 피부에 염증이 생긴다. 충분한 농도의 물질에 접촉하면 누구에게나 발생하는 접촉피부염을 자극성 접촉피부염이라고 한다. 또한 심하게 때를 민 경우에도 심한 자극에 의하여 피부에 자극성 접촉피부염이 발생한다. 이 경우에도 위에 언급한 염증 반응의 증상들이 모두 관찰된다.

(2) 알레르기성 접촉피부염

은행을 따다가 옻이 오르거나 머리 염색약에 알레르기가 생겨서 피부가 붉어지고, 붓고, 진물이 나면서, 그 부위가 가려워지는 것도 피부의 염증 증상이다. 은행 또는 머리 염색약에 들어 있는 물질이 피부에 흡수된 후에 염증을 유발하여 생기는 알레르기 현상이다. 물질에 알레르기가 있는 몇몇 사람에서만 발생하는 접촉피부염을 알레르기성 접촉피부염이라고 한다

4. 염증반응의 발생기전

1) 싸이토카인 분비

자외선에 의하여 피부세포가 손상을 받으면, 우리 몸의 정상세포들은 손상받은 세포를 없애고 새로운 세포로 교체하려고 노력한다. 은행이나 옻나무에 포함된 물질이 피부를 통하여 들어오면 피부에 있는 세포는 이러한 외부 물질을 빨리 제거하려고 노력하게 된다.

이러한 세포의 노력은 세포가 새로운 물질을 만들어 세포 밖으로 분비함으로써 시작된다. 세포가 만들어 분비하는 물질들을 싸이토카인이라고 부른다. 싸이토카인은 그 종류가 매우 다양하며 외부 유해 자극의 종류와 피부가 받은 손상이 얼마나 심한지에 따라서 분비되는 싸이토카인의 양과 종류가 달라지게 된다. 싸이토카인은 그 부위로 염증세포들을 불러 모으게 된다.

2) 염증세포의 출현

피부세포가 분비한 싸이토카인은 염증세포를 유인하는 작용을 한다. 싸이토카인의 농도가 높은 피부조직으로 여러 가지 염증세포들이 혈관을 타고 몰려온다. 염증세포는 혈관 밖으로 빠져 나와 손상을 받은 피부조직에까지 도달하게 된다. 피부조직에 불러 모아진 염증세포들은 각자 맡은 임무를 수행하면서, 유해 물질도 제거하며, 손상된 세포를 제거하고, 손상을 받은 조직을 치유하여, 원래 모습으로 세포와 조직을 복귀시키는 작업을 하게 된다.

3) 혈관의 확장

싸이토카인은 염증세포들이 빠른 시간 내에 손상받은 부위에 올 수 있도록 혈관을 확장시키게 된다. 따라서 확장된 혈관 내에 혈액이 많이 모이게 되어 붉은 혈액의 색이 피부 밖으로 비쳐져서 염증이 생긴 부위의 피부는 붉게 되며, 다른 부위보다 따뜻하게 된다. 또한 혈관 밖으로 염증세포들이 잘 빠져나올 수 있도록 혈관 벽이 느슨해진다. 그 결과 염증세포들이 쉽게 빠져나오게 되며, 동시에 혈관에서 액체 성분도 새어 나오므로 그 부위가 붓고, 진물이 나게 되는 것이다.

4) 염증세포가 각종 효소 및 물질 분비

손상받은 부위에 모인 염증세포는 필요에 따라 여러 싸이토카인이나 효소와 같은 다양한 물질들을 분비한다. 염증세포가 만든 효소들은 손상받은 조직이나 세포를 잘게 분해하여 제거하기 용이하게 해 준다. 또한 염증세포는 재생에 필요한 성분들을 직접 만들기도 하며, 주위 피부세포를 자극하여 필요한 것들을 만들도록 도와준다. 이처럼 외부의 유해한 자극에 의하여 생긴 피부조직의 손상을 빠른 시간 내에 원상 복귀시키려는 노력이 염증반응이라고 할 수 있다.

5. 피부염증반응에 의한 이차적인 피부 손상

항상 염증반응이 100% 효과적으로 손상된 조직만을 복원시키는 것은 아니다. 염증반응 과정에서 만들어지고 분비되는 각종 효소들이나 싸이토카인들이 이차적으로 주위의 정상 조직에 오히려 손상을 초래하게 된다. 어떤 경우에는 염증반응이 너무 심하여 조직 손상이 심각한 수준으로 일어나기도 한다.

모든 자극은 예외 없이 피부에 염증을 유발하고, 일단 염증이 일어나면 우리가 전혀 원치 않는 피부 손상을 초래하게 된다. 예를 들어, 세균에 감염된 피부에서 염증세포가 균을 죽이기 위하여 모여들어 성공적으로 균을 죽였더라도, 주위 조직에는 심각한 손상을 초래하기 마련이다. 그 결과 균에 감염된 피부가 치유된 후에도 약간의 자국이 남고 심하면 흉이 생긴다. 여드름이 낫고 난 후에 흉터가 생기는 것도 염증세포가 분비한 여러 효소들이 여드름이 있었던 피부의 콜라겐섬유를 분해하는 등 주위 정상 조직을 파괴하였기 때문이다. 물론 염증이 아주 경미한 경우에는 피부의 손상도 아주 경미하여 그 변화를 우리 눈으로는 알아차리지 못할 수도 있다. 하지만 경미한 염증이 계속 반복이 된다면 적은 손상이 계속적으로 축적될 것이고, 결국에는 우리 눈으로도 알아차릴 수 있는 큰 손상으로 나타나게 된다.

6. 자외선에 의한 피부염증과 피부노화

자외선을 받은 피부에는 염증세포가 모인다. 이 염증세포는 자외선에 의하여 손상을 받은 세포를 제거하기 위하여 싸이토카인을 분비하여 주위 세포들로 하여금 필요한 효소들을 만들도록 한다. 그러나 이런 효소들은 죽은 세포를 제거하는 데만 작용하는 것이 아니다. 효소들은 주위에 존재하는 정상 콜라겐섬유나 탄력섬유를 분해하여, 전혀 원치 않는 피부 손상을 주는 경우가 흔하게 생긴다.

이처럼 염증세포는 외부 자극에 대하여 우리 몸을 보호하기 위하여 모여들었지만, 원래의 목적과는 달리, 결과적으로는 염증반응이 주위의 정상 조직을 파괴하고, 손상시키는 부작용을 초래한다. 따라서 자외선에 노출된 피부에서는 이들 효소들의 작용으로 콜라겐섬유와 탄력섬유가 망가지게 된다. 이런 일이 반복되면 피부는 점점 더 손상을 받게 되며 피부는 늙게 되는 것이다. 다시 말하면, 자외선에 의한 피부노화 현상은 자외선에 의한 피부염증반응에 의한 손상이 축적된 결과라고 할 수 있다.

자외선에 노출된 얼굴이 나이가 먹으면서 아주 조금씩 늙어 가는 이유가 바로 이것 때문이다. 매일 자외선을 보면서 얼굴에는 매일 경미한 염증이 생긴다. 피부는 매일 자외선에 의해 유발된 염증에 의한 손상을 조금씩 받고 있다. 우리 몸은 손상을 치유하는 기능을 가지고 있지만 항상 100% 완벽하게 손상을 치유할 수는 없으며 치유되지 않는 손상은 조금씩 쌓이게 된다. 처음에는 이런 손상이 너무나 경미하여 피부 밖으로 나타나지 않지만 세월이 갈수록 축적된 손상은 노화 증상으로 나타나게 되고 주름살이 한두 줄씩 생기며, 피부의 탄력도 조금씩 감소되는 등 조금씩 늙게 되는 것이다.

7. 자외선 조사 후 형성된 혈관의 역할

그림 8-20
(134 p. 참조)

자외선을 받은 피부에서는 일시적으로 혈관이 새로 만들어진다.(그림 8-20) 일시적으로 형성된 혈관은 정상적인 혈관이라고 할 수 없다. 이 혈관은 혈관벽이 아직까지는 완벽하지 못하며, 혈액 성분이 쉽게 밖으로 새나갈 수 있는 틈이 많은 혈관이다. 자외선을 받은 피부에서 새로 엉성하게 만들어진 혈관이 증가하면, 혈액 내에 있는 염증세포가 자외선을 받은 부위로 쉽게 빠져나오며, 조직으로 빠져 나온 염증세포들은 염증반응에 참여하게 된다. 염증세포들은 자외선에 의해 죽게 된 피부세포와 자외선에 의하여 손상을 받은 조직을 치유하기 위한 작용을 시작한다. 그러나 이 과정에서 염증세포들이 만들어 내는 각종 효소들과 싸이토카인 등의 물질들은 주위 정상 조직을 분해 또는 파괴하는 부작용을 초래하게 된다.

따라서 자외선에 의한 혈관 형성은 피부의 염증반응을 유발하고, 염증세포를 쉽게 불러 모으기 위한 수단으로 이용되고 있다고 생각되며, 염증세포들이 분비하는 효소들에 의하여 콜라겐섬유와 탄력섬유 등이 이차적으로 손상을 받게 되고, 이런 손상이 모이면 피부는 늙게 된다.

자외선을 쪼인 후에 새로운 혈관들이 형성되지 않도록 할 수 있다면 자외선에 의한 피부염증반응이 거의 일어나지 않을 것이다. 실제로 자외선에 의해 일시적으로 증가하는 혈관 형성을 예방하면 피부의 노화 현상을 효과적으로 막을 수 있음이 동물실험에서 증명되었다.

VIII. DNA 손상에 의한 피부노화

1. DNA의 구조

DNA의 기본 구성은 한 개의 당, 한 개의 인, 그리고 한 개의 염기로 구성되어 있다.(그림 9-19) DNA의 당은 데옥시라이보스(deoxyribose)라는 5개의 탄소로 구성된 오탄당이다. 당은 인(phosphate)에 의하여 다음 당과 계속적으로 연결되어 있다. 따라서 DNA의 구조에서 당과 인이 계속 연결되는 구조는 DNA에 관계없이 항상 일정하다.

다양한 DNA의 정보는 4가지의 서로 다른 염기의 배열에 의하여 결정된다. DNA를 구성하는 염기는 아데닌(adenine, A), 구아닌(guanine, G), 싸이토신(cytosine, C), 싸이민(thymine, T)의 염기로 구성되어 있다. DNA에 들어있는 모든 유전자의 정보는 염기를 일정한 순서로 배열함으로써 저장하고 있다. 즉, 일정한 순서의 염기가 일정 길이로 배열되어 한 가지 유전자 정보를 저장하고 있다. 이런 유전자 정보는 DNA에 연속적으로 배열되어 있다.

2. DNA 손상 원인

DNA가 어떤 원인에 의하여 손상되었다는 것은 일정한 순서로 배열되어 있는 염기의 배열 상태가 바뀌거나 염기의 일부가 제거되거나, 추가되어 전

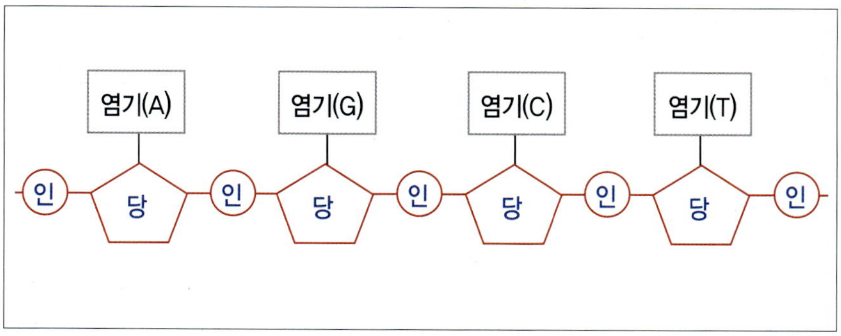

그림 9-19. DNA의 구조
당은 인에 의하여 다음 당과 계속적으로 연결되어 있다. 따라서 당과 인이 계속 연결되는 구조는 DNA에 관계없이 항상 일정하다. 다양한 DNA의 정보는 4가지의 서로 다른 염기의 배열에 의하여 결정된다. DNA를 구성하는 염기는 아데닌, 구아닌, 싸이토신, 싸이민의 염기로 구성되어 있다.

허 다른 염기 서열을 갖게 되는 것을 말한다. 그 결과 DNA가 가지고 있던 유전 정보는 더 이상 정상적으로 기능을 할 수 없게 된다.

DNA는 우리 몸을 구성하는 세포들의 기능에 대한 모든 정보를 가지고 있다. 따라서 DNA에 손상이 오면 세포는 정상 기능을 하지 못하고, 죽거나, 아니면 통제가 불가능한 암세포로 변화하게 된다.

DNA에 손상을 유발하는 원인은 다양하며, 아래와 같은 것들이 피부에서 대표적인 DNA 손상 원인이다.

1. 태양광선에 포함된 자외선
2. 여러 가지 공해 물질
3. 담배에 들어 있는 각종 유해 물질
4. 산소를 이용하는 대사과정 중에 발생하는 활성 산소

3. DNA 손상 치유과정 및 피부노화 발생기전

DNA 손상으로부터 피부노화가 발생하는 단계는 아래 다섯 가지로 설명할 수 있다.

(1) DNA 손상 감지

세포가 DNA에 손상을 받으면 두 가지 중 하나를 선택하여야 한다. 첫째, 세포는 스스로 손상된 DNA를 치료할 수 있는 시스템을 갖추고 있다. 손상이 경미할 경우에는 손상된 DNA를 스스로 치료하여 정상적으로 작동하게 한다. 둘째로는, 만약 치유가 어려울 정도로 심한 손상을 받은 경우에는 세포가 스스로 자살을 선택한다.

세포는 DNA의 손상을 감지할 수 있는 센서를 가지고 있다. 이 센서를 통하여 DNA가 손상되었다는 것을 감지하면, 바로 세포의 분열과 성장을 멈추고, 손상된 DNA를 치유할 것인지, 아니면 자살을 할 것인지를 선택하게 된다.

(2) p53 단백질 발현

이때 세포의 분열과 성장을 억제하기 위하여 'p53'이라고 부르는 단백질을 형성하게 된다. p53 단백질은 DNA 손상을 치유하기 위하여 꼭 필요한 단백질이며, 이 단백질이 없거나 이상이 발생하면 DNA의 손상을

치유할 수 없게 된다.

만약 p53 단백질의 기능에 이상이 있는 경우에는 손상된 DNA를 치유하지 못하게 되고, 손상된 DNA를 가지고 있는 세포들이 증식하면서 각종 암이 생기게 된다. 이와 같이 p53 단백질이 암의 발생을 억제하는 작용을 하고 있기 때문에 이 단백질을 암 억제 단백질이라고 부른다.

실제로 우리 몸에서 발생하는 많은 암 조직에서 p53유전자에 이상이 발견되고 있다. 정상적인 p53 단백질이 발현되면 세포의 성장과 분열이 일시적으로 억제되며, 손상된 DNA를 치료하기 위한 각종 단백질과 효소들이 손상된 DNA 부위에 모이고 손상된 DNA를 치유하게 된다.

(3) 히스톤 단백질의 아세틸화(acetylation)

유전자 정보들이 계속적으로 배열되어 있는 DNA는 세포 핵 속에 존재한다. DNA는 핵 속에서 히스톤(histone)이란 단백질에 의하여 둘러 싸여져 있다. 즉, 히스톤 단백질이 DNA를 둘러싸고 있으며 DNA를 잘 보호하고 있다.(그림 9-20)

- **히스톤 단백질:** 히스톤 단백질은 DNA가 감싸고 있는 몸통 부위와 몸통을 감고 있는 DNA를 밖에서부터 감싸고 있는 꼬리 부분으로 구성되어 있다. 즉, DNA는 히스톤의 몸통과 꼬리에 의하여 완전히 둘러싸여 있다. 히스톤의 꼬리 부분과 DNA는 전기적으로 결합되어 있다. 즉, 히스톤은 양전하를 띠고 있으며 DNA은 음전하를 띠고 있어 전기적으로 결합하기 쉽게 되어 있다.

  DNA의 손상을 치료하려면 손상된 DNA를 잘라 버리고 새롭게 DNA을 합성할 효소들이 손상된 DNA로 접근해야 한다. 그러나 DNA는 히스톤에 의하여 둘러싸여 있어서 이런 효소들이 DNA에 접근하는 것이 쉽지 않다. 평상시에는 히스톤이 DNA를 잘 둘러싸고 있어야 하지만 DNA에 손상이 발생하였을 때는 DNA를 감싸고 있는 히스톤을 DNA로부터 떨어뜨려서 치료에 필요한 효소들이 DNA에 접근할 수 있는 길을 내야 한다.

  DNA에 손상이 생겼을 때 히스톤의 꼬리 부분에 아세틸(acetyl)기를 붙여주는 효소의 도움으로 히스톤의 끝부분에 아세틸기가 붙게 된다.(그림 9-20)그러면 히스톤의 양전하가 없어지며, DNA와의 전기적 결합이 풀어지게 된다. 그러면 DNA와 히스톤이 떨어지게 되고, 그 사이에 공간이 생기면서 DNA 손상을 치유할 효소와 단백질들이 손상된 DNA 부위에 모이고 치료를 시작하게 된다.

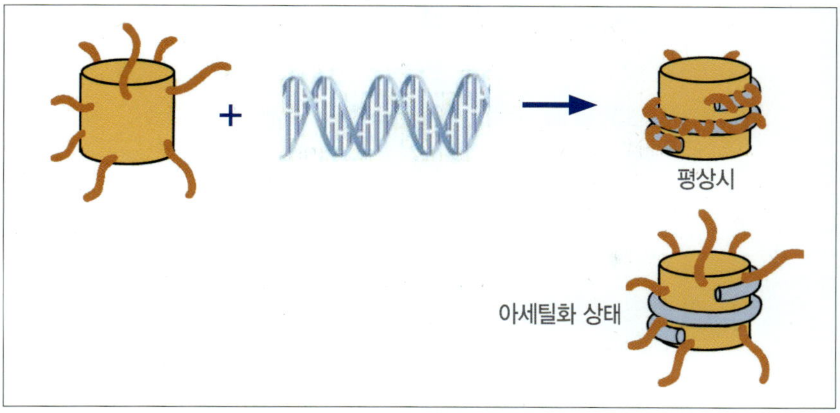

그림 9-20. 히스톤 단백질의 아세틸화

히스톤 단백질은 DNA가 감싸고 있는 몸통 부위와 몸통을 감고 있는 DNA를 밖에서부터 감싸고 있는 꼬리 부분으로 구성되어 있다.

(4) p300 효소가 아세틸기를 히스톤 단백질에 붙임

히스톤의 꼬리 부분에 아세틸기를 붙여주는 효소는 여러 종류가 있는데 그 중에서 가장 유명하고 잘 알려진 효소는 'p300'이라고 이름 붙여진 효소이다. 이 효소가 히스톤의 꼬리 부분에 아세틸기를 붙여 히스톤과 DNA 사이가 벌어지면 손상된 DNA를 잘라버리는 효소, 새로운 DNA를 합성하는 효소 등이 손상된 DNA 부위에 모여 작업을 하여 DNA를 치료하는 것이다.

(5) 동시에 피부노화 관련 유전자 발현 유도

DNA 손상을 치유하기 위하여 히스톤의 변형이 일어날 때 DNA 손상을 치료하는 효소들뿐만 아니라 그 기회를 이용하여 다양한 전사인자들이 DNA에 접근하여 다양한 유전자들의 발현을 증가시키거나 감소시키게 된다. 즉, 자외선에 의한 DNA 손상을 치유하는 과정에서 p300 효소가 히스톤의 꼬리 부분에 아세틸기를 붙여주는 역할을 하여 DNA로 접근할 수 있는 길을 만들게 된다. 그 길을 통하여 MMP 효소나 콜라겐 유전자를 조절하는 다른 전사인자들의 접근이 용이해지게 된다. 결과적으로 DNA 손상을 치유하기 위해 유발된 히스톤의 변형이 자외선 조사 후에 MMP 효소와 콜라겐 합성을 조절하는 전사인자들의 접근을 용이하게 만들어 주기 때문에 MMP 효소의 발현은 증가하고, 콜라겐 발현은 억제되어, 피부의 기질 단백질의 결핍 현상이 생기며, 피부는 주름살이 많이 생기면서 늙게 되는 것이다.

- **p300 효소 억제제의 피부노화 억제 효능:** 실제로 p300 효소 작용을 억제하는 물질인 아나카딕 산(anarcadic acid)을 세포에 처리하면 자외선에 의한 MMP 효소 증가를 억제하고, 콜라겐 합성 감소를 예방함을 확인하였다. 아나카딕 산은 우리가 즐겨 먹는 캐슈넛(cashew nut)이라는 콩 종류에 많이 포함된 물질이다. 따라서 히스톤을 변형시키는 p300 효소를 억제할 수 있는 천연물질들을 사용하는 것은 자외선에 의한 피부노화를 억제할 수 있는 또 한 가지의 새로운 방법이라고 할 수 있다.

참고문헌

1. Chung JH, Youn JI. Effect of ultraviolet A on IL-1 production by ultraviolet B in cultured human keratinocytes. *J Dermatol Sci.* 1995 Mar;9(2):87-93.
2. Chung JH, Youn SH, Koh WS, et al. Ultraviolet B irradiation-enhanced interleukin (IL)-6 production and mRNA expression are mediated by IL-1 alpha in cultured human keratinocytes. *J Invest Dermatol*. 1996 Apr;106(4):715-20.
3. 고우석, 김규한, 정진호 외. 인체 각질형성세포의 Interleukin-6 생산에 미치는 UVB, UVA 및 PUVA의 영향. *대한면역학회지*. 1996;18(3):447-52.
4. Rhie GE, Seo JY, Chung JH. Modulation of catalase in human skin in vivo by acute and chronic UV radiation. *Mol Cells*. 2001 Jun 30;11(3):399-404.
5. Rhie G, Shin MH, Seo JY, et al. Aging- and photoaging-dependent changes of enzymic and nonenzymic antioxidants in the epidermis and dermis of human skin in vivo. *J Invest Dermatol*. 2001 Nov;117(5):1212-7.
6. Lee JH, An HT, Chung JH, et al. Acute effects of UVB radiation on the proliferation and differentiation of keratinocytes. *Photodermatol Photoimmunol Photomed.* 2002 Oct;18(5):253-61.
7. 권오상, 황은주, 이태성 외. 피부 온도변화가 UV에 의한 급성 피부 반응에 미치는 영향. *대한피부과학회지*. 2003;41(3):326-32.
8. Youn CS, Kwon OS, Won CH, et al. Effect of pregnancy and menopause on facial wrinkling in women. *Acta Derm Venereol.* 2003;83(6):419-24.
9. Seo JY, Kim EK, Lee SH, et al. Enhanced expression of cylooxygenase-2 by UV in aged human skin in vivo. *Mech Ageing Dev.* 2003 Aug-Sep;124(8-9):903-10.
10. Han JH, Roh MS, Park CH, et al. Selective COX-2 inhibitor, NS-398, inhibits the replicative senescence of cultured dermal fibroblasts. *Mech Ageing Dev.* 2004 May;125(5):359-66.
11. 권오상, 안연순, 황은주 외. 고열환경 종사자에서의 피부노화 증상에 관한 역학적 연구. *대한피부과학회지*. 2004;42(8):997-1004.
12. Chen Z, Seo JY, Chung JH. Modulation of tropoelastin expression in cultured human dermal fibroblasts by heat shock. *Beijing Da Xue Xue Bao.* 2004 Oct;36(5):473-5.
13. Park CH, Lee MJ, Ahn J, et al. Heat shock-induced matrix metalloproteinase (MMP)-1 and MMP-3 are mediated through ERK and JNK activation and via an autocrine interleukin-6 loop. *J Invest Dermatol.* 2004 Dec;123(6):1012-9.
14. 이채욱, 정진호. 피부 광노화. *한국노화학회지*. 2004;14(2):1-10.
15. Chen Z, Seo JY, Kim YK, et al. Heat modulation of tropoelastin, fibrillin-1, and matrix metalloproteinase-12 in human skin in vivo. *J Invest Dermato*l. 2005 Jan;124(1):70-8.
16. Han KH, Choi HR, Won CH, et al. Alteration of the TGF-beta/SMAD pathway in intrinsically and UV-induced skin aging. Mech Ageing Dev. 2005 May;126(5):560-7.
17. Kim HH, Shin CM, Park CH, et al. Eicosapentaenoic acid inhibits UV-induced MMP-1 expression in human dermal fibroblasts. *J Lipid Res.* 2005 Aug;46(8):1712-20.
18. Son ED, Lee JY, Lee S, et al. Topical application of 17beta-estradiol increases extracellular matrix protein synthesis by stimulating tgf-Beta signaling in aged human skin in vivo. *J Invest Dermatol.* 2005 Jun;124(6):1149-61.
19. Youn CS, Kwon OS, Hwang EJ, et al. The effects of heating and cooling on ultraviolet radiation-induced erythema and pigmentation in human skin. *Photodermatol Photoimmunol Photomed.* 2005 Aug;21(4):198-203.
20. Kim HH, Lee MJ, Lee SR, et al. Augmentation of UV-induced skin wrinkling by infrared irradiation in hairless mice. *Mech Ageing Dev*. 2005 Nov;126(11):1170-7.
21. Lee HS, Lee DH, Cho S, et al. Minimal heating dose: a novel biological unit to measure infrared irradiation. *Photodermatol Photoimmunol Photomed.* 2006 Jun;22(3):148-52.
22. Kim MS, Kim YK, Eun HC, et al. All-trans retinoic acid antagonizes UV-induced VEGF production and angiogenesis via the inhibition of ERK activation in human skin keratinocytes. *J Invest Dermatol.* 2006 Dec;126(12):2697-706.
23. Kim MS, Kim YK, Cho KH, et al. Infrared exposure induces an angiogenic switch in human

skin that is partially mediated by heat. Br *J Dermatol*. 2006 Dec;155(6):1131-8.

24. Jin Young Seo JHC. Thermal aging: A new concept of skin aging. *J Dermatol Sci Sup*. 2006;2:S13-22.
25. Kim MS, Kim YK, Cho KH, et al. Regulation of type I procollagen and MMP-1 expression after single or repeated exposure to infrared radiation in human skin. *Mech Ageing Dev*. 2006 Dec;127(12):875-82.
26. Li WH, Lee YM, Kim JY, et al. Transient receptor potential vanilloid-1 mediates heat-shock-induced matrix metalloproteinase-1 expression in human epidermal keratinocytes. *J Invest Dermatol*. 2007 Oct;127(10):2328-35.
27. Shin MH, Moon YJ, Seo JE, et al. Reactive oxygen species produced by NADPH oxidase, xanthine oxidase, and mitochondrial electron transport system mediate heat shock-induced MMP-1 and MMP-9 expression. *Free Radic Biol Med*. 2008 Feb 15;44(4):635-45.
28. Cho S, Lee MJ, Kim MS, et al. Infrared plus visible light and heat from natural sunlight participate in the expression of MMPs and type I procollagen as well as infiltration of inflammatory cell in human skin in vivo. *J Dermatol Sci*. 2008 May;50(2):123-33.
29. Young Mee Lee WHL, Yeon Kyung Kim, Kyu Han Kim, et al. Heat-induced MMP-1 expression is mediated by TRPV1 through PKCα signaling pathway in HaCaT cells. *Exp Dermatol*. 2008;17(10):864-70.
30. Lee YM, Kim YK, Kim KH, Park SJ, Kim SJ, et al. A novel role for the TRPV1 channel in UV-induced matrix metalloproteinase (MMP)-1 expression in HaCaT cells. *J Cell Physiol*. 2009 Jun;219(3):766-75.
31. Ryu HC, Kim C, Kim JY, et al. UVB radiation induces apoptosis in keratinocytes by activating a pathway linked to "BLT2-reactive oxygen species". *J Invest Dermatol*. 2010 Apr;130(4):1095-106.
32. Krutmann J, Morita A, Chung JH. Sun exposure: what molecular photodermatology tells us about its good and bad sides. *J Invest Dermatol*. 2012 Mar;132(3 Pt 2):976-84.
33. Jin SP, Li Z, Choi EK, Lee S, Kim YK, Seo EY, Chung JH, Cho S. Urban particulate matter in air pollution penetrates into the barrier-disrupted skin and produces ROS-dependent cutaneous inflammatory response in vivo. *J Dermatol Sci*. 2018 Apr 30:S0923-1811(18)30202-0.
34. Lee CM, Jin SP, Doh EJ, Lee DH, Chung JH. Regional Variation of Human Skin Surface Temperature. *Ann Dermatol*. 2019 Jun;31(3):349-352.
35. Lee Y, Shin MH, Kim MK, Kim YK, Shin HS, Lee DH, Chung JH. Increased Histone Acetylation and Decreased Expression of Specific Histone Deacetylases in Ultraviolet-Irradiated and Intrinsically Aged Human Skin In Vivo. *Int J Mol Sci*. 2021 Feb 18;22(4):2032.

10
Chapter

피부노화의 예방과 치료

자외선 차단제는 썬 블럭, 썬 스크린, 썬 크림 등의 이름으로 불리고 있다. 피부노화와 피부암을 예방하기 위하여 자외선 차단제를 어릴 때부터 습관적으로 발라야 한다.

Chapter 10 / 피부노화의 예방과 치료

Chapter 10

Dermatogerontology

피부노화의 예방과 치료

I. 자외선 차단제

일반적으로 자외선 차단제는 썬 블럭, 썬 스크린, 썬 크림 등의 이름으로 불리고 있다. 피부노화와 피부암을 예방하기 위하여 자외선 차단제를 어릴 때부터 습관적으로 발라야 한다.

1. 자외선 차단효과 표시 방법

1) UVB 차단효과

UVB의 차단 효과를 판정하는 기준은 자외선에 의한 화상을 어느 정도 막아 줄 수 있는가이다. 즉, 자외선을 받으면 다음날 피부에 화상을 입어 피부가 붉어지는 홍반반응이 생긴다. 참고로 우리나라 사람들은 여름철 한낮에 30분에서 45분 정도의 햇빛을 받으면 다음날 약간의 홍반이 발생한다. 우리나라 사람들은 30~45분 정도의 노출로 피부에 경미한 화상을 입는다는 의미이다.

- **자외선 차단지수(sunburn protection factor, SPF):** UVB 차단 효과는 숫자로 표시하는데, 숫자가 의미하는 것은 자외선 차단제를 바르지 않고 자외선B에 노출하였을 때 홍반 발생에 필요한 자외선의 양에 대한, 자외선 차단제를 발랐을 때 홍반 발생에 필요한 자외선 양의 비율을 의미한다.

$$\text{자외선 차단지수 (SPF)} = \frac{\text{자외선 차단제를 바른 후의 최소 홍반량(minimal erythema dose)}}{\text{자외선 차단제를 바르지 않은 피부의 최소 홍반량(minimal erythema dose)}}$$

자외선 차단제에 적혀 있는 숫자는 일명 자외선 차단지수(sunburn protection factor, SPF)라고 하며, 제품을 발랐을 때 화상반응을 일으킬 때까지 필요한 자외선 노출 양을 몇 배 더 증가시킬 수 있는지를 표시하는 것이다. 분명히 할 것은 홍반을 일으킬 때까지 필요한 자외선 양이 몇 배 더 필요한지를 나타내는 것이지, 햇빛을 쪼이는 시간이 몇 배 더 길어지는지를 나타내는 것은 아니다.

자외선 차단지수는 실험실에서 측정한다. 자외선을 쪼이기 위해서는 자외선 램프를 사용한다. 자외선 램프는 1초에 일정한 자외선 양을 방출한다. 따라서 자외선 램프를 사용하는 경우에는 시간에 비례하여 자외선 양이 일정하게 증가하기 때문에 이해하기 쉽게 시간으로 예를 들어 보겠다. 예를 들어 자외선 차단제를 도포하지 않은 피부에 30분 동안 자외선 램프로 자외선을 쪼인 후에, 다음날 눈에 띠는 홍반이 발생하는 사람 피부에 자외선 차단제를 발랐더니, 동일한 자외선 램프로 5시간을 쪼인 후에야 홍반이 발생하였다고 하면, 그 자외선 차단제 덕분에 30분에서 5시간까지 10배의 시간 동안 홍반반응 없이 자외선을 더 쪼일 수 있게 된 것을 의미한다. 5시간을 30분으로 나누면, 자외선 차단 효과가 10배가 되는 것이다. 즉, 자외선 차단지수가 10이 된다.

우리나라 식약처에서는 SPF50 이상의 효과는 SPF50+라고 표시하도록 규정하고 있다. 이런 규정을 만든 이유는 SPF50 정도면 필요충분한 효과이기 때문에 경쟁적으로 더 높은 숫자를 표시하기 위해서 불필요한 제품을 만들지 못하게 하기 위함이다. 그러나 나라마다 규정이 달라 미국과 같은 나라에서는 SPF100과 같이 실제의 효능을 표시하고 있다.

2) UVA 차단효과

UVA 차단 효과는 숫자 대신 +, ++, +++로 적혀 있다. UVA가 화상을 일으키는 효과는 UVB의 1/1000 정도밖에 되지 않기 때문에 UVA로 홍반을 유발하기 위해서는 매우 긴 시간이 필요하게 된다. 따라서 UVA차단 효과를 홍반을 이용하여 실험적으로 측정하기가 현실적으로 매우 어렵다. 대신에 UVA가 피부를 검게 만드는 색소침착반응을 얼마나 예방할 수 있는지를 효과판단의 기준으로 잡고 있다.

- **PA (protection for UVA):** UVA 차단 효과는 피부가 UVA에 의하여 검게 변화하는 것을 얼마나 잘 예방하는지에 따라 +, ++, +++로 구분한다. +가 많을수록 UVA차단 효과가 좋은 것을 의미한다. 우리나라에선 PA+++ 까지 표시할 수 있으나, 일본에서는 PA++++ 까지 표시하고 있다.

2. 자외선 차단제 도포 시 유의사항

1) 도포 양

자외선 차단제의 자외선 차단지수를 실험적으로 측정할 때 바르는 양은 피부 단위 면적(cm²)당 2 mg이다. 이는 일반적으로 사람들이 자외선 차단제를 바르는 양보다 매우 많은 양이다.

일반 사람이 자외선 차단제를 바를 때 이 정도를 바르지 않는다. 이 정도를 얼굴에 바르면 떡칠을 한 것처럼 보이기 때문이다. 그러나 너무 많은 양이라고 느껴지더라도 자외선 차단지수를 측정할 때 바르는 양과 동일하게 발라야 일상 생활 속에서도 동일한 효과를 얻을 수 있다. 자외선 차단제를 잘 문질러 바르고 시간이 지나면 금방 피부에 다 스며들기 때문에 미용적으로 문제가 되지는 않는다.

일반적으로 사람들은 권장량의 1/2~1/3의 양을 바르고 있다고 조사되었다. 바르는 양을 권장량의 1/2로 바르면 효과는 1/2로 줄어드는 것이 아니라 그 효과는 1/4로 줄어든다. 따라서 가능한한 많은 양을 바르는 것이 바람직하다. 권장량의 1/3로 바르면 자외선 차단 효과는 1/9로 줄어든다. 그러면 SPF50인 자외선 차단제를 바랐을 때, 실제로는 1/9의 효과가 되기 때문에 SPF6 정도의 자외선 차단제를 바르는 셈이 된다.

2) 바르는 횟수

자외선 차단제의 성분은 자외선을 흡수하기 시작한 후에 점차 자외선을 흡수하는 능력이 감소되어 2시간이 지나면 거의 흡수를 못하게 되기 때문에 자주 덧발라주는 것이 좋다. 또한 활동 중에 땀이나 수영 후 물에 의해 씻겨 나가는 것을 고려하여 자주 덧발라주어야 한다. 따라서 자외선 차단제는 2시간 마다 덧발라주는 것을 추천한다.

3) 도포 시기

자외선 차단제는 매일매일 습관적으로 바르는 것이 좋다. 구름이 잔뜩 낀 날에도 자외선은 우리 피부에 도달하며, 비가 오는 날에도 자외선은 온다. 요즘은 웬만한 여성용 화장품에는 자외선 차단제가 포함되어 있지만 별도로 자외선 차단제를 바르는 것을 권한다.

4) 도포 연령

자외선은 어린이 때부터 피부 손상을 초래하여 피부를 점점 늙게 만들고 있다. 평생 받는 자외선 양의 1/3을 18세 이전에 받는다. 그리고 심한 화상을 입을 정도로 밖에서 놀 수 있는 나이도 18세 이전의 어린이와 청소년 시기이다. 따라서 어린이들에게 부모가 신경을 써서 자외선 차단제를 발라주어야 한다. 어린이에게 자외선 차단제를 바르는 습관을 갖도록 하는 것이 피부를 항상 젊고, 건강하게 유지하는데 도움이 된다.

3. 자외선 차단제 선택방법

자외선 차단제를 선택할 경우에는 UVB차단 효과를 의미하는 SPF는 50+이면서 UVA 차단 효과를 의미하는 PA (protection for UVA)는 +++ 라고 적힌 제품을 바르면 된다.

우리나라 사람 중 피부가 하얀 사람들도 최소 30분 정도의 햇빛 노출을 해야 다음날 경미한 화상을 입는다. 이런 분이 오랜만에 여름휴가를 받아 아침 8시부터 저녁 6시까지 10시간을 쉬지 않고 해수욕을 즐긴다고 생각해 보자. 다음날 홍반반응이 생기지 않게 하려면 자외선 차단지수 얼마짜리의 썬 크림을 구입해야 할까? 10시간을 30분으로 나누면 된다. 즉, 자외선 차단지수 20이면 이론적으로는 충분하다는 의미이다. 그러나 현실적으로는 필요한 양을 충분히 바르지 못하는 경우가 많고, 물에 의해 씻겨나가는 등의 문제들로 인하여 SPF 50+ 와 PA +++의 자외선 차단제를 골라 바르는 것이 좋다.

II. 레티노이드 Retinoid

1. 레티노이드의 정의

비타민A를 레티놀(retinol)이라고 한다. 레니노이드는 비타민A(레티놀)와 그 유도체들을 총칭에서 부르는 용어이다. 가장 대표적인 비타민A 유도체가 레티노익 산(retinoic acid)이다.

2. 레티노이드의 주름 개선 효과

- **레티노익 산**: 레티노익 산은 바르는 주름 치료약 성분으로 미국 식약청(FDA)에서 허가를 받은 성분이다. 레티노익 산을 수개월에서 1년 이상 바르면 주름살이 개선되며 피부의 탄력이 좋아진다. 레티노익 산은 화장품 원료로 사용할 수 없으며, 의사의 처방이 필요한 전문 의약품이다.
- **레티놀**: 비타민A이며, 화장품 원료로 사용가능하다. 주름개선 화장품의 주성분으로 사용된다.

1) 레티노이드 도포에 의한 콜라겐 발현 증가

레티노익 산이나 레티놀을 피부에 바르면 콜라겐의 합성을 증가시키며, 콜라겐을 분해하는 효소인 MMP의 발현을 억제함으로써 전체적인 콜라겐의 양이 증가하여 피부가 튼튼해진다.

- 레티노이드를 바르면 피부에 새로운 콜라겐의 합성이 증가한다.(그림 10-1)
- 레티노이드가 노인피부에서 콜라겐을 합성하는 섬유아세포의 수도 증가시킨다.
- 레티노이드를 바르면 MMP 효소의 발현을 감소시킨다.

2) 레티노이드의 주름살 개선 효과

섬유아세포에서 만들어진 새로운 콜라겐은 표피와 진피가 만나는 부위에 모이게 되며, 여기에서 새로운 콜라겐섬유를 만들게 된다. 그 결과 노화된 피부에서 손상을 받은 진피를 재생시키게 되고, 결과적으로 주름살도 좋아지게 만든다.(그림 8-5)

그림 8-5
(116 p. 참조)

3) 레티노이드의 부작용

대개의 경우 레티노익 산 0.01% 이상과 레티놀 0.1% 이상의 농도에서는 피부에 심한 자극과 염증을 유발한다. 물론 이런 부작용은 일시적이며 바르는 것을 중지하면 부작용은 며칠 내에 없어진다.

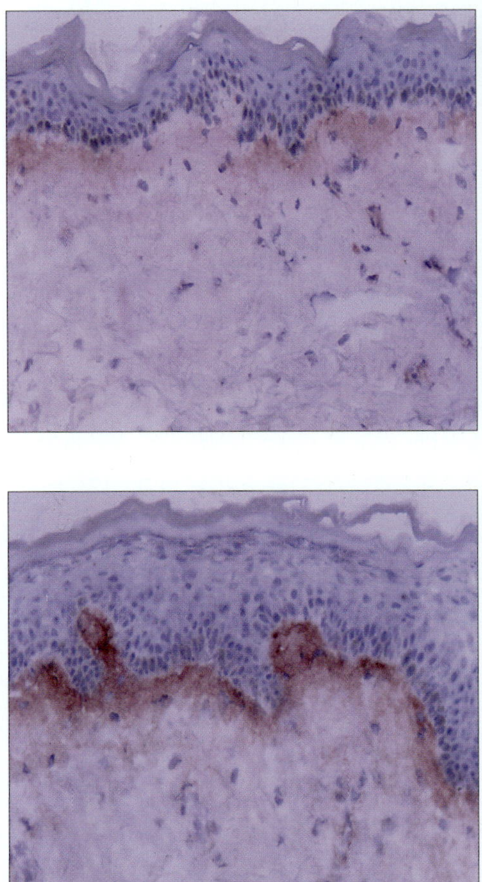

바르기 전

레티노익 산을 바른 후

그림 10-1. 레티노익 산 도포에 의한 콜라겐 합성 증가
할머니 엉덩이 피부에 레티노익 산을 2주간 바르면 콜라겐이 새로 많이 만들어지는 것을 확인할 수 있다. 새로 합성된 콜라겐은 붉은 색으로 염색된다.

(1) **레티노이드의 부작용 증상**: 가장 흔한 부작용 증상은 다음과 같은 피부 자극 증상이다.

- 피부가 허옇게 일어나면서 껍질이 벗겨진다.
- 피부가 붉어진다.
- 따끔거리고, 화끈거리며 간혹 쓰라린 느낌을 준다.

이러한 부작용 때문에 이 약은 현재 많이 사용되지 못하고 있으며 아주 낮은 농도로만 사용되고 있다.

4) 레티노익 산의 농도에 따른 효과

레티노익 산이 콜라겐 발현을 증가시키는 효과를 보이면서 주름살을 없애 주는 효능이 있지만 적절한 농도를 사용하는 것이 그 효능을 유지하는데 매우 중요하다.

앞서 언급한 것처럼 높은 농도의 레티노익 산을 바르면 자극이 발생한다. 레티노익 산에 의하여 자극을 받으면 피부에는 염증세포가 모이며,(그림 10-2) 염증세포는 콜라겐을 분해하는 효소인 MMP를 비롯한 여러 효소를 분비한다. 따라서 레티노익 산이 콜라겐을 많이 합성하더라도 피부에 염증이 심하면 새로 만들어진 콜라겐이 MMP 효소에 의하여 바로 분해되어 표피와 진피가 만나는 부위에 모일 수가 없게 되며, 새로운 콜라겐섬유를 만드는데 이용이 되지 못하게 된다. 따라서 레티노익 산을 얼굴에 바를 때는 피부에 염증이 생기지 않도록 자극이 없는 농도로 일정한 간격을 두고 바르는 것이 가장 효과가 좋다.

그림 10-3에서 보듯이 매일 레티노익 산을 바를 경우에는 자극이 없는 0.01% 농도를 바르는 경우에만 8주째까지 표피와 진피가 만나는 부위에 붉은 색으로 염색되는 콜라겐이 증가하는 것을 볼 수 있다. 이 콜라겐이 여기에서 새로운 콜라겐섬유를 만들어 손상된 진피를 재생시키게 된다. 그러나 피부에 자극과 염증을 유발하는 농도인 0.025%와 0.05%에서는 2주까지는 콜라겐의 양이 증가하지만, 피부의 염증이 심해지는 4주 이후부터는 오히려 표피와 진피가 만나는 부위에서의 콜라겐 양이 감소되는 것을 확인할 수 있다. 즉, 염증세포에서 분비한 MMP 효소가 새로 만든 콜라겐을 분해하기 때문이다. 따라서 고농도의 레티노익 산을 얼굴에 바를 경우에는 자극이 생기지 않도록 바르는 것이 좋다.

레티노익 산은 콜라겐섬유를 재생시키는 작용과 더불어 망가진 탄력섬유

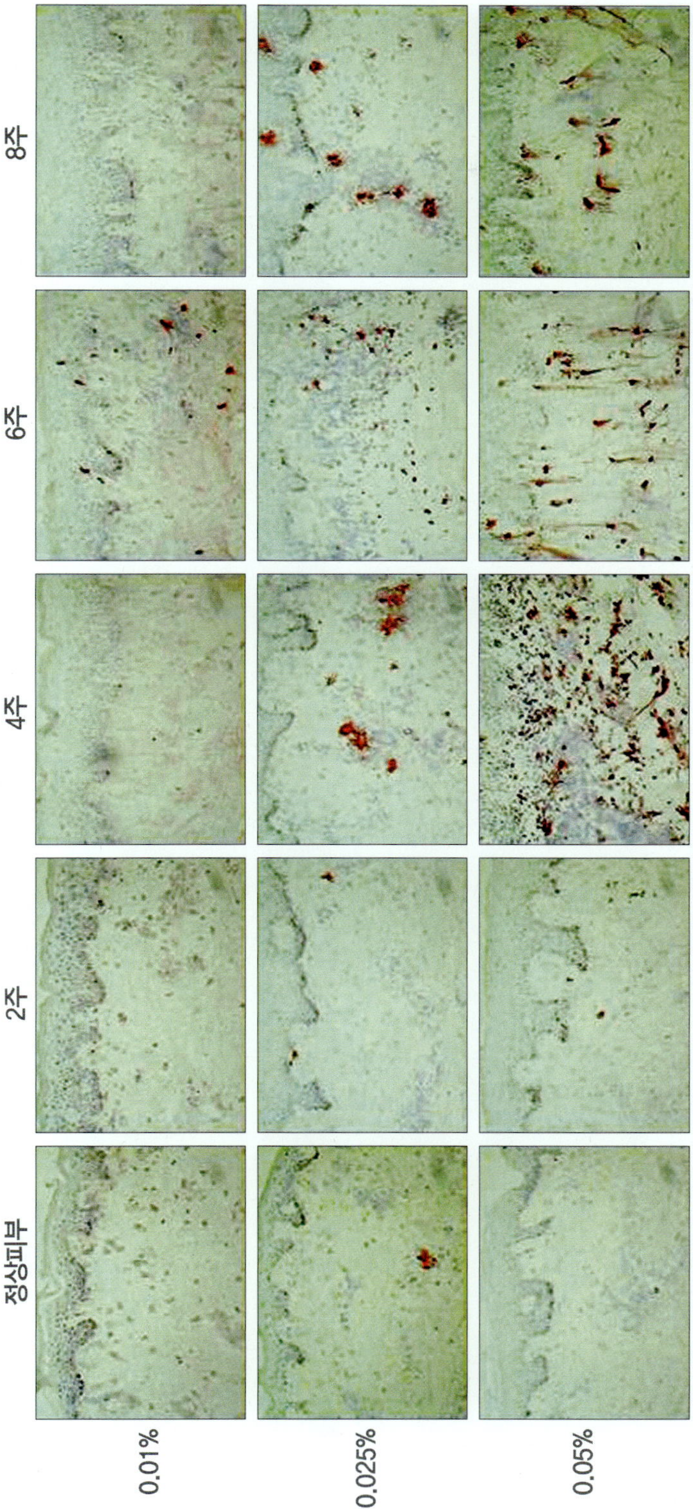

그림 10-2. 높은 농도의 레티노익 산을 바르면 염증이 발생한다.

정상인 사람의 엉덩이 피부에 레티노익 산을 바르면 피부가 붉어지고 염증이 생긴다. 사람에 따라 차이가 있지만 0.025% 내지 0.05% 농도를 바르면 4주 후부터 심한 염증이 생기며, 그때 피부에 염증세포가 많이 모이게 된다. 옆 사진은 염증세포 중 호중구에서만 분비하는 탄력섬유 분해효소인 elastase (Neutrophil Elastase)를 빨갛게 염색한 것이다. 0.025%와 0.05%를 바른 후 4주 후부터 호중구 수가 많이 존재하고, 효소의 양도 많이 분비된 것을 볼 수 있다.

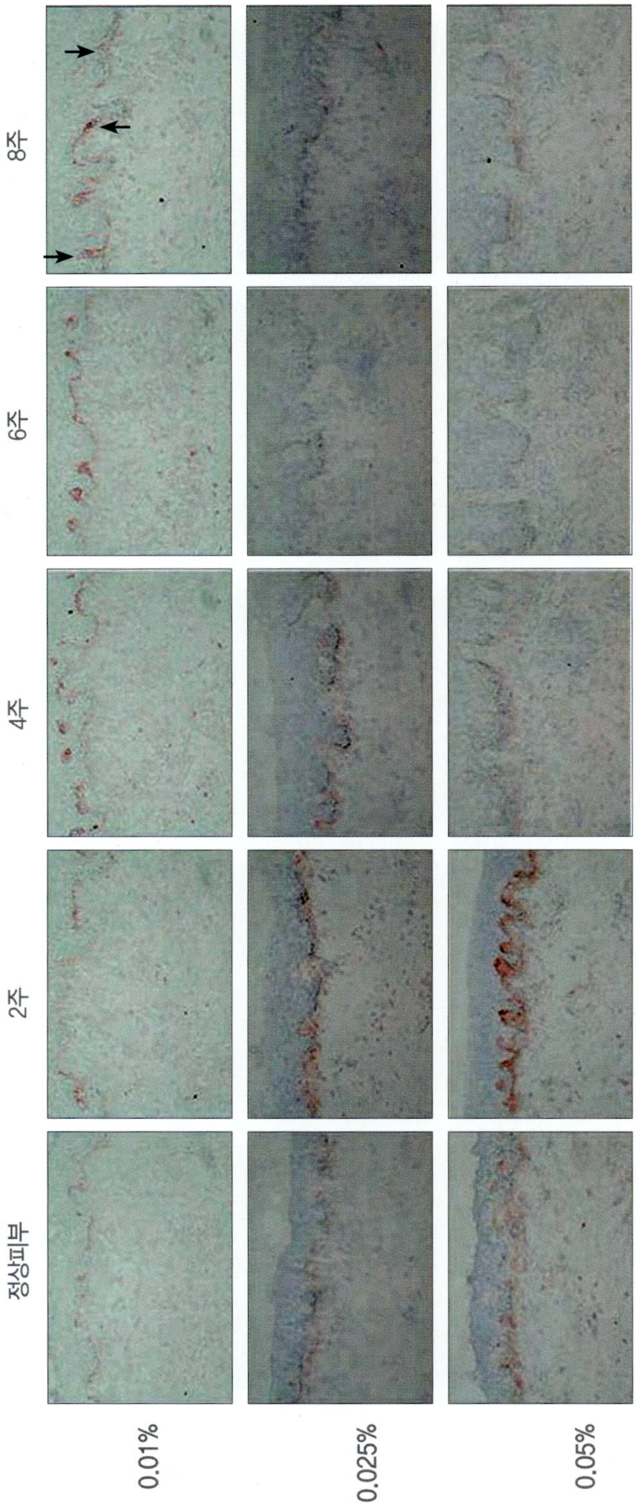

그림 10-3. 레티노익 산을 바르면 콜라겐 합성이 증가한다

피부에 염증을 일으키지 않는 농도인 0.01%를 바를 경우에만 8주 후 까지 계속해서 새로운 콜라겐이 형성되는 것을 알 수 있다. 빨갛게 염색된 것(화살표)이 새로 만들어진 콜라겐이다. 그러나 피부에 염증세포가 많이 모였던 0.025%와 0.05%를 바른 부위에서 4주 후부터는 새로 만들어진 콜라겐을 볼 수 없다.

를 재생시키는 효과도 있다. 그림 8-9와 그림 8-10에서 보듯이 망가졌던 탄력섬유가 레티노익 산을 바르면 다시 생기는 것을 볼 수 있다. 레티노익 산이 탄력섬유를 재생하는 효과는 0.025%와 0.05% 농도를 바를 경우에 2주 후부터 관찰된다. 그러나 0.01% 농도에서는 8주를 발라도 탄력섬유를 재생하는 효과가 관찰되지 않았다. 따라서 콜라겐섬유와 탄력섬유의 재생시키는 효과를 모두 얻기 위해서는 최소 0.025% 농도의 레티노익 산을 바르는 것이 좋다. 그러나 이 농도에서는 피부에 염증이 생길 가능성이 높기 때문에 피부에 염증이 생기지 않도록 바르는 횟수를 개인적으로 자신의 피부에 맞게 조절하는 것이 좋다.

그림 8-9
(121 p. 참조)
그림 8-10
(121 p. 참조)

5) 레티노익 산의 주름살 예방 효과

레티노익 산은 이미 생겨 있는 주름살을 치료하는 효과 외에도 앞으로 생길 주름살을 예방하는 효과도 있다. 따라서 젊었을 때부터 레티노익 산을 자극이 없는 농도와 횟수로 바르면 일상생활에서 받는 자외선에 의한 주름살 발생을 억제할 수 있다. 아침에 외출하기 전에 자외선 차단제를 매일 발라서 자외선으로부터 피부를 보호하고, 저녁에 레티노익 산을 바르면 자외선에 의하여 손상받은 피부를 재생시켜 줌으로써 피부노화를 매우 효과적으로 예방할 수 있다.

6) 레티노익 산 바르는 법

레티노익 산을 바르기 위해서는 전문의약품이기 때문에 의사에게 처방을 받아 약국에서 구입하여야 한다. 레티노익 산은 피부에 심한 자극이 생길 수 있기 때문에 주의해서 사용하여야 한다. 농도가 0.025% 이상 되는 것을 사용한다. 이보다 낮은 농도에서는 효과가 현저히 낮다. 레티노익 산은 햇빛을 받으면 화학 구조가 변하여 효과가 없어지기 때문에 밤에 잠자리에 들기 전에만 바르는 것이 좋으며, 낮에 바르고 외출하는 것은 삼가는 것이 좋다.

손가락 한 마디에 덮을 정도로 짜서 얼굴 전체에 바른다. 한 번 더 짜서 목과 손등에도 바른다. 자극이 심한 약제이므로 다음과 같이 적응하는 기간이 필요하다. 처음 바르는 사람들은 1주일에 한 번씩만 한 달간 바른다. 그 다음 달에는 1주에 2회로 늘려서 한 달간 바른다. 셋째 달에는 1주일에 세 번 격일로 바른다. 이 단계에서 부작용이 발생하면 다시 주 2회로 줄인다. 만약 중간에 피부 껍질이 벗겨지고 쓰라리다면 며칠 쉬었다가 바르도록 한다.

최소 6개월 이상은 발라야 주름개선 효과를 관찰할 수 있다. 무엇인가를 발라서 단시간 내에 주름살을 없앨 수는 없다. 피부 속부터 젊어지게 만들어야 하므로 시간이 많이 걸린다.

7) 레티놀의 효과

레티노익 산은 약이기 때문에 화장품 소재로 사용할 수 없다. 따라서 화장품에는 레티놀(비타민 A)를 사용한다. 레티놀은 세포에 흡수되면 바로 레티노익 산으로 변화하게 된다. 레티놀을 피부에 바르면 피부세포에 흡수된 후 레니노익 산이 만들어지기 때문에 레티노익 산을 바르는 것과 똑같은 효과를 볼 수 있다. 그러나 레티놀과 레티노익 산의 생물학적 효과의 차이는 레티놀의 효능이 1이라면 레니노익 산은 10으로 10배 정도 세다. 다시 말하면 레니놀 0.1%의 효과와 레티노익 산 0.01%의 효과가 동일하다는 의미이다.

우리나라에서 만드는 대부분의 주름 개선용 화장품에는 레티놀이 들어가 있다. 레티놀도 레티노익 산과 마찬가지로 고농도로 바르면 피부에 자극을 준다. 만약 화장품을 바른 후에 피부 껍질이 허옇게 일어나거나 자극이 생긴다면 그 화장품은 팔리지 않을 것이다. 따라서 화장품에 들어가 있는 레티놀의 농도는 피부자극을 거의 유발하지 않을 정도의 낮은 농도를 유지하고 있다. 그러나 레티놀 농도를 너무 적게 넣으면 화장품을 바른 후 부작용은 생기지 않겠지만, 주름살 개선 효과도 없어지며, 시중에 나와 있는 레티놀 함유 화장품들이 큰 효과가 없는 이유이다.

8) 임신 중 레티노익 산 도포의 위험성

레티노익 산은 바르는 약 말고도 먹는 약으로 여러 가지 피부질환을 치료하기 위하여 사용되는 약성분이다. 먹는 약의 경우에는 피부에 자극을 주는 부작용 외에도 여러 가지 심각한 부작용이 잘 알려져 있다. 특히, 임신 중에 복용하면 태아에 기형을 유발할 수 있는 위험성이 있다. 이런 사실을 아는 많은 분들이 임신 중에 국소적으로 레티노익 산을 바르면 피부를 통하여 흡수된 약물이 태아에 기형을 유발하지 않을까 걱정을 하시는 분이 많이 있다. 그러나 과학적으로 임신 중 도포하여도 위험성이 없는 것으로 확인되고 있다.

3. 레티노이드의 미백 효과

1) 멜라닌색소 합성 억제 효과

레티노익 산은 피부에서 멜라닌색소의 양을 감소시키는 효능이 잘 알려져 있다.(그림 10-4) 레티노익 산을 계속적으로 바르면 얼굴 등 노출 부위의 피부 색깔이 진해지는 것을 막을 수 있으며, 이미 진해진 피부색도 희게 만들 수 있다.

2) 색소성 피부질환 치료 및 예방 효과

레티노익 산은 기미, 주근깨, 흑자와 같은 색소성 반점에서도 바르면 멜라닌색소를 감소시키는 효과가 있다. 또한 자외선을 피부에 쪼이면 2~3일 후에 멜라닌세포의 수와 기능이 증가하며, 멜라닌색소를 많이 만들게 되며, 피부가 갈색으로 진해진다. 그러나 자외선을 쪼이기 전에 레티노익 산을 피부에 발라주면 자외선에 의한 멜라닌세포 수와 기능의 증가를 상당히 줄여 줄 수가 있다.(그림 10-5) 즉, 피부에 규칙적으로 레티노익 산을 바르면 자외선에 의하여 피부색이 검게 변하는 것을 막아주고 색소성 질환의 발생도 예방할 수 있다.

바르기 전

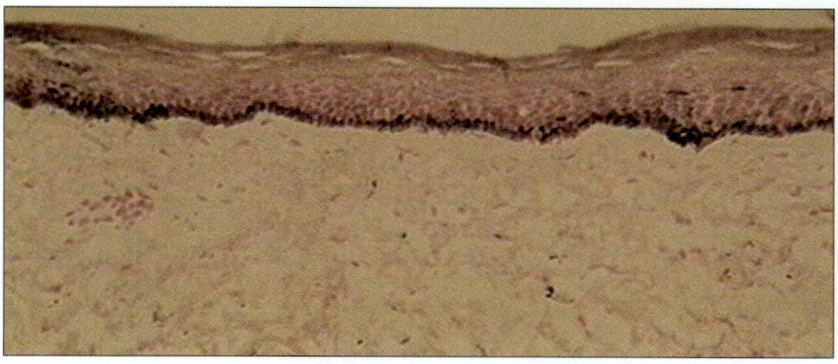

레티노익 산을 바른 후

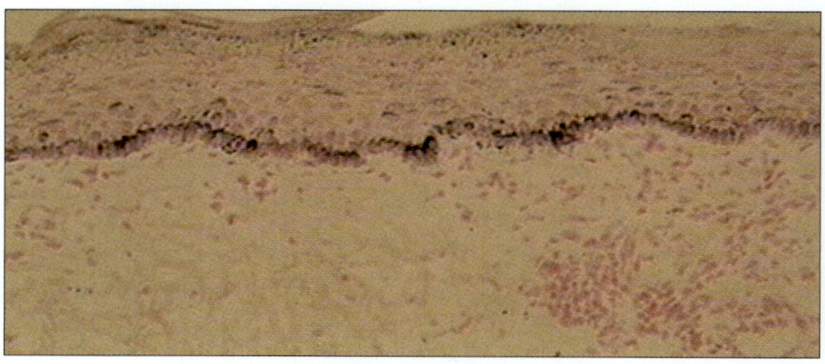

그림 10-4. 레티노익 산 도포에 의한 멜라닌색소의 감소

노인의 팔에 레티노익 산을 2주간 도포한 후에 바르기 전과 비교하면 멜라닌색소의 양이 감소한 것을 확인할 수 있다.

그림 10-5. 레티노익 산의 멜라닌색소 예방효과

자외선을 쪼이기 전에 레티노익 산을 피부에 발라주면 자외선에 의한 멜라닌세포 수와 기능의 증가를 예방할 수 있다. 자외선을 조사하면 멜라닌세포의 수와 멜라닌을 만드는 능력이 증가하지만, 레티노익 산을 바르면 자외선만을 조사한 경우보다 줄어드는 것을 볼 수 있다.

정상 피부

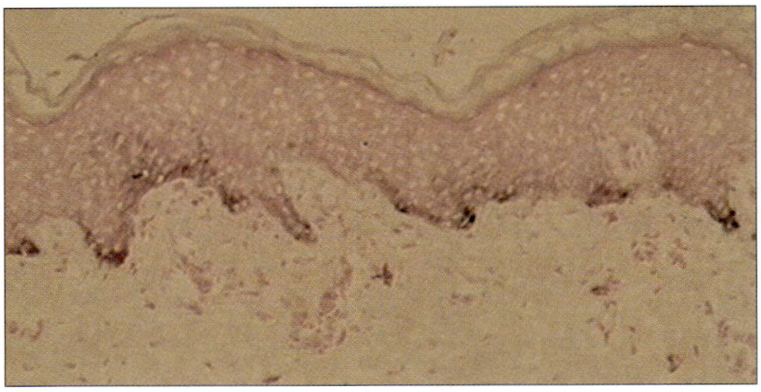

자외선을 조사한 피부

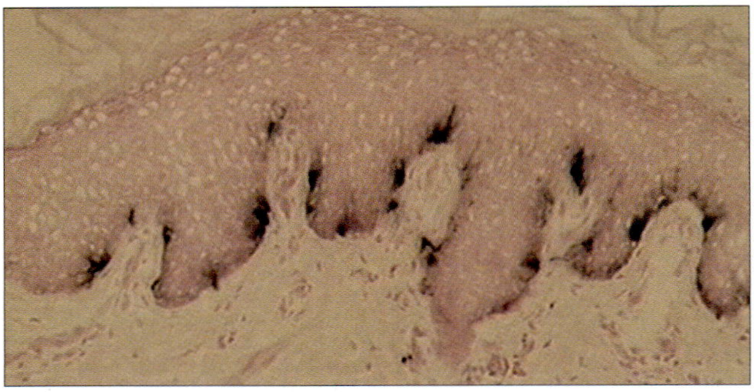

레티노익 산을 바르고 자외선을 조사한 피부

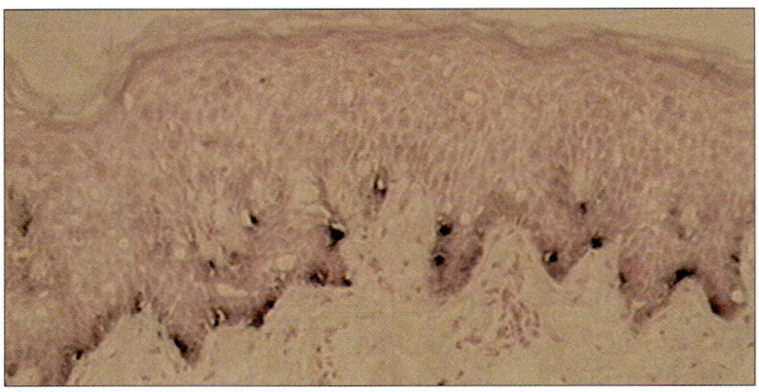

4. 레티노이드의 피부 혈관 증식 효과

레티노익 산을 바르면 진피 내 혈관이 증가한다. 레티노익 산을 오래 바른 노인의 피부는 혈색이 좋아지고 피부의 기능이 좋아진다. 레티노익 산을 바르면 노화된 피부에서 감소되어 있는 혈액 공급량이 다시 증가하게 되며, 피부에 영양분이 충분히 공급되고 상처치유 능력도 개선된다. 이와 같은 혈관 증식 효과를 보이는 이유는 다음과 같다.

1. 레티노익 산이 피부세포에서 '혈관세포 성장인자' 합성을 증가시켜 직접적으로 혈관세포의 성장을 촉진함으로써 새로운 혈관을 형성시킨다.
2. 레티노익 산이 혈관이 놓여 있는 주위 환경을 좋게 만드는 작용을 한다. 레티노익 산은 노인피부에서 새로운 콜라겐의 합성을 증가시켜 콜라겐섬유를 재생하는 효과가 있으며, 탄력섬유도 재생시키는 효과가 있다. 콜라겐섬유 등 피부의 기질 단백질이 젊은 피부 수준으로 개선되면, 혈관을 지지해 주는 주위 환경이 좋아지며, 새로 만들어진 혈관이 주위 조직의 지지를 확실히 받으면서 젊은 피부에서처럼 정상적인 혈관 분포를 이룰 수 있게 된다.

Ⅲ. 녹차 추출물

1. 녹차 추출물의 주 성분인 EGCG

녹차에는 '카테친(cathechin)'이라는 성분이 들어 있으며 카테친 성분 중에서 EGCG (epigallocatechin gallate)가 주성분이다. EGCG 성분은 강력한 항산화 물질이다.

2. 녹차 추출물의 자외선에 의한 손상 억제 효능

녹차의 주성분인 EGCG가 자외선에 의한 피부 손상을 효과적으로 막아준다.

(1) **화상 예방효과:** 햇빛을 많이 쪼이면 피부는 화상을 입게 되는데 EGCG 용액이 화상을 예방하는 효과가 있다.

(2) **DNA 손상 및 피부암 억제효과:** 자외선을 조사한 부위에서 발생하는 DNA 손상을 EGCG가 효과적으로 예방함으로써 자외선에 의한 피부암 발생을 감소시키는 효과가 있다.

(3) **멜라닌색소 합성 억제효과:** 자외선을 쪼인 피부는 피부에 멜라닌색소가 많아지기 때문에 피부가 검게 변하고, 심한 경우에는 기미, 주근깨 등의 색소성 피부질환이 발생한다. 그러나 녹차의 주성분인 EGCG는 멜라닌 세포에서 멜라닌색소의 합성을 억제한다. 따라서 EGCG 성분을 사람 피부에 바르면 자외선에 의한 색소침착을 예방할 수 있다.(그림 10-6)

(4) **면역억제 예방효과:** 자외선은 피부의 랑게르한스세포의 수를 감소시켜 피부의 면역 기능을 감소시켜서 여러 가지 피부질환을 유발하게 된다. 자외선을 쪼이기 전에 EGCG를 사람 피부에 바르면 자외선에 의한 랑게르한스세포의 감소를 효과적으로 예방할 수 있다.

녹차의 주성분인 EGCG는 자외선에 의한 여러 가지 피부 손상을 효과적으로 예방해 주기 때문에 피부에 계속해서 사용하면 피부를 건강하고, 젊게 유지하는데 많은 도움을 줄 수 있는 물질이다.

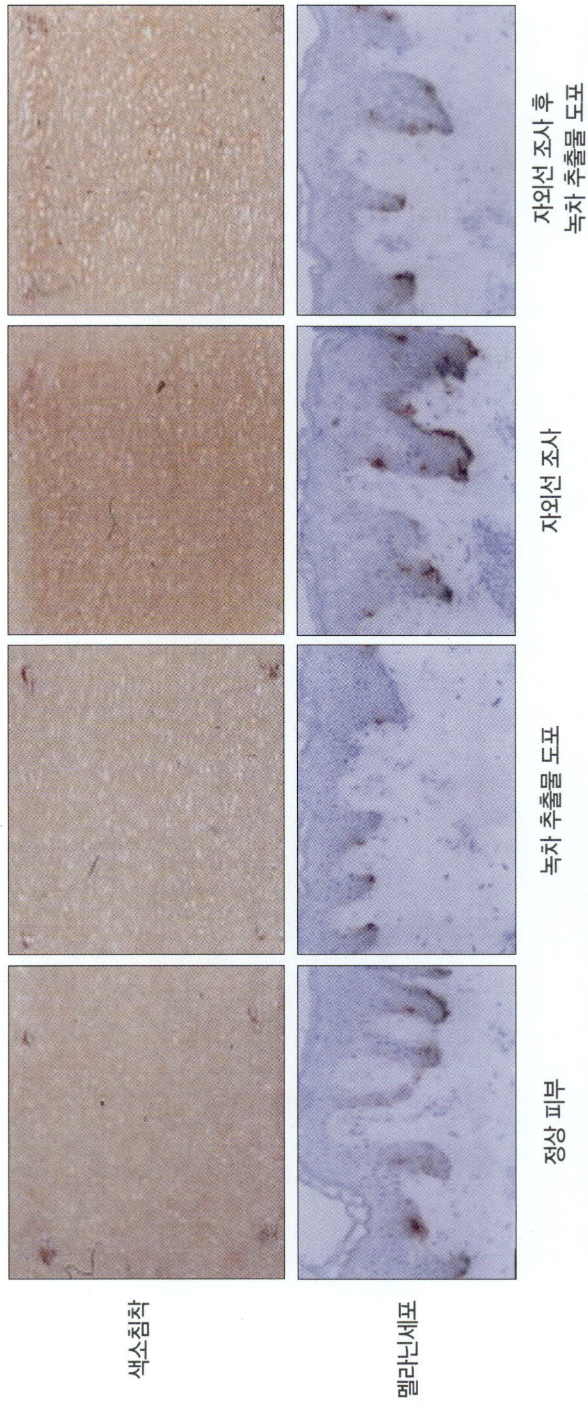

그림 10-6. 녹차 추출물의 멜라닌색소 예방효과

사람 피부에 자외선을 조사한 후 멜라닌색소가 침착되는 것을 녹차 추출물이 예방할 수 있음을 보여주고 있다. 자외선을 조사하면 멜라닌세포의 수와 멜라닌을 만드는 능력이 증가하지만, 녹차 추출물을 바르면 멜라닌세포의 활성을 억제할 수 있다.

3. 녹차 추출물의 피부노화 억제효과

노인피부에 녹차 성분인 EGCG를 장기적으로 바르면 피부의 콜라겐의 합성을 증가시켜 주름살을 개선할 수 있다.

(1) **콜라겐 합성 증가**: EGCG가 노인에서 감소되어 있는 콜라겐의 합성을 효과적으로 증가시킨다.

(2) **MMP 합성 억제**: EGCG가 노인피부에서 증가되어 있는 MMP 효소의 발현도 감소시키는 효과가 있다.

(3) **주름살 개선 효과**: 녹차의 주성분인 EGCG를 6개월 이상 노인의 피부에 바르는 경우 주름개선 효과가 있다.

(4) **미백효과**: 피부에서의 멜라닌세포의 기능을 억제하여 노인의 얼굴 피부색을 밝게 한다.

(5) **각질형성세포 성장촉진 효과**: 노인피부의 각질형성세포의 성장을 촉진시켜서, 노인 표피의 두께를 증가시킨다.(그림 10-7)

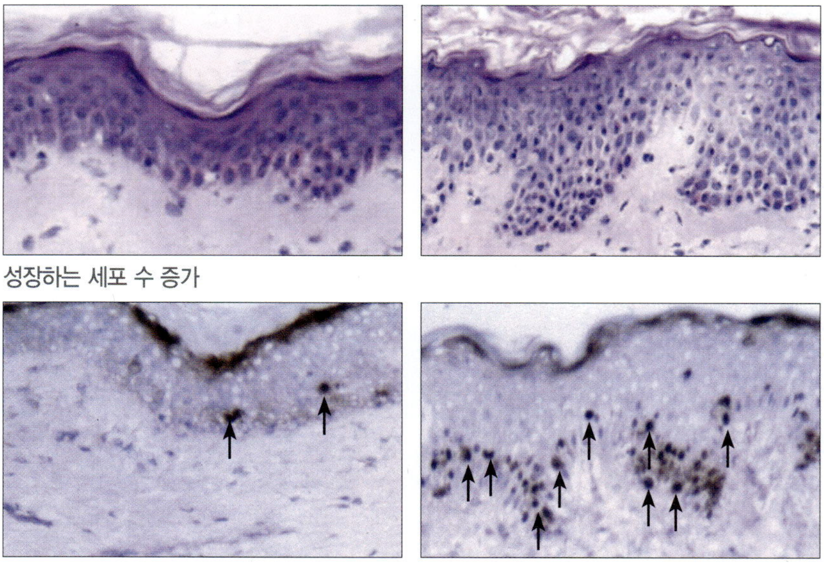

그림 10-7. 녹차 추출물의 노인피부세포 성장촉진 효과

노인의 피부에 녹차 추출물을 바르면 표피에 존재하는 각질형성세포의 성장이 촉진되며, 그 결과 표피의 두께가 증가하여 젊은 피부의 두께로 변한다. 분열하는 세포를 특수염색하여 화살표로 표시하였다.

4. 녹차 추출물의 주성분인 EGCG는 쉽게 산화된다.

EGCG 성분을 화장품이나 바르는 약 성분으로 사용하기는 쉽지 않다. 그 이유는 EGCG 성분이 강력한 항산화물질이기 때문에 쉽게 주위에 존재하는 활성산소를 제거하고 자신은 쉽게 산화되기 때문이다. 따라서 EGCG는 매우 불안정한 물질이며 쉽게 산화되어 효과를 잃어버리게 되고, 색깔도 변하기 때문에 화장품의 원료로 사용하기 어렵다. 그러나 하루에 여러 잔 녹차를 우려낸 후 바로 먹으면 혈중의 EGCG 농도가 높아지고 피부에 작용하기 때문에 자외선에 의한 손상을 막아주고, 피부노화 예방에 도움이 된다.

IV. 피부염증 억제제

1. 피부염증반응이 피부노화를 촉진

피부에 염증을 유발하는 모든 자극들은 결국에는 피부의 노화 현상을 촉진한다. 세포들은 외부로부터 자극을 받으면 세포막을 구성하는 지질 성분으로부터 염증을 유발하는 물질을 합성한다. 이 물질들은 세포 밖으로 분비되어 염증을 유발한다. 지질에서 유래된 대표적인 염증유발 물질이 프로스타글란딘(prostaglandin)이란 물질들이다. 프로스타글란딘은 염증을 유발하는 강력한 작용을 가지고 있다.

2. 프로스타글란딘의 기능

프로스타글란딘 계통의 물질들은 혈관세포에 작용하여 혈관을 확장시키고 혈관세포 사이를 넓혀 혈관벽을 매우 느슨하게 만들게 된다. 느슨해진 혈관벽을 통하여 염증세포들이 혈관을 빠져 나와 자극을 받은 부위로 모이게 된다. 이런 효과 때문에 염증이 있는 부위의 피부는 붉게 보이고 피부조직이 붓는 증상이 발생한다. 붉게 보이는 것은 혈관이 확장되어 피가 더 많이 모여 붉은색이 짙어지기 때문이며, 붓는 증상은 염증세포가 모이고 혈관에서 염증세포와 동시에 수분이 많이 조직 내로 흘러나와 부종이 생기기 때문이다.

자극을 받은 피부에 모인 염증세포들은 다양한 효소들을 분비하여 피부조직을 손상시키게 된다. 또한 혈중에 프로스타글란딘 계통의 물질들이 많아지면 체온의 상승을 초래한다. 예를 들면 해변에서 하루 종일 자외선을 심하게 받으면 피부세포가 프로스타글란딘을 합성하며 피부와 혈중 내에 이 물질의 농도가 높아지게 된다. 그 결과 피부에는 심한 염증이 발생되며 전신적으로 체온이 높아지기도 한다. 프로스타글란딘의 종류에는 여러 가지가 있으며 그 중에 대표적인 것이 프로스타글란딘 E2 (PGE2)이다.

3. 프로스타글란딘 합성 효소인 싸이클로옥시게네이즈

이와 같이 염증을 유발하는 물질인 프로스타글란딘을 세포막 지질 성분으로부터 형성하는데 '싸이클로옥시게네이즈(cyclooxygenase, COX-2)'라는 효소가 중요한 역할을 한다.(그림 10-8)

이 효소는 세포막을 구성하는 지질 성분으로부터 프로스타글란딘을 합성하는 작용을 한다. 평소에는 이 효소가 거의 존재하고 있지 않지만 외부로부터 자극을 받은 세포에서는 이 효소의 양이 증가하게 된다.

증가된 COX-2 효소는 세포막에 존재하는 지질을 이용하여 프로스타글란딘을 비롯한 여러 염증을 유발하는 물질들을 합성한다. COX-2 효소의 작용을 억제하면 프로스타글란딘의 합성이 억제되기 때문에 염증이나 발열반응이 생기지 않는다. 현재 임상적으로 관절염을 비롯한 염증질환 치료제나 감기에 걸렸을 때 복용하는 해열제로 많이 사용하고 있는 약제들이 이 효소를 억제하는 약제들이다.

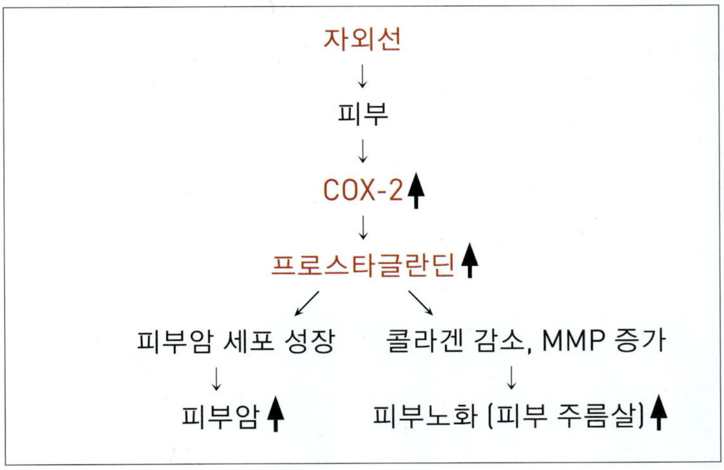

그림 10-8. 프로스타글란딘 합성 과정 및 기능

4. 피부 주름살 형성에서 COX-2 효소의 역할

자외선을 피부에 쪼이면 세포 내에서 COX-2 효소의 양이 증가하며, 그 결과 세포막을 구성하는 지질 성분에서부터 PGE2를 비롯한 프로스타글란딘 계통의 물질의 합성이 증가한다. PGE2는 혈관에 작용하고 염증을 유발하게 된다.

또한 PGE2는 그 자체가 콜라겐의 합성을 억제하며, MMP 효소의 합성을 증가시키는 작용도 있다. 즉, 자외선이 피부의 주름살을 유발하는데 있어서 COX-2 효소와 PGE2의 역할이 상당히 중요하다. 실험적으로 생쥐 피부에 자외선을 10주 동안 조사하면서 COX-2 효소 작용을 억제하는 약제를 복용시키면 피부 주름살 형성을 억제할 수 있다.(그림 10-9) 즉, 자외선에 의해 유발되는 염증반응이 피부 주름살 형성에 중요한 역할을 하고 있는 것이다.

5. 자외선에 의한 피부암 발생에서의 COX-2 효소 역할

COX-2 억제제는 염증을 예방하는 효과 외에도 자외선에 의한 피부암도 억제한다고 알려져 있다.

1) 발암과정

인체에서 암이 생길 때는 두 단계의 발암과정을 거치게 된다.

첫 단계는 암세포가 발생되는 단계인데 여러 가지 발암물질에 의하여 DNA가 손상을 받아 암세포가 처음으로 발생되는 단계이다. 이 단계에는 발암 화학물질이나 자외선 등과 같은 암을 유발하는 자극이 필요하다.

두 번째 단계는 암세포가 성장하는 단계이다. 암세포가 성장하기 위해서는 암세포가 성장할 수 있는 환경이 유지되어야 한다. 이 단계에서는 암세포

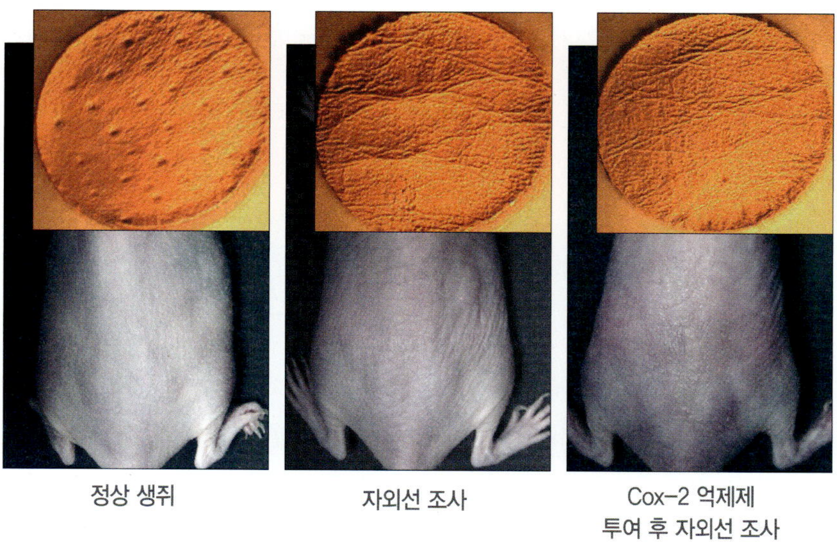

정상 생쥐 / 자외선 조사 / Cox-2 억제제 투여 후 자외선 조사

그림 10-9. COX-2 효소 억제제의 자외선에 의한 피부 주름살 예방 효과

생쥐 피부에 자외선을 쪼이면 주름이 형성된다. COX-2 효소의 작용을 억제하면 주름살 형성을 예방할 수 있다.

주위의 염증반응이 암세포의 성장에 꼭 필요하다고 알려져 있다. 즉, 다양한 염증 유발물질들이 암세포의 성장을 촉진한다. COX-2 효소는 조직에서 염증을 유발하는 작용을 하며, 이러한 염증반응이 암세포의 성장을 돕고 있다.

2) COX-2 억제제의 피부암 억제효과

COX-2 효소 억제 약물이 피부암의 발생을 억제할 수 있음이 입증되었다. 무모 생쥐 피부에 자외선을 15주 이상 쪼여주면 생쥐 피부에 자외선에 의한 피부암이 발생된다. 실험적으로 생쥐에 자외선을 조사하는 기간 내내 COX-2 억제제를 동시에 복용시키면 자외선에 의한 피부암의 발생을 유의하게 감소시킬 수 있다. 즉, 피부의 염증을 줄여주면 피부의 노화 현상과 더불어 피부암의 발생을 억제시킬 수 있는 것이다.

6. 노인피부에서의 COX-2 발현 증가

젊은 피부와 노화된 노인피부에서 COX-2 발현을 비교하여 보면 노화된 피부세포에서 그 발현이 항상 증가되어 있다. 노화된 세포에서는 증가된 COX-2 효소의 작용으로 인하여 염증을 유도하는 PGE2와 같은 물질들이 항상 많이 만들어지며, 그 결과로 인하여 노인피부에서는 항상 경미한 염증반응이 존재한다. 특히 자외선에 의하여 항상 노출되고 있는 노인의 노출 부위 피부에서는 이러한 경향이 두드러진다. 이와 같은 노출 부위의 노인피부에 항상 존재하는 염증반응을 dermatoheliosis라고 한다. 따라서 피부의 염증을 줄여주면 자외선에 의한 피부 손상을 예방하고, 피부암의 발생도 억제할 수 있으며, 피부를 더욱 건강하고 젊게 만들 수 있다.

피부에 발생하는 염증은 피부 손상을 초래하게 된다. 따라서 피부에 염증을 초래할 수 있는 자극들은 피하는 것이 좋다. 예를 들어 햇빛을 많이 쪼이거나, 목욕을 심하게 하는 등 피부에 염증을 초래할 수 있는 자극들은 피하는 것이 좋다. 특히 피부관리를 받거나, 피부에 미용시술을 받는 경우에는 항상 염증이 유발되기 때문에 조심해야 하며, 피부관리나 미용시술의 효과가 시술 후에 발생하는 피부염증반응에 의한 손상보다 득이 될 때에만 시행하는 것이 좋다.

7. 항염증제의 효과

COX-2 효소의 기능을 억제하는 물질은 피부의 염증을 억제함으로써 자외선에 의한 피부노화 현상을 효과적으로 억제할 수 있다. COX-2 효소를 억제하는 물질들은 소염, 진통제의 주성분으로 최근에 임상적으로 많이 이용하고 있다. 그러나 이들 소염진통제를 피부노화를 예방하기 위해서 장기간 복용해서는 안 된다. 실험적으로 피부염증이 피부노화와 피부암을 유발한다는 사실을 증명하기 위해 소염진통제를 사용하여 효과가 있다는 것을 증명한 것이며, 장기적으로 복용하는 경우에는 여러 부작용이 있을 수 있기 때문이다.

V. 항산화 물질과 항산화 효소

우리 몸은 외부로부터 오는 산화적 손상을 항상 받고 있으며 이러한 산화적 손상에 대처하기 위한 효율적인 항산화 방어시스템을 잘 갖추고 있다.

1. 산화-환원 반응

산화적 손상을 잘 이해하기 위해서는 화학 반응인 산화-환원 반응을 이해하여야 한다.

1) 산화 반응

산화 반응이란 분자가 전자를 잃어버리는 반응을 말한다. 산화적 손상은 외부의 자극으로 인하여 단백질, 지질 그리고 DNA를 구성하는 분자들이 전자를 잃게 되는 손상이다. 세포를 구성하는 단백질, 지질, 그리고 DNA 등이 전자를 잃게 되면 기능을 제대로 수행하지 못하게 되며, 이런 손상이 계속적으로 반복되어 축적되면 그 결과로서 노화와 암이 발생하게 된다.

2) 환원 반응

산화 반응과는 반대로 전자를 얻는 반응을 말한다.

2. 항산화 효소

우리 몸에는 활성 산소를 없애는 항산화 효소가 존재한다. 4가지 대표적인 항산화 효소가 있는데 다음과 같다. 이들 효소는 활성 산소가 생성되면 즉시 이들을 제거하는 역할을 한다.(그림 9-2)

그림 9-2
(144 p. 참조)

1. 과산소 디스뮤테이스(superoxide dismutase, SOD)
2. 카탈레이스(catalase)
3. 글루타티온 과산화 효소(glutathione peroxidase)
4. 글루타티온 환원효소(glutathione reductase)

카탈레이스는 H_2O_2 (과산화수소)를 없애는 기능이 있다. H_2O_2는 활성 산소의 일종으로 O_2^-(과산소)로부터 과산소 디스뮤테이스(SOD)라는 효소에 의하여 H_2O_2로 변환된다. 그 후에 카탈레이스가 작용하여 활성 산소인 H_2O_2를 우리 몸에 전혀 해가 없는 물과 산소로 바꾸게 된다. 다시 말하면 O_2^-가 두 가지 항산화 효소에 의하여 물과 산소로 변환되는 것이다.(그림 9-2) 이처럼 우리 몸에는 잘 준비된 항산화 효소 시스템이 각종 활성 산소에 의한 산화적 손상을 최소화하기 위하여 활성 산소를 무해한 물과 산소로 바꾸는 기능을 수행하고 있다.

3. 항산화 물질: 비타민C와 비타민E

항산화 효소 외에도 3가지 대표적인 항산화 물질이 존재하는데 비타민C, 비타민E, 그리고 글루타티온(glutathione)이다. 이들 물질들도 활성 산소가 생성되면 자신이 먼저 산화됨으로써 세포를 구성하는 중요 성분이 산화되는 것을 막아준다. 산화된 비타민C와 비타민E, 그리고 글루타티온은 다시 환원되는 싸이클을 거쳐서 재사용이 가능한 상태가 된다. 따라서 비타민C나 비타민E를 많이 포함하는 과일이나 채소를 먹으면 그 양이 조직에 많아지게 되며 조직에서 활성 산소에 의한 손상을 막는 역할을 한다. 항산화 성분이 많이 든 음식을 섭취하는 것이 노화 예방과 자외선에 의한 피부 손상을 막는데 많은 도움을 줄 수 있다.

4. 피부노화에 따른 카탈레이스 감소에 따른 H_2O_2의 증가

세포가 노화가 되면 항산화 효소와 항산화 물질이 감소하게 된다. 실제로 나이가 들수록 이들의 활성이 감소하는 것이 잘 알려져 있다. 그렇게 되면 동일한 산화적 손상을 받아 활성 산소가 형성되더라도 노화된 조직에서는 활성 산소가 효과적으로 제거되지 못하기 때문에 노인 조직은 활성 산소에 의한 손상을 더 심하게 받게 된다.

카탈레이스 효소의 활성이 자연 노화된 피부에서는 젊은 피부에 비하여 30% 이상 떨어져 있다. 또한, 동일한 노인에서 관찰한 결과 광노화된 피부에서는 자연 노화된 피부보다도 20% 이상 더 감소된다. 그러나 다른 항산화 효소인 과산소 디스뮤테이스, 글루타티온 과산화 효소, 그리고 글루타티온 환원효소 등의 활성은 자연 노화된 피부와 광노화된 피부 모두에서 젊은 사람과 비교하여 큰 차이가 없다. 따라서 대사 과정 중에 형성된 O_2^-는 SOD 효소에 의하여 바로 H_2O_2로 바뀌게 되나, 노인피부에서는 감소된 카탈레이스의 활성 때문에 H_2O_2가 물과 산소로 바뀌지 못하고 세포 내에 축적되게 된다.

실제로 노인의 피부세포와 젊은이의 피부세포를 배양한 후에 H_2O_2가 얼마나 축적되어 있는지를 비교해 보면, 노인의 피부세포에서는 젊은 피부세포에 비하여 훨씬 많은 양의 H_2O_2가 세포 내에 존재하는 것을 볼 수 있다.(그림 10-10) 또한, 같은 노인의 피부세포라도 자연 노화된 피부세포에 비하여 광노화된 피부세포에서 H_2O_2가 보다 많이 축적되어 있는 것을 볼 수 있다. 이는

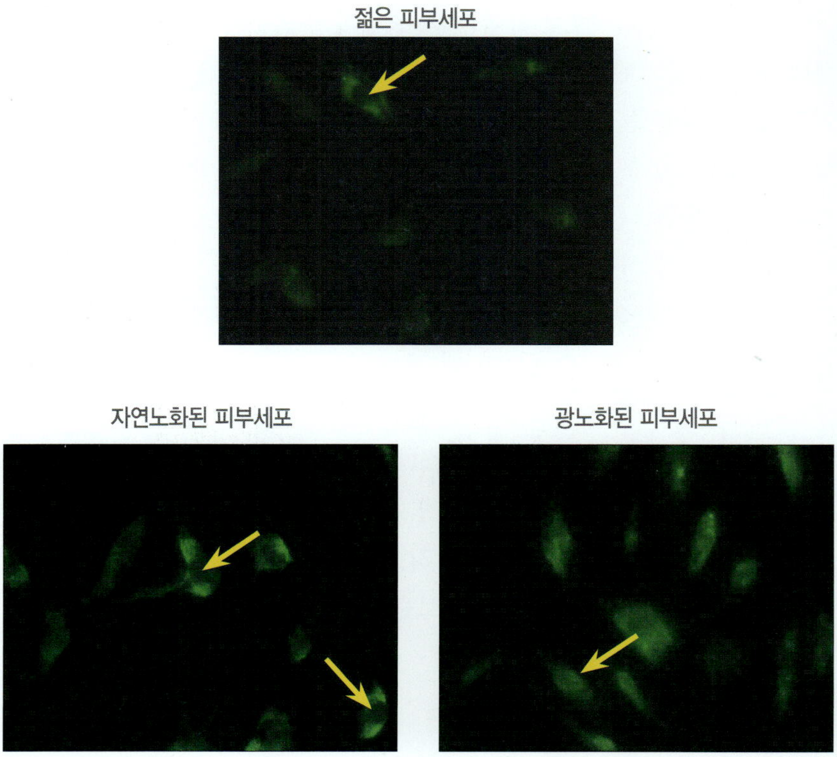

그림 10-10. 노화된 피부세포에서는 H_2O_2가 축적되어 있다

H_2O_2를 초록색으로 염색한 사진이다. 젊은 피부세포에 비하여 자연 노화된 세포에서 초록색이 더 강한 것을 볼 수 있다. 또한 자연 노화된 세포에 비하여 광노화된 세포에서 초록색이 더 강하게 염색된 것을 볼 수 있다. 화살표로 표시한 동그란 부위가 세포의 핵이다. 광노화된 세포에서만 핵이 초록색으로 염색된 것을 확인 할 수 있다. 핵 속에 H_2O_2가 축적된 것이다.

앞에서 설명한 것처럼 광노화된 피부에서 카탈레이스의 활성이 훨씬 더 감소되어 있기 때문인 것이다.

그림 10-10을 자세히 보면 더 흥미로운 차이를 관찰할 수 있는데 젊은 세포에 비하여 자연 노화된 피부세포에서는 주로 세포질에 H_2O_2가 축적되어 있지만, 광노화된 피부세포에서는 세포질과 핵 내에 모두 H_2O_2가 축적되어 있는 것을 관찰할 수 있다. 핵에는 DNA와 같이 중요한 물질들이 위치하기 때문에 광노화된 세포는 DNA 손상과 같은 더 심각한 산화적 손상을 받을 가능성이 높다고 할 수 있다.

5. H_2O_2에 의한 MMP 효소 증가와 콜라겐 감소

피부세포에 축적되는 H_2O_2는 세포 내에서 복잡한 반응을 시작한다. 세포는 외부 및 내부에서부터 오는 자극에 대하여 연속적으로 일련의 단백질들을 참여시켜 궁극적으로 세포가 필요한 반응을 한다. 이처럼 세포가 받은 외부자극 신호를 세포 내로 전달하고 필요한 반응을 유도시키는 복잡한 작용경로를 '신호전달 경로'라고 한다.

H_2O_2가 축적되면 세포로 하여금 MMP와 같은 효소의 발현을 증가시키게 한다. 그리고 증가된 MMP 효소는 피부의 구성 단백질들을 분해함으로써 장기적으로는 피부를 늙게 만든다. 또한 증가된 H_2O_2가 피부세포에서 콜라겐 합성을 감소시키게 된다. 따라서 카탈레이스의 감소로 인한 H_2O_2의 축적이 피부노화를 유발하는 중요 원인이다.(그림 10-11)

6. 항산화 효소 유사체의 효능

배양한 노인피부세포에 카탈레이스의 활성을 증가시켜 주면 노인 세포에 축적되어 있는 H_2O_2가 감소되며 그 결과 노인세포에서 증가되어 있는 MMP 효소도 감소된다. 즉, 노인피부에서 감소되어 있는 카탈레이스를 증가시키거나, 또는 외부에서 카탈레이스를 보충에 주면 피부노화를 예방하거나 억제할 수 있다.

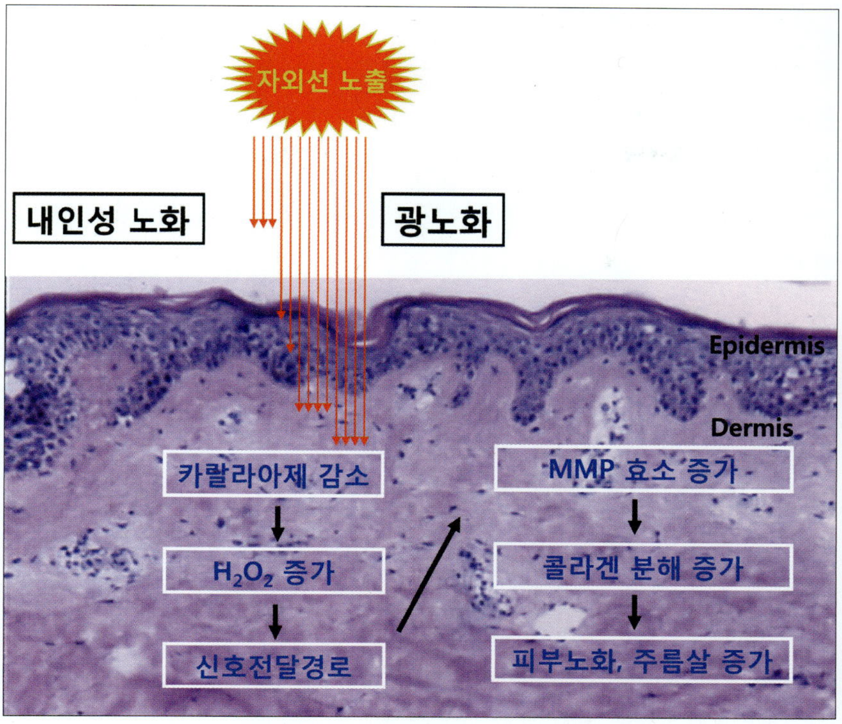

그림 10-11. MMP 증가와 콜라겐 감소의 기전

1) 항산화 효소 유사체의 개발

카탈레이스 효소는 크기가 피부를 통과할 수 있는 크기보다 훨씬 크며 물에 잘 녹는 수용성이다. 따라서 피부에 카탈레이스 효소를 직접 발라줘도 피부에 흡수되지 못하여 효과를 발휘할 수 없다. 또한 카탈레이스는 단백질이라서 열에 의하여 쉽게 변성되기 쉬울 뿐만 아니라 한 번 효소 반응을 매개한 후에는 효소활성을 잃어버려서 효능을 유지할 수 없다. 그렇기 때문에 카탈레이스 효소를 직접 피부에 바르는 방법은 실제적으로 이용하기 어렵다. 따라서 다른 방법이 필요한데 카탈레이스 효소와 유사한 효소 기능을 발휘할 수 있는 항산화 효소 유사체를 합성할 수 있다.

2) EUK-134라 부르는 항산화 효소 유사체

현재까지 합성된 효소 유사체 중에서 가장 유명한 화합물질이 'EUK-134'라고 불리는 것이다. 이 물질은 SOD 효소의 활성과 카탈레이스 효소의 활성을 동시에 가지고 있다.

선충이라는 하등 동물을 이용한 실험에서 EUK-134를 먹이에 첨가해 주면 선충의 노화 현상을 억제하며 수명을 늘릴 수 있다. 또한 노화와 관련된 질환들의 동물 모델에서 이들 질환의 치료 및 예방에 효과가 있음이 입증되었으며 염증반응을 억제하는 효과도 증명되었다.

EUK-134는 크기가 피부를 통과할 수 있을 정도로 작으며 지용성으로 피부에 바르면 잘 흡수되는 장점이 있다. 또한 생체 내의 단백질 효소와는 달리 화학물질이기 때문에 계속적으로 효소 기능을 유지할 수 있기 때문에 작용 시간이 긴 장점이 있다. 이러한 효능과 장점들을 가지고 있는 EUK-134라는 물질은 화장품 원료로 개발되었으며 현재 화장품에 사용되고 있다.

3) 피부 흡수를 위한 두 가지 조건

물질이 피부를 통과하기 위해서는 두 가지 조건이 만족해야 한다.

1. 첫 번째 조건은 물질의 크기가 500 달톤 이하이어야 된다. '달톤'이란 단위는 분자의 크기를 나타내는 단위이다. 즉, 크기가 어느 크기 이상이면 피부에 흡수되지 못한다.
2. 두 번째 조건은 기름에 잘 녹는 특징이 있어야 흡수가 잘된다. 피부의 각질층은 죽은 세포로 이루어져 있으며, 그 죽은 세포 사이를 지질 성분이 채우고 있기 때문에 이러한 지질에 잘 녹는 물질이어야 피부를 통과할 수 있다. 수용성인 물질은 기름에 녹지 않기 때문에 피부를 통과할 수 없다.

4) 항산화 효소 유사체의 효과

항산화 효소 유사체를 화학적으로 합성할 수 있다.

1. 항산화 효소 유사체는 세포 내에서 활성 산소를 효과적으로 제거한다.
2. 자외선에 의한 세포 내의 활성 산소 생성을 효과적으로 예방한다.
3. 자외선에 의한 활성 산소의 증가를 효과적으로 억제하기 때문에 자외선 조사 후에 MMP 효소의 증가와 콜라겐 합성 감소를 효과적으로 억제한다.
4. 항산화 효소 유사체를 피부에 발라주면 자외선에 의한 세포 손상을 억제할 수 있다.
5. 항산화 효소 유사체는 피부노화억제 및 자외선에 의한 피부 손상을 효과적으로 예방할 수 있는 물질이며, 화장품의 소재나 약제로 사용할 수 있다.

VI. PPAR-α 활성 물질

1) PPAR-α는 수용체

PPAR-α는 불포화 지방산과 결합하는 수용체로 알려졌다. 수용체란 어떤 물질과 선택적으로 결합하여 작용하는 단백질을 말한다. PPAR-α와 결합하는 불포화 지방산으로는 EPA나 DHA와 같은 오메가-3 지방산이 있다.

EPA나 DHA와 같은 오메가-3 지방산은 MMP 효소의 발현을 억제하는 작용을 하는 동시에 콜라겐의 합성을 증가시키는 작용을 한다.

2) PPAR-α는 물질과 결합한 후 전사인자로 작용

PPAR-α는 평소에 세포질에 존재하다가 불포화 지방산과 결합하여 활성화된 후에는 핵 속으로 들어가 DNA와 결합하여 여러 유전자의 발현을 조절하는 일종의 전사인자이다. 전사인자란 DNA와 결합하여 유전자의 발현을 조절할 수 있는 기능이 있는 단백질을 말한다. 전사인자는 단백질로서 DNA와 결합할 수 있게 만들어졌으며 DNA의 특별한 부위에 결합하여 특정 유전자의 발현을 조절하게 된다. PPAR-α는 불포화 지방산과 결합하여 활성화된 후에 핵 속에서 DNA와 결합하여 유전자의 발현을 조절한다. PPAR-α가 조절하는 유전자 중에 카탈레이스 효소가 있다.

3) 피부노화에 따른 PPAR-α 감소

자연 노화된 피부와 광노화된 피부에서 PPAR-α의 양이 젊은 피부에 비하여 감소되어 있다. 또한 자외선을 사람 피부에 쪼여 주면 PPAR-α의 발현이 감소된다.

자연 노화된 피부와 광노화된 피부에서는 카탈레이스 효소의 양이 젊은 피부에 비하여 감소되는데, 그 이유가 PPAR-α의 발현이 노화에 따라 줄어들어 카탈레이스 유전자 발현이 감소하기 때문이다. 즉, PPAR-α가 먼저 감소되고 그 결과로 카탈레이스가 감소된다는 것이 밝혀졌다.

4) PPAR-α 활성 물질의 항노화 효과

많은 회사에서 PPAR-α와 특이적으로 결합하는 화학물질들을 합성하여 약으로 이용하고자 개발 중이며 몇 가지 약들은 이미 임상적으로 사용되고 있다. 이 약물들이 PPAR-α를 활성화시켜 카탈레이스 효소의 양을 증가시키며, 증가된 카탈레이스 효소는 노화된 세포에서의 활성 산소의 축적을 감소시켜서 MMP 효소의 발현을 감소시키고, 반대로 콜라겐의 합성을 증가시킨다.

5) PPAR-α 의 항염증작용

또한 PPAR-α는 NF-κB라는 전사인자를 억제하는 효과가 잘 알려져 있다. NF-κB는 염증을 유발하는 작용을 한다. PPAR-α는 불포화 지방산과 결합한 후 활성화되어 NF-κB을 억제하여 염증반응을 억제하는 작용을 한다. 앞에서 설명한 것처럼 모든 염증반응은 피부노화를 유발하기 때문에 PPAR-α 활성화 물질은 매우 좋은 피부노화 억제효능을 가지고 있다.

6) PPAR-α 활성 물질

노인피부에서는 EPA나 DHA와 같은 불포화 지방산의 양이 감소되어 있기 때문에 PPAR-α의 활성이 노인피부에서 떨어져 있을 가능성이 크다. 이미 PPAR-α의 활성을 자극할 수 있는 물질들인 EPA나 DHA와 같은 불포화 지방산은 건강기능식품의 원료로 시중에 많이 나와 있다. 이들을 복용하거나 피부에 발라주면 카탈레이스 효소 발현을 증가시킴으로써 피부노화에 도움을 줄 수 있다.

VII. 콜레스테롤 Cholesterol

1. 피부 지질 성분

피부에 존재하는 지질 중에서 제일 양이 많으며 중요한 기능을 하고 있는 지질은 콜레스테롤(cholesterol), 세라마이드(ceramide), 지방산(fatty acid) 세 가지이다. 그 외에 인지질이라는 지질 성분이 있다. 인지질(phospholipid)은 주로 세포막을 구성하는 성분이며, 세포기능에 중요한 역할을 하고 있다. 따라서 피부에는 위 네 가지 종류의 지질이 정상적인 피부기능을 유지하기 위하여 꼭 필요하다고 할 수 있다.

각질층의 지질 성분

피부의 제일 밖에 존재하는 표피는 각질을 형성하는 각질형성세포로 이루어져 있으며, 약 10층 정도로 각질형성세포가 층을 이루고 있다. 각질형성세포는 피부 안쪽에서 바깥쪽으로 분화해 가면서 각질층을 형성하게 된다. 각질층은 우리 몸을 외부 유해 환경으로부터 지켜주는 매우 중요한 보호막이다. 각질층은 죽은 세포의 세포막과 그 사이를 채우고 있는 지질성분으로 구성되어 있다. 각질층에 존재하는 지질은 콜레스테롤, 세라마이드, 지방산이 1:1:1의 비율로 존재하고 있다.

2. 혈중 콜레스테롤과 피부 콜레스테롤

콜레스테롤은 심혈관질환의 원인이다. 콜레스테롤이라고 하면 제일 먼저 떠오르는 생각이 우리 몸에 나쁜 지질이라는 것이다. 많이 먹고 운동을 하지 않는 비만한 사람의 혈중에 콜레스테롤 수치가 매우 높고, 이 때문에 심장병, 동맥경화증과 같은 심혈관 계통의 질환이 증가한다. 혈중에 콜레스테롤이 높아지면 혈관 벽에 콜레스테롤이 쌓이게 되고, 그 결과 혈관이 좁아지게 되어 산소 공급이 어려워진다. 따라서 혈중 콜레스테롤을 정상 수치로 유지하여야 하며, 혈중 콜레스테롤이 높은 사람들은 먼저 음식 섭취를 줄이고, 운동량을 늘리면서 혈중 콜레스테롤을 정상으로 조절할 수 있도록 노력해야 한다.

반면에 피부에 존재하는 콜레스테롤은 각질층의 피부장벽 기능에 중요하며, 비타민D 합성 원료로 사용되기 때문에 피부에서는 매우 중요한 역할을 하고 있다.

3. 콜레스테롤 합성 과정

세포에서 콜레스테롤을 합성하는 과정에 여러 가지 효소가 관여하는데, 그 중에 제일 중요한 효소가 HMG-CoA reductase이다.(그림 10-12) 이 효소의 작용을 억제하면 콜레스테롤의 합성이 효과적으로 억제된다. 현재 혈중 콜레스테롤을 낮추기 위하여 처방되고 있는 고지혈증 치료제는 이 효소를 억제하는 '스타틴' 계열 약물들이다.

4. 노화된 피부와 자외선을 받은 피부에서의 콜레스테롤 감소

콜레스테롤이 성인병의 원인으로 지목받고 심혈관질환을 유발하는 것과 반대로, 콜레스테롤은 표피를 구성하는 각질형성세포에서는 중요한 역할을 하고 있다. 자외선에 의해 피부노화가 발생하는 것을 예방하며, 피부의 기능을 정상적으로 유지하는 중요한 역할을 한다는 사실이 밝혀졌다. 노화된 피부의 표피에서의 콜레스테롤 양이 젊은 피부에 비하여 감소되어 있다.

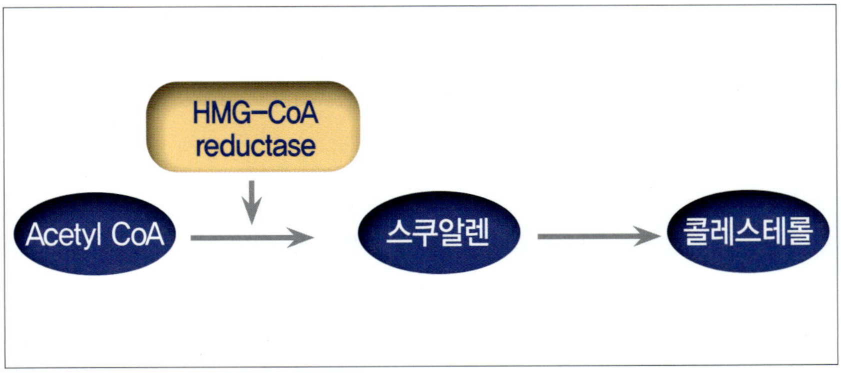

그림 10-12. 콜레스테롤 합성 과정

콜레스테롤 합성에 HMG-CoA reductase라는 효소가 제일 중요하다. 이 효소를 억제하면 콜레스테롤 합성을 억제할 수 있다.

사람 피부에 자외선을 쪼이면 자외선이 콜레스테롤 합성 효소인 HMG-CoA reductase 발현을 억제하며, 그 결과 피부에서의 콜레스테롤의 합성이 50~70% 정도 감소되며, 피부에서의 콜레스테롤 농도가 떨어진다.

5. 콜레스테롤의 MMP 발현억제 효과

피부세포에서 콜레스테롤이 MMP의 합성을 억제한다. 반대로 콜레스테롤이 부족하면 MMP의 합성이 증가된다.

콜레스테롤은 정상적인 피부세포에서의 MMP 합성과정뿐만 아니라 자외선을 받은 피부세포에서 MMP가 증가될 때도 관여한다. 즉, 콜레스테롤이 많은 상태에서 자외선을 쪼이면 피부세포에서의 MMP 증가가 일어나지 않으며, 반대로 콜레스테롤이 적은 상태에서는 자외선에 의한 MMP 증가가 더 심하게 일어나다.

자외선을 받은 피부에서는 콜레스테롤의 합성이 감소된다. 그 결과 콜라겐을 분해하는 효소인 MMP 합성이 더욱 증가하게 된다. 더 많이 증가된 MMP는 피부에 있는 콜라겐을 더 심하게 분해하게 된다. 그러면 피부는 더 노화된다.

6. 국소 콜레스테롤의 주름살 억제 효과

자외선에 의해 발생하는 콜레스테롤의 감소를 보충해 주기 위하여 콜레스테롤을 피부에 발라주면 자외선의 손상을 억제하는 효과가 있다.

털이 없는 생쥐에 자외선을 1주일에 3회씩 8주 정도 쪼이면 생쥐 피부에 주름살이 생기게 된다. 생쥐의 피부에 자외선을 쪼인 후에 매일 콜레스테롤을 발라주면서 콜레스테롤의 효과를 연구한 결과, 콜레스테롤이 자외선에 의한 주름살 형성을 효과적으로 예방할 수 있음을 증명하였다.(그림 10-13) 결론적으로 피부에서는 콜레스테롤이 피부노화를 예방하는 역할을 하고 있으며 자외선에 의한 피부 손상을 예방하는 기능을 가지고 있다.

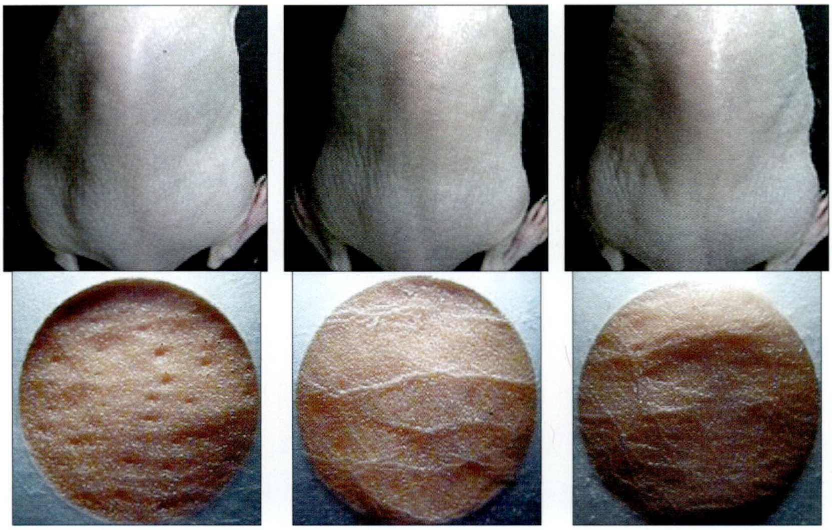

그림 10-13. 콜레스테롤이 자외선에 의한 주름살 형성을 억제한다.

자외선을 8주 동안 생쥐 피부에 쪼여주면 주름살이 생긴다. 콜레스테롤을 자외선 조사 후에 한 번씩 발라주면 주름살 형성이 현저히 감소한다.

7. 콜레스테롤 부족과 피부암 발생의 연관성

혈중 콜레스테롤 수치를 낮추기 위하여 '스타틴' 계통의 고지혈증약을 복용하는 경우에 피부암이 증가한다는 연구결과가 발표된 바 있다. 피부암은 대부분 태양광선에 의해, 그 중에서도 자외선에 의해 발생된다는 것은 잘 알려진 사실이다. 고지혈증약을 복용하는 경우 콜레스테롤의 합성을 억제하여 혈중 콜레스테롤의 양을 감소시키는 효과 외에도, 피부세포에서의 콜레스테롤의 합성도 억제시켜 피부의 콜레스테롤의 양이 줄어들게 될 것이다. 따라서 콜레스테롤이 자외선에 의한 피부 손상을 억제하는 정도가 약을 복용하기 전에 비하여 떨어지며, 그 결과 피부암의 발생이 증가되었을 가능성이 있다.

VIII. 세라마이드 Ceramide

1. 세라마이드 합성과정

스핑고미엘린(sphingomyelin)이라는 물질에서 세라마이드가 만들어진다.(그림 10-14) 이 과정에 필요한 효소가 있는데 '스핑고미엘린 분해효소(sphingomyelinase)'이다. 또한 만들어진 세라마이드는 스핑고신(sphingosine)이란 물질로 분해되어 없어지는데, 이때는 '세라마이드 분해효소(ceramidase)'가 필요하다. 즉, 세라마이드는 스핑고미엘린 분해효소에 의해 만들어지며, 세라마이드 분해효소에 의해 분해된다고 간략히 설명할 수 있다.

2. 각질층의 세라마이드는 장벽 기능에 매우 중요

세라마이드는 각질층의 구성 지질로서 피부장벽 기능에 중요한 역할을 한다. 아토피피부염에서는 각질층의 장벽 기능이 망가져 있다. 특히 아토피피부염 환자의 피부세포에서는 세라마이드의 합성 능력이 감소되어 있다. 그 결과 각질층의 세라마이드 양이 감소되며 각질층의 보호막 기능이 떨어지게 된다. 그렇게 되면 피부를 통한 수분 소실이 많아지고 피부가 건조해지며, 외부로부터 균의 침입이 많아지게 된다. 따라서 세라마이드를 보충해 주는 도포제가 각질층에서의 세라마이드의 부족을 해결해 주어 아토피피부염의 증상을 완화해 줄 수 있다.

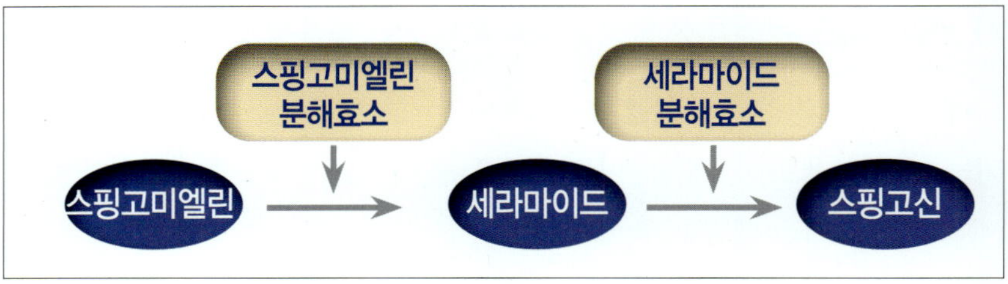

그림 10-14. 세라마이드 합성과 분해 과정

자외선을 조사하면 "스핑고미엘린 분해효소" 양이 많아지고, 세포 내 세라마이드의 합성이 증가하게 된다.

3. 살아있는 각질형성세포에서 세라마이드의 피부노화 촉진 효과

자외선을 사람 피부에 쪼이면 피부세포 내에 세라마이드의 양이 많아진다. 자외선이 '스핑고미엘린 분해효소'의 발현을 증가시키고, 이 효소에 의해 세라마이드가 많이 만들어지기 때문이다.

1) 세라마이드의 효과

세포 내 세라마이드의 양이 많아지면 세포의 성장이 억제되고, 심한 경우에는 스스로 세포를 죽이는 자살 시스템을 가동시켜서 세포를 죽게 만든다. 또한 세라마이드가 세포를 노화시켜 늙게 만든다. 즉, 살아있는 세포에는 필요 이상의 세라마이드가 존재할 경우 세포에는 별로 도움이 되지 않으며 오히려 해가 된다.

2) 세라마이드의 MMP 발현 증가 효과

세라마이드의 농도가 증가할수록 피부세포에서 여러 종류의 MMP 효소의 발현이 증가한다. MMP 효소는 피부에서 콜라겐이나 탄력섬유를 분해하는 효소이다. 그 결과 피부에 손상이 발생하고, 그 손상이 축적되면 피부 주름살이 형성되고, 피부는 늙게 된다.

3) 스핑고미엘린 분해효소 억제 물질의 피부노화 억제효과

자외선이 '스핑고미엘린 분해효소'를 증가시켜 세라마이드 합성이 증가된다. 따라서 '스핑고미엘린 분해효소'를 억제하면 자외선을 쪼여도 세라마이드가 증가하지 않을 것이고, 세라마이드가 증가하지 않기 때문에 세라마이드에 의한 MMP 증가는 일어나지 않는다. 따라서 스핑고미엘린 분해효소의 작용을 억제하는 물질은 자외선에 의한 피부노화 현상을 예방할 수 있는 물질이다.

4) 세라마이드 분해효소 활성물질의 피부노화 억제효과

세라마이드를 분해하는 효소인 세라마이드 분해효소의 활성을 증가시키는 방법도 세포 내 세라마이드 양을 낮출 수 있기 때문에 자외선에 의한 MMP 효소 증가를 예방할 수 있다.

4. 세라마이드의 이중 효과

죽은 세포층인 각질층에서는 우리 몸을 보호하는 장벽 기능을 유지하기 위하여 세라마이드의 양과 그 역할이 매우 중요하다. 그러나 살아있는 피부 세포에서는 세라마이드가 오히려 피부세포를 자극하여 피부를 노화시키는 역할을 하고 있다.

아토피피부염이나 건조한 피부에 바르는 보습제의 대부분은 세라마이드를 포함하고 있다. 현재 보습제에 사용하는 세라마이드는 대부분 인공적으로 합성한 세라마이드로서 크기가 커서 피부장벽을 통과하여 살아있는 세포층까지 흡수되지 않으며, 피부 각질층에만 작용하기 때문에 살아있는 피부세포에 직접적으로 심각한 손상을 초래할 것이라고 생각되지는 않는다.

하지만 환자가 피부를 심하게 긁었거나 피부에 염증이 심하여 피부 각질층에 손상이 있는 피부에 바르면 피부에 흡수될 수 있다. 또한 크기가 비교적 작은 합성 세라마이드의 경우에는 피부세포에 들어갈 수 있을 가능성도 있다고 생각한다.

IX. 자유지방산 Free fatty acid

1. 지방산의 종류

1) 포화지방산

포화지방산은 탄소 사이에 이중결합이 없는 지방산이다.

2) 불포화지방산

이중결합이 하나 이상 존재하는 지방산이다. 마지막 탄소로부터 몇 번째 탄소에 이중결합이 있는지에 따라 불포화지방산을 분류하는 방법이 자주 쓰인다.

(1) 오메가-3 지방산

지방산의 끝에서 3번째 탄소에 첫 이중결합이 있는 경우를 오메가-3 지방산이라고 한다. 오메가-3 지방산은 등이 푸른색을 띠는 생선에 많이 포함되어 있다. 오메가-3 지방산 중에는 알파-리놀레산(linolenic acid), DHA, EPA라고 불리는 지방산이 가장 유명하며, 피부뿐만 아니라 인체 건강에도 좋은 기능을 하고 있다. 현재 오메가-3 지방산은 건강기능식품 원료로 잘 알려져 있으며, 오메가-3 지방산을 주성분으로 하는 제품들은 현재 시중에서 쉽게 구입하여 복용할 수 있다.

(2) 오메가-6 지방산

끝에서 6번째 탄소에 첫 이중결합이 나타나면 오메가-6 지방산이라고 한다. 오메가-6 지방산은 소고기, 돼지고기에 많으며 많이 섭취하면 건강에 오히려 해로운 지방산으로 알려져있다. 여기에는 감마-리놀레산(linoleic acid), 아라키돈산(arachidonic acid)이 포함된다.

2. 노화된 피부에서 지방산의 변화

피부가 노화되면 피부세포에서의 지방산 양이 감소한다. 표피층과 지방층 모두에서 지방산의 양이 노인피부에서 감소된다. 노화가 되면 피부세포에서 지방산을 만드는 여러 가지 효소의 양이 감소되기 때문에 그 결과 지방산이 감소한다.

표피층에서 지방산이 감소되는 정도는 노인피부에서 젊은 피부의 80% 수준으로 감소한다. 또한 광노화된 팔의 피부에서 자연 노화된 엉덩이 피부에 비하여 표피층의 지방산 양이 40% 정도 더 감소한다. 즉, 피부에서 지방산을 합성하는 능력이 자연노화에 의해 감소되며, 광노화에 의해서는 더 심하게 감소된다.

3. 오메가-3 지방산의 항노화 효과

오메가-3 지방산에 속하는 지방산은 MMP 발현을 억제하는 효과가 있다. 즉, EPA나 DHA와 같은 오메가-3 지방산은 피부세포에서 자외선에 의한 MMP 효소의 증가를 효과적으로 막아준다. 따라서 자외선을 쪼여도 이들 오메가-3 지방산이 충분하다면 피부 손상을 효과적으로 예방할 수 있다.

4. 오메가-3 지방산인 EPA의 피부노화 억제 효과

EPA는 젊은 사람의 피부에서 자외선에 의한 피부 손상을 효과적으로 억제하며, 또한 노인의 피부에 바르면 노화된 피부조직을 다시 젊은 피부처럼 변화시키는 효과가 있다.

(1) 자외선에 의한 염증억제 효과

사람 피부에 자외선을 쪼이면 표피의 성장이 일시적으로 촉진되어 표피의 두께가 두꺼워지고, 자외선에 의한 염증반응의 결과로 부종이 발생하여 진피두께가 두꺼워지는데, EPA를 바르면 자외선에 의해 피부가 두꺼워지는 현상이 억제된다. EPA가 자외선 조사 후에 발생하는 염증반응에 의한 손상을 효과적으로 예방하기 때문이다.

(2) 자외선 조사 후 MMP 억제효과, 콜라겐 합성 증가효과

자외선을 사람 피부에 쪼이면 콜라겐을 분해하는 효소인 MMP가 증가하고, 반대로 콜라겐의 양은 감소한다. 사람 피부에 EPA를 바르면 자외선에 의한 콜라겐 감소를 효과적으로 억제한다. 이는 MMP의 발현을 억제하고 콜라겐의 합성을 직접적으로 증가시키는 EPA의 효과 때문이다.

(3) 노인 피부에서 기질단백질 증가 효과

노인피부에서 소실되어 있는 콜라겐섬유(그림 10-15)와 탄력섬유(그림 10-16)를 재생시키는 효능이 있다.

(4) EPA의 문제점

EPA는 매우 불안정하여 공기 중에서 쉽게 산화되어 효과를 잃어버리게 된다. 또한 생선 비린내와 같은 고약한 냄새가 있어서 화장품의 원료로 사용하기가 어려운 면이 있다.

노인피부 EPA 도포 후

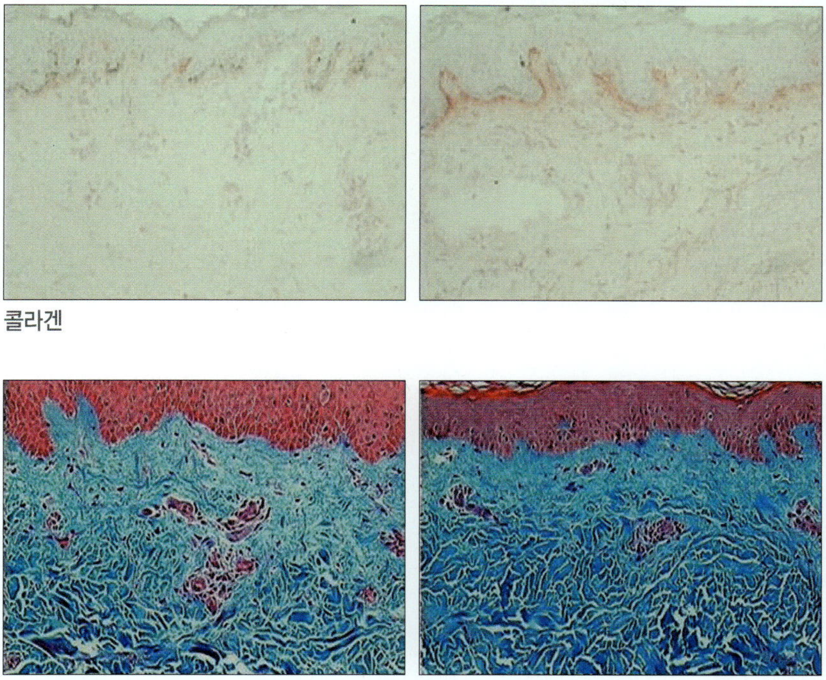

콜라겐

콜라겐섬유

그림 10-15. 오메가-3 지방산인 EPA에 의한 콜라겐섬유 합성

노인의 피부에 2% EPA를 2주간 도포하면 새로 콜라겐이 많이 만들어지고, 그 결과 콜라겐섬유가 많아지는 것을 확인할 수 있다.

노인피부

EPA 도포 전

EPA 도포 후

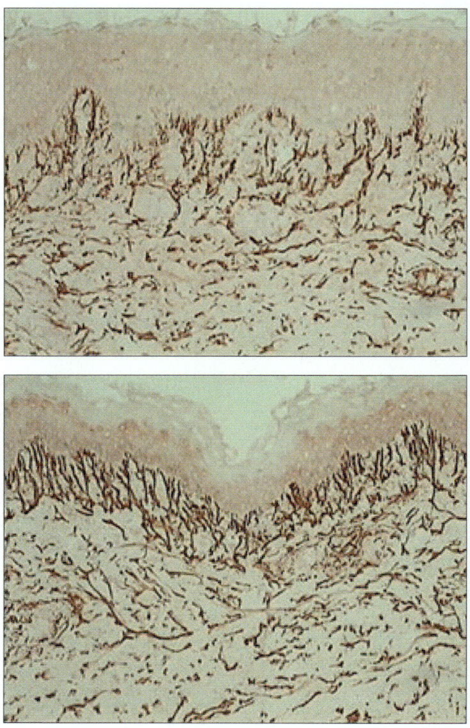

그림 10-16. 오메가-3 지방산인 EPA에 의한 탄력 섬유 합성

노인의 피부에 2% EPA를 2주간 도포하면 탄력섬유가 늘어나는 것을 확인할 수 있다.

X. 보습제

콜레스테롤
(221 p. 참조)
세라마이드
(225 p. 참조)
지방산
(228 p. 참조)

앞서 콜레스테롤, 세라마이드, 지방산들이 피부노화를 어떻게 치료하고 예방할 수 있는지 설명하였다. 또한 콜레스테롤, 세라마이드, 지방산이 피부장벽을 구성하는 중요한 기질 성분이라는 것도 설명하였다. 따라서 콜레스테롤, 세라마이드, 지방산을 피부에 매일 매일 발라주면 피부노화를 예방할 수 있고, 피부장벽을 튼튼하게 유지할 수 있다.

피부장벽
(47 p. 참조)

피부장벽 역할을 하는 각질층에는 이들 3가지 지질 성분들이 1:1:1의 비율로 존재한다. 시중에서 판매하는 대부분의 보습제는 피부 각질층의 지질 성분 비율과 동일하게 3가지 지질을 1:1:1의 비율로 포함하고 있다. 따라서 콜레스테롤, 세라마이드, 지방산이 1:1:1 비율로 함유되어 있는 보습제를 매일 사용하는 것은 노화된 피부에서 감소하는 지질 성분을 보충해 주고, 자외선 조사에 의한 이들 지질성분들의 감소를 예방하는 좋은 방법이다. 보습제를 매일 사용하면 피부장벽을 튼튼하게 유지하고, 피부노화를 예방하며 호전시킬 수 있다.

당 성분
(49 p. 참조)

또한 피부장벽을 구성하는 성분으로 당 성분이 중요하다고 앞에서 설명하였다. 따라서 피부장벽을 구성하고 있는 당 성분을 포함한 보습제를 바르면 피부장벽을 재생하는 효과를 얻을 수 있으며 피부염증을 억제하는 효과가 있다.

피부가 노화되어 건조한 경우뿐만 아니라 젊은 사람도 보습제를 매일 바르는 것이 피부노화를 예방하고 피부를 건강하게 유지하는데 필수적이다. 나이가 들수록 피부가 지질을 합성하는 능력이 감소하기 때문에 "피부가 지질을 못 만드니 대신 발라준다"고 생각하고 매일 하루 2회 이상 보습제를 발라야 한다. 보습제를 선택할 때는 콜레스테롤, 세라마이드, 지방산이 1:1:1 비율로 함유되어 있고, 피부장벽 구성 성분인 당 성분을 포함하고 있는 보습제를 바르는 것이 좋다. 또한 피부의 산도와 동일한 약산성의 보습제를 선택하는 것이 좋다. 피부의 정상 산도는 pH 5 ~ pH 5.5 이므로 동일한 산도의 보습제를 선택한다.

보습제를 바르는 방법은 하루에 2회 이상 바르며, 샤워를 한 후에 물기를 수건으로 살짝 제거한 후에 바로 바르는 것을 추천한다. 샤워를 하지 않아도 하루 2회 이상 바르는 것이 좋다. 보습제를 바르기 전에 샤워를 하여 전에 바른 보습제를 닦어내고 새로 바르는 경우가 있는데 그러면 안 된다. 보습제는 피부에 부족해진 지질 성분과 당 성분을 보충해 주는 것이기 때문에 먼저 바른 보습제를 씻어내지 말고 덧발라주는 것이 좋다.

XI. 비만세포 억제물질

1. 비만세포(mast cell)의 기능

피부에서 비만세포는 진피에 위치하며 주로 혈관 주위에 존재한다. 비만세포는 두드러기와 아토피피부염을 비롯한 알레르기성 피부질환 발생에 중요한 역할을 하며, 피부의 가려움증을 일으키는 세포이다.

비만세포는 세포 내에 여러 가지 물질을 합성하여 가지고 있다가 외부에서 알레르기를 유발하는 물질이 들어오거나 피부가 물리적 자극을 받게 되면 가지고 있던 물질을 세포 밖으로 배출하게 된다. 이 배출된 물질들은 주위에 존재하는 여러 종류의 세포에 작용을 하여 염증반응을 유발하며 신경을 자극하여 가려움증을 유발하게 된다.

1) 비만세포가 분비하는 물질

비만세포가 분비하는 물질 중에서 가장 잘 알려진 것은 '히스타민'이라는 물질이다. 히스타민말고도 비만세포는 트립테이즈(tryptase), 카이메이즈(chymase)와 같은 효소, 그리고 프로스타그란딘(prostaglandin)과 류코트리엔(leukotriene)과 같은 지질에서 유래된 염증 유발성분들을 포함하고 있다. 또한 여러 종류의 싸이토카인들을 분비하여 염증반응과 가려움증을 유발한다.

2. 자외선 및 열이 비만세포에 미치는 영향

1) 비만세포 자극 후 물질 분비 유발

피부에 자외선을 쪼이거나 열 자극을 가하면 비만세포의 세포막이 불안정해지고 세포막이 터지면서 세포 안에 가지고 있는 물질들을 세포 밖으로 배출한다.(그림 10-17) 비만세포에서 배출된 물질들은 그 부위로 염증세포를 불러 모으고 혈관을 확장시키며, 주위의 세포에 영향을 주어서 염증반응을 증폭시킨다.

2) 비만세포수의 증가 유도

또한 자외선이나 열 자극에 의해 비만세포의 수도 증가하게 된다.(그림 10-18) 피부가 자극을 받으면 비만세포들이 혈관을 타고 혈액으로부터 자극을 받은 부위로 모이게 되기 때문이다. 결과적으로 계속적으로 자외선에 노출되는 피부에서는 비 노출부에 비하여 더 많은 비만세포의 수가 존재하게 된다.

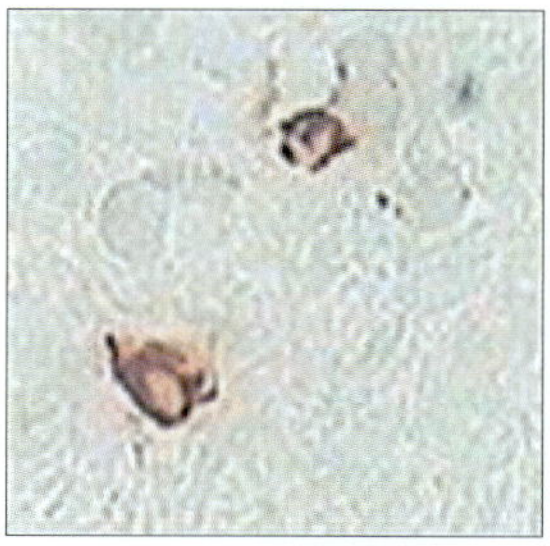

정상 비만세포

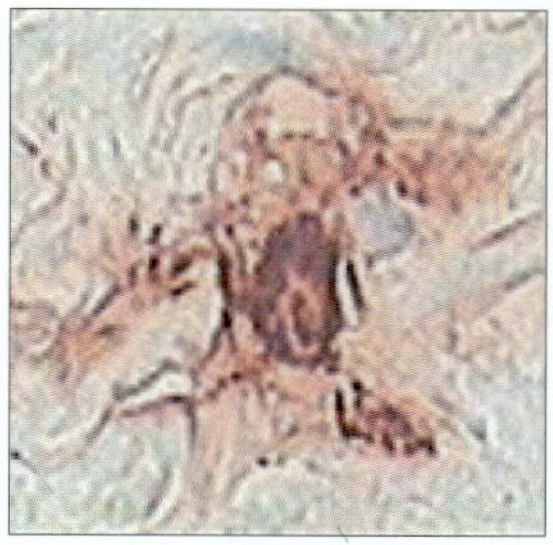

세포 내 물질을 분비하는 비만세포

그림 10-17. 비만세포

피부에 자외선을 쪼이거나, 피부가 자극을 받으면 비만세포의 세포막이 터져 염증 유발 물질이 분비되어 염증반응을 유발한다.

비만세포

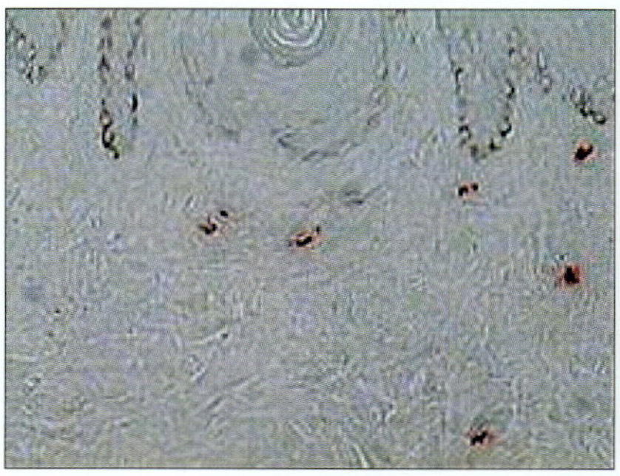

정상피부

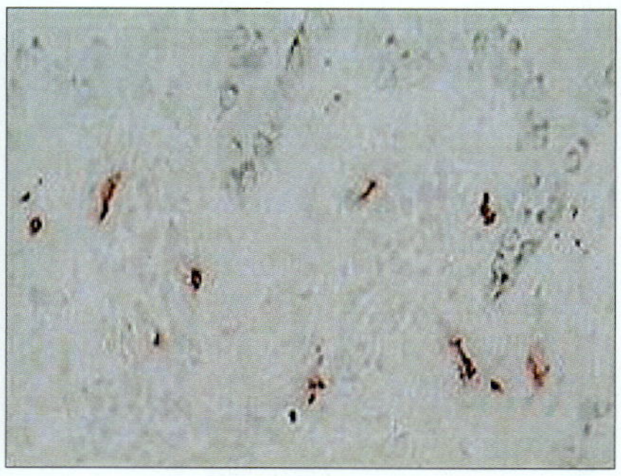

자외선 조사 24시간 후

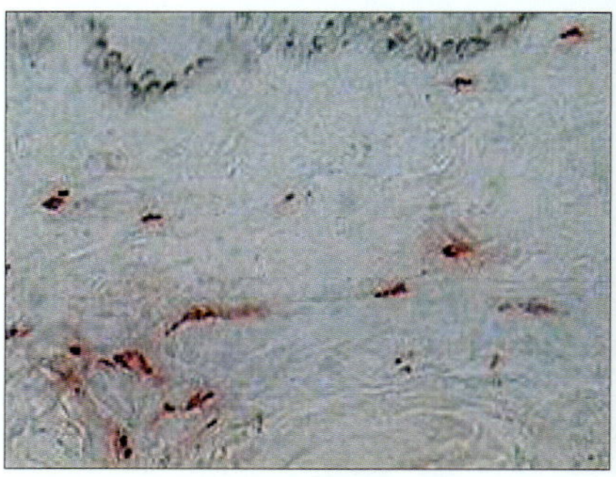

자외선 조사 48시간 후

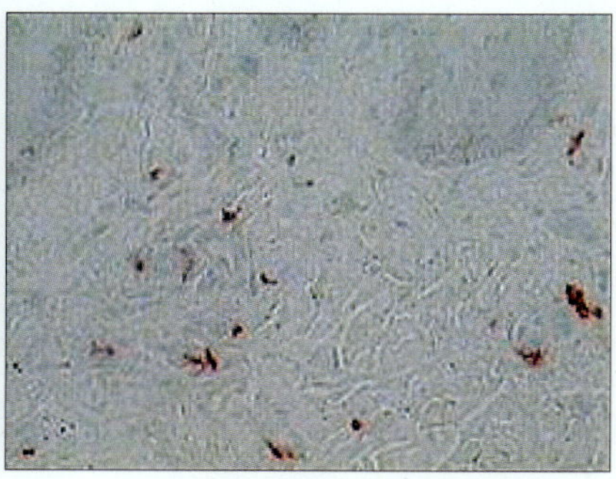

자외선 조사 72시간 후

그림 10-18. 자외선에 의한 비만세포의 증가

피부에 자외선을 쪼이면, 비만세포의 수가 증가하며, 비만세포의 세포막이 터지면서 염증 유발 물질이 분비된다. 비만세포를 붉게 염색하였다.

3) 조직손상 유발

비만세포에서 분비된 히스타민을 비롯한 물질들은 피부세포에서 MMP 효소의 발현을 증가시켜 콜라겐섬유를 비롯한 기질 단백질의 분해와 조직 손상을 초래한다. 따라서 반복적으로 비만세포가 자극되면 비만세포에서 분비된 물질들에 의해서 피부에 손상이 발생하고, 그 손상이 축적되어 결국은 피부노화의 원인이 된다.

3. 비만세포가 주름살 유발에 중요

생쥐 피부에 자외선을 조사하면서 동시에 비만세포의 세포막을 안정시키는 약을 생쥐에 투여하여 주름살 형성에 어떠한 영향을 미치는지 연구한 결과 비만세포를 안정화시키는 약을 투여한 경우에 자외선에 의한 주름살 형성이 효과적으로 줄어드는 것이 증명되었다.(그림 10-19) 즉, 비만세포가 자외선에 의한 주름형성에 중요한 역할을 하고 있다는 사실이다. 비만세포의 세포막을 안정화시켜 히스타민과 같은 물질의 배출을 억제하면 주름살 형성을 예방할 수 있다.

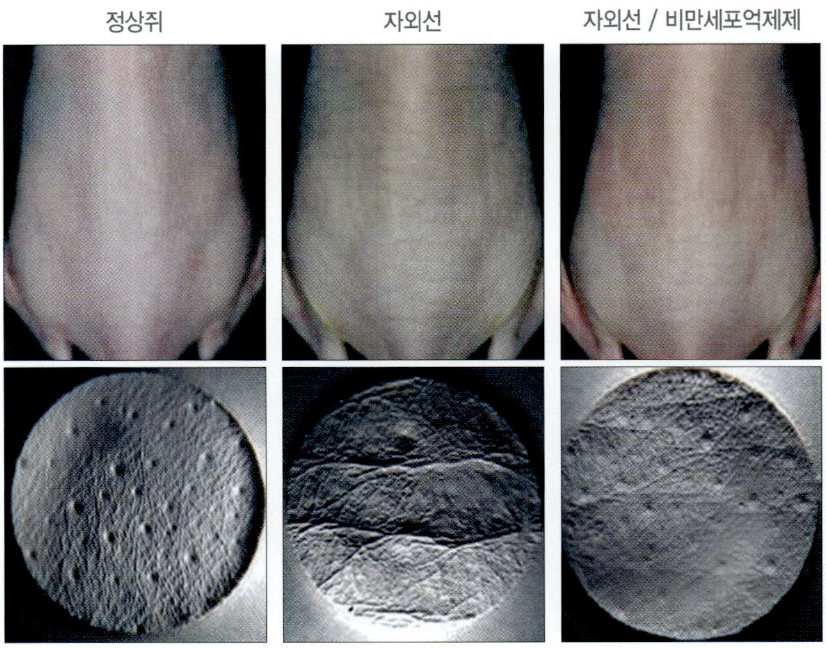

그림 10-19. 비만세포 억제제가 주름형성을 예방한다

생쥐 피부에 자외선을 쪼이면 주름살이 발생한다. 자외선을 쪼이면서 비만세포를 안정화시키는 물질을 투여하면 자외선에 의한 주름살 형성을 예방할 수 있다.

4. 피부노화에 따른 비만세포의 변화

1) 자연노화된 피부에서의 변화

자연 노화된 피부에서는 젊은 피부에 비하여 비만세포의 수가 감소되어 있다. 나이가 들수록 피부에 존재하는 비만세포의 수는 감소하며, 그 결과 자연 노화된 피부에서는 외부 자극에 대한 염증반응도 감소하게 된다. 즉, 노인이 되면 자외선이나 외부 자극에 대한 피부의 염증이 잘 나타나지 않게 되는데, 그 이유 중의 하나가 노화된 피부에서는 비만세포의 수가 줄어들어 있기 때문이다.

2) 광노화된 피부에서의 변화

자외선은 피부에서 비만세포의 수를 증가시킨다. 얼굴이나 손등과 같은 노출부위 피부에 존재하는 비만세포의 수가 엉덩이와 같은 비노출 부위 피부에 존재하는 비만세포에 비하여 많다. 그러나 젊은 사람의 얼굴과 노인의 얼굴을 비교해 보면 노화 현상의 결과로 노인의 얼굴 피부에서 비만세포의 수가 감소되어 있다. 즉, 자외선이 피부의 비만세포의 수를 증가시키기는 하나 자연 노화에 의한 감소 효과가 더 크기 때문이다.

XII. 국소 에스트로겐 도포의 항 피부노화 효과

1. 콜라겐 합성 촉진 효능

노화된 피부에 에스트로겐 호르몬인 에스트라디올(estradiol)을 도포하면 콜라겐 합성이 거의 젊은 피부 수준으로 증가한다.(그림 10-20) 새로 합성된 콜라겐은 콜라겐섬유를 형성한다. 이와 같은 에스트라디올의 효과는 노인 여성뿐만 아니라 노인 남성에서도 그 정도는 약하지만 동일한 효과를 보인다. 따라서 에스트로겐의 효과는 여성뿐만 아니라 남성에게도 중요하다고 생각된다.

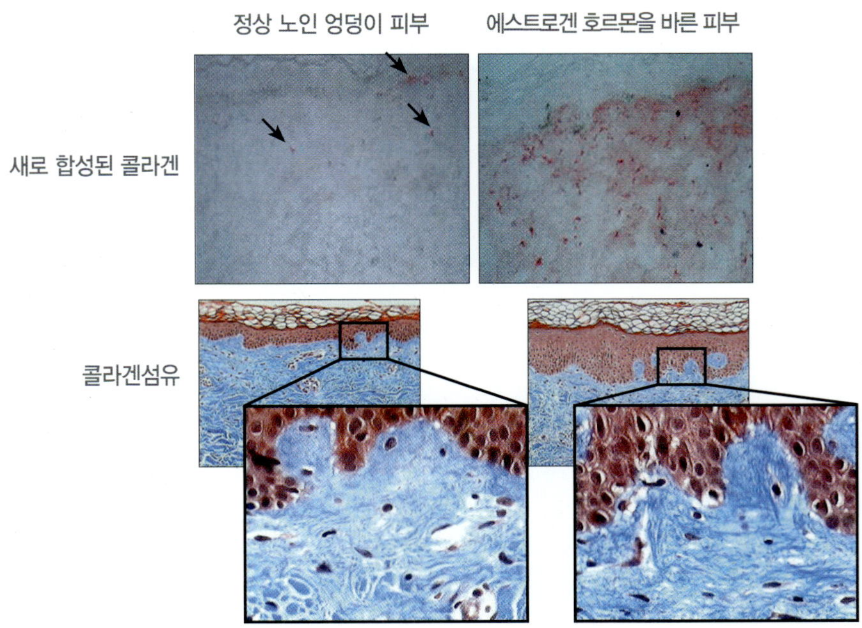

그림 10-20. 에스트로겐을 바르면 콜라겐 합성이 증가한다.

할머니 엉덩이 피부에 에스트로겐을 1달간 바르면 콜라겐단백질이 새로 많이 만들어지며, 그 결과 콜라겐섬유도 재생되는 것을 확인할 수 있다. 새로 합성된 콜라겐단백질은 붉은색으로, 콜라겐섬유는 파란색으로 염색하였다. 파란 색으로 염색된 콜라겐섬유의 굵기가 굵어지고, 콜라겐섬유의 수도 증가한 것을 볼 수 있다.

2. 탄력섬유 재생 효능

노인피부에서 망가져 있는 탄력섬유도 에스트로겐을 도포하면 젊은 피부 수준으로 재생시키는 효과를 보인다.(그림 10-21)

3. 식물성 에스트로겐

노인의 피부에 특히, 폐경이 지난 여성의 피부에 에스트로겐을 바르면 피부의 주름살을 없앨 수 있으며, 피부탄력을 증가시키는 등의 피부노화 증상을 호전시키는 효과를 볼 수 있다.

에스크로겐은 호르몬 성분이기 때문에 화장품 성분으로 이용할 수 없다. 따라서 에스트로겐 효능이 있는 물질을 대신 바르는 것이 필요하다. 여러 가지 식물에는 에스트로겐의 효능을 보이는 물질들이 포함되어 있다. 이와 같은 물질들을 '피토에스트로겐(phytoestrogen)'이라고 한다. 특히 콩, 녹차, 석류에 많이 포함되어 있다. 이런 성분을 많이 섭취하거나 피부에 바르면 에스트로겐을 보충해 주는 효과를 얻을 수 있다.

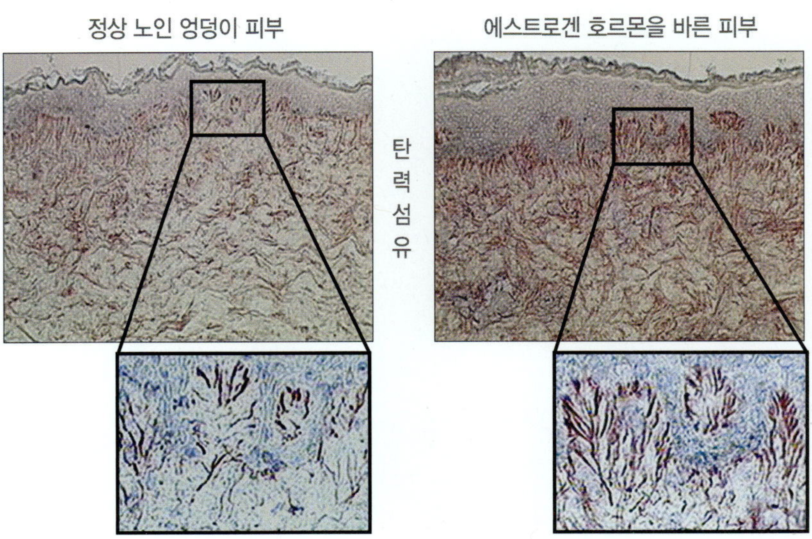

그림 10-21. 에스트로겐을 바르면 탄력섬유가 재생된다

할머니 엉덩이 피부에 에스트로겐을 1달간 바르면 탄력섬유가 새로 재생되는 것을 볼 수 있다. 탄력섬유의 굵기가 굵어지고, 탄력섬유의 수도 증가한 것을 볼 수 있다.

XIII. MMP 억제 물질

MMP 효소들은 피부의 기질 단백질들을 녹이고 분해하는 작용을 한다. 자외선을 비롯한 외부 자극들이 MMP 효소의 합성을 증가시키며, 증가한 효소들은 여러 기질 단백질을 분해한다. 따라서 MMP 효소를 적절히 억제하면 피부의 노화 현상을 막을 수 있다. 실제로 동물실험을 통하여 확인해 본 결과 MMP 억제제가 자외선에 의한 주름살 형성을 줄여주고 있다.

1) MMP 효소의 작용을 억제하는 물질

1. 레티놀
2. 녹차 추출물
3. 피토 에스트로겐
4. 비타민 E를 비롯한 항산화제
5. 오메가-3 지방산

위 물질들이 포함된 화장품을 바르면 MMP 효소의 작용을 줄이므로써 피부노화 증상을 완화할 수 있다.

XIV. 탄력섬유의 재생 효능 물질

노화된 피부에서 파괴되고 소실된 탄력섬유를 다시 젊은 사람의 탄력섬유처럼 재생시키기 위하여 필요한 것은 휘브릴린 단백질의 합성을 증가시키는 것이다. 휘브릴린의 합성을 증가시켜 엘라스틴이 휘브릴린 섬유 골격에 침착하여 탄력섬유를 형성할 수 있도록 해 주어야 한다.

탄력섬유
(35 p. 참조)

1) 휘브릴린 합성 증가 물질

1. 에스트로겐
2. 레티노익 산
3. 녹차 추출물
4. 오메가-3 지방산

이들 물질들이 포함된 화장품을 바르면 피부세포에서의 휘브릴린의 합성을 증가시킴으로써 탄력섬유를 재생시킬 수 있고, 그 결과 주름살도 호전시킬 수 있다.

XV. 생활습관 개선

우리가 일상 생활 속에서 몇 가지 행동을 통해 노화를 예방하고 피부노화를 늦출 수 있다.

1) 매일 신선한 과일과 채소를 하루 5종류 이상 섭취하는 것이 좋다.

신선한 과일과 채소에는 활성산소를 제거하는 아래와 같은 항산화 성분이 많이 들어있다. 이들 항산화 성분들이 활성산소를 제거하여 피부노화를 예방한다.

1. **플라보노이드(flavonoid)** - 플라보노이드는 활성산소를 제거하는 항산화 작용을 하며, 그외에도 항균, 항암, 항염 작용을 하는 것으로 알려져 있다. 딸기, 자두, 블루베리, 라즈베리, 포도, 체리, 적포도주, 녹차 등에 많이 들어있다.
2. **카로티노이드(carotenoid)** - 카로티노이드는 장에서 흡수된 후 비타민 A로 바뀌어 간으로 운반되어 우리 몸 기능에 도움을 준다. 당근, 고구마에 풍부하다.
3. **이소플라본(isoflavone)** - 이소플라본은 항산화 작용을 하며, 여성호르몬인 에스트로겐 효과를 나타내는 식물성 에스트로겐이다. 따라서, 특히 폐경을 한 여성들에게 이소플라본이 풍부한 음식을 먹는 것이 도움이 될 수 있다. 콩에 풍부하며, 콩으로 만든 두부, 된장, 청국장에도 많이 들어있다.
4. **레스베라트롤(resveratrol)** - 강력한 항산화 작용을 하며, 항암효과도 있다. 혈중의 콜레스테롤을 낮출 뿐 아니라, 항염증, 항노화 작용을 한다. 프랑스 사람들이 지방 함량이 높은 식사를 하는데도 심장질환이 적은 현상을 프렌치 파라독스(French paradox)라고 하는데 프랑스인들이 포도주를 많이 마시기 때문에 포도에 함유된 레스베라트롤이 심장 질환을 낮추기 때문이라고 한다. 오디, 땅콩, 포도, 라스베리, 크렌베리에 풍부하게 들어있다.
5. **폴리페놀(polyphenol)** - 항산화 작용을 하기 때문에 피부노화 원인인 활성산소를 제거하는 효과가 강력한 것으로 알려져 있다. 딸기, 가지, 포도, 검은 콩, 팥, 카카오, 적포도주에 많다.

2) 매일 녹차를 마신다.

노화의 원인인 활성산소를 없애는 목적으로 매일 녹차를 마시는 것이 도움이 된다. 녹차는 항산화 작용이 강력하다. 여러 연구에서 녹차를 많이 복용하는 사람들이 각종 암 발생률이 낮다고 보고하고 있다. 또한 동물실험에서도 녹차에 항암작용이 있다는 사실이 반복적으로 확인되고 있다. 녹차의 주성분은 EGCG라는 성분으로 이는 카테친(cathechin) 성분 중 하나이다. EGCG는 활성산소를 아주 잘 제거하는 물질이다.

녹차가 피부노화 및 염증 억제에 효과가 있다는 것은 잘 알려진 사실이다. 녹차 성분을 피부에 바르면 피부주름살 개선 및 미백 효능이 좋은 것으로 밝혀져 있다. 녹차 성분은 햇빛에 의한 염증을 억제한다. 햇빛을 많이 쪼이면 자외선에 의한 화상을 입는데, 녹차 성분이 이를 억제하는 효과가 있다. 녹차 성분이 멜라닌 세포에서 멜라닌색소의 합성을 억제하기 때문에 자외선에 의한 색소침착을 예방하고, 콜라젠 분해효소를 억제하여 주름개선 효과도 있다. 또한 녹차 성분이 자외선에 의한 DNA 손상을 예방하기 때문에 자외선에 의한 피부암 발생을 예방한다.

녹차 추출물
(204 p. 참조)

그러나 EGCG와 같은 녹차 성분은 공기 중에서 매우 불안정하여 화장품 원료나 약제로 이용하기 어렵다. 금방 산화되어 효능을 잃기 때문이다. 그러므로 일상생활에서 하루 4~5잔의 녹차를 만들자마자 마시는 것이 효과가 있다. 매일 갓내린 녹차를 마시면, 피부 노화뿐 아니라 신체의 노화를 늦추는 데도 도움을 줄 것으로 기대한다.

3) 소식을 실천한다.

노화 원인인 활성산소는 주로 우리 몸의 대사과정에서 발생한다. 산소를 사용하여 대사하는 과정에서 사용된 산소의 1~2% 가량은 활성산소가 된다. 앞서 수차례 설명한 바대로 활성산소는 매우 불안정하여 주위 물질의 산화적 손상을 유발하게 된다. 과식을 하게 되면 대사 과정이 증가하기 때문에 산소를 많이 사용하게 되고, 그 결과 활성산소가 만들어진다. 반대로 소식을하면 활성산소가 적게 만들어지며, 결과적으로 노화가 예방되는 것이다.

활성산소
(143 p. 참조)

실제로 필수영양소가 부족하지 않은 선에서 최대한 적게 먹게 되면 수명이 늘어난다는 것이 많은 종류의 동물실험에서 반복적으로 증명되었다. 암이 억제될 뿐 아니라, 당뇨와 고혈압 등 노인성 질병이 줄어들며 젊음을 유지할 수 있다. 사람에게서도 소식이 수명을 늘릴 수 있을지 사람을 대상으로 연구된 바 없으나 영장류에서까지 증명되었으므로 거의 그럴 것이라고 여겨진다. 과식은 노화의 원인이 되기 때문에 피부노화의 원인으로도 작용할 수 있다. 과식을 삼가고 적게 먹도록 노력하자.

4) 자외선에 의한 손상을 예방하는 습관을 갖는다.

앞서 자외선이 피부노화를 앞당기는 가장 중요한 원인이므로, 자외선 차단제를 바르는 것을 강조했다.

1. 외출을 삼간다.

햇빛이 가장 강렬한 시간대인 오전 10시 ~ 오후 3시 사이에는 외출을 삼가는 것이 좋다.

2. 고도가 높을수록 자외선이 강하다.

고도가 300m 높아질 때마다 자외선 양이 4%씩 증가된다. 그러므로 등산을 갈 때는 자외선 차단제를 더욱 신경써서 발라야 한다.

3. 설원(눈밭)이나 해변가에서는 자외선 차단에 더 노력한다.

눈이나 모래는 자외선을 대부분 반사한다. 따라서 스키장이나 해변에서는 하늘에서 내려오는 자외선뿐 아니라 반사되는 것까지 중복해서 노출되므로 더욱 신경써야 한다.

4. 자외선 차단제를 매일 꼭 바른다.

노출된 피부에는 자외선 차단제를 바르도록 한다. 가능하면 많은 양을 바르고, 원칙적으로 2시간마다 다시 바르는 것이 좋다.

5. 옷과 모자, 그리고 양산으로 자외선을 차단한다.

6. 선글라스를 착용한다.

선글라스는 눈과 눈 주위 피부를 보호해 준다. 각막과 렌즈, 그리고 망막도 보호하게 된다. 선글라스 렌즈는 자외선을 완벽히 차단하고 가시광선도 50% 이상 차단되는 것이 좋다. 파란색 렌즈보다는 노랑색이나 붉은 색의 렌즈가 가시광선에 의한 망막손상을 더 잘 예방한다. 특히 어린이의 경우 눈을 통해 더 쉽게 빛이 통과되므로 더욱더 착용이 권장된다. 눈 주위에는 자극 등으로 인해 자외선 차단제를 바르기 어려운 경우가 많으므로 선글라스 착용이 필요하다.

참고문헌

1. 정진호, 은희철, 윤재일. 자외선 조사 후의 인체 각질형성세포에서의 IL-1 생산 및 Retinoid가 이에 미치는 영향. *대한면역학회지.* 1993;15(2):173-82.
2. Chung JH, Youn SH, Kwon OS, et al. Regulations of collagen synthesis by ascorbic acid, transforming growth factor-beta and interferon-gamma in human dermal fibroblasts cultured in three-dimensional collagen gel are photoaging- and aging-independent. *J Dermatol Sci.* 1997 Sep;15(3):188-200.
3. 서진영, 최혜령, 이기은 외. 배양한 피부 섬유아세포에서의 Procollagen α1(I), Tropoelastin 및 MMP-1 mRNA 발현에 미치는 Retinoic Acid 및 Vitamin C의 영향. *대한피부연구학회지.* 2001;8(1):23-8.
4. 정진호, 한지현, 김지은 외. 사람 피부에서 자외선에 의한 Apoptosis와 광노화 현상에 미치는 녹차추출물(epigallocatechin-3-gallate)의 효과. *대한피부연구학회지.* 2001;8(2):78-85.
5. 강병철, 권은아, 이나래 외. 새로운 플라보노이드 유도체인 DA-6034에 대한 유전독성에 관한 연구. *J Toxicol Pub Health.* 2002;18(4):349-54.
6. 강승주, 한지현, 권오상 외. HaCaT 세포에서 자외선에 의한 Apoptosis에 미치는 Epigallocatechin-3-gallate(EGCG)의 영향. *대한피부연구학회지.* 2002;9(4):191-8.
7. Kang S, Chung JH, Lee JH, et al. Topical N-acetyl cysteine and genistein prevent ultraviolet-light-induced signaling that leads to photoaging in human skin in vivo. *J Invest Dermatol.* 2003 May;120(5):835-41.
8. Chung JH, Han JH, Hwang EJ, et al. Dual mechanisms of green tea extract (EGCG)-induced cell survival in human epidermal keratinocytes. *FASEB J.* 2003 Oct;17(13):1913-5.
9. Shin MH, Rhie GE, Kim YK, et al. H_2O_2 accumulation by catalase reduction changes MAP kinase signaling in aged human skin in vivo. *J Invest Dermatol.* 2005 Aug;125(2):221-9.
10. Kim MS, Lee S, Rho HS, et al. The effects of a novel synthetic retinoid, seletinoid G, on the expression of extracellular matrix proteins in aged human skin in vivo. *Clin Chim Acta.* 2005 Dec;362(1-2):161-9.
11. Lee JH, Chung JH, Cho KH. The effects of epigallocatechin-3-gallate on extracellular matrix metabolism. *J Dermatol Sci.* 2005 Dec;40(3):195-204.
12. Kim HH, Cho S, Lee S, et al. Photoprotective and anti-skin-aging effects of eicosapentaenoic acid in human skin in vivo. *J Lipid Res.* 2006 May;47(5):921-30.
13. Kim S, Kim Y, Lee Y, et al. Cholesterol inhibits MMP-9 expression in human epidermal keratinocytes and HaCaT cells. *FEBS Lett.* 2007 Aug 7;581(20):3869-74.
14. Kim HH, Lee Y, Eun HC, et al. Eicosapentaenoic acid inhibits TNF-alpha-induced matrix metalloproteinase-9 expression in human keratinocytes, HaCaT cells. *Biochem Biophys Res Commun.*

2008 Apr 4;368(2):343-9.

15. Kim S, Chung JH. Berberine prevents UV-induced MMP-1 and reduction of type I procollagen expression in human dermal fibroblasts. *Phytomedicine.* 2008 Sep;15(9):749-53.
16. Kim S, Lee Y, Seo JE, et al. Caveolin-1 increases basal and TGF-beta1-induced expression of type I procollagen through PI-3 kinase/Akt/mTOR pathway in human dermal fibroblasts. *Cell Signal.* 2008 Jul;20(7):1313-9.
17. Cho S, Kim HH, Lee MJ, et al. Phosphatidylserine prevents UV-induced decrease of type I procollagen and increase of MMP-1 in dermal fibroblasts and human skin in vivo. *J Lipid Res.* 2008 Jun;49(6):1235-45.
18. Chang KC, Shen Q, Oh IG, Jelinsky SA, Jenkins SF, Wang W, et al. Liver X receptor is a therapeutic target for photoaging and chronological skin aging. *Mol Endocrinol.* 2008 Nov;22(11):2407-19.
19. Kim S, Kim Y, Lee Y, et al. Ceramide accelerates ultraviolet-induced MMP-1 expression through JAK1/STAT-1 pathway in cultured human dermal fibroblasts. *J Lipid Res.* 2008 Dec;49(12):2571-81.
20. Kim MS, Kim YK, Lee DH, et al. Acute exposure of human skin to ultraviolet or infrared radiation or heat stimuli increases mast cell numbers and tryptase expression in human skin in vivo. Br *J Dermatol.* 2009 Feb;160(2):393-402.
21. Shin J, Shin K, Lee H, et al. Non-invasive transdermal delivery route using electrostatically interactive biocompatible nanocapsules. *Adv Mater.* 2010 Feb 9;22(6):739-43.
22. Chang KC, Wang Y, Oh IG, et al, Thompson CC, et al. Estrogen receptor beta is a novel therapeutic target for photoaging. *Mol Pharmacol.* 2010 May;77(5):744-50.
23. Jin XJ, Kim EJ, Oh IK, et al. Prevention of UV-induced skin damages by 11,14,17-eicosatrienoic acid in hairless mice in vivo. *J Korean Med Sci.* 2010 Jun;25(6):930-7.
24. Kim EJ, Kim MK, Jin XJ, et al. Skin aging and photoaging alter fatty acids composition, including 11,14,17-eicosatrienoic acid, in the epidermis of human skin. *J Korean Med Sci.* 2010 Jun;25(6):980-3.
25. Yoon HS, Kim YK, Chung JH. High-concentration all-trans retinoic acid induces dermal inflammation and reduces the accumulation of type I procollagen in human skin in vivo. *Br J Dermatol.* 2011 Sep;165(3):669-72.
26. Byun HJ, Cho KH, Eun HC, Lee MJ, Lee Y, Lee S, Chung JH. Lipid ingredients in moisturizers can modulate skin responses to UV in barrier-disrupted human skin in vivo. *J Dermatol Sci.* 2012 Feb;65(2):110-7.
27. Choi M, Oh JH, Shin MK, Lee SR, Lee DH, Jin SP, Cho S, Chung JH. Beneficial effects of blood group antigen synthesis-increasing natural plant extracts and monosaccharides on extracellular matrix protein production in vivo. *J Dermatol Sci.* 2015 Nov;80(2):152-5.
28. Shin MH, Lee SR, Kim MK, Shin CY, Lee DH, Chung JH. Activation of Peroxisome Proliferator-Activated Receptor Alpha Improves Aged and UV-Irradiated Skin by Catalase Induction. *PLoS One.* 2016 Sep 9;11(9):e0162628.
29. Kim MK, Kim EJ, Kim JE, Lee DH, Chung JH. Anacardic acid reduces lipogenesis in human differentiated adipocytes via inhibition of histone acetylation. *J Dermatol Sci.* 2018 Jan;89(1):94-7.

11
Chapter

피부미용 건강기능식품

식품의 유효 성분을 섭취함으로써 피부의 건강을 지키고, 피부를 젊고 아름답게 유지할 수 있게 하는 피부미용 건강기능식품이 시중에 많이 나오고 있다. 우리나라는 2004년 1월 '건강기능식품법'이 실행되었다. 국민들이 과학적으로 효능이 입증된 건강기능식품만을 복용할 수 있도록 하는 법적 근거가 만들어진 것이다.

Chapter 11 / 피부미용 건강기능식품

Dermatogerontology

Chapter 11

피부미용 건강기능식품

I. 건강기능식품법에 의거한 피부미용 건강기능식품

식품의 유효 성분을 섭취함으로써 피부의 건강을 지키고, 피부를 젊고 아름답게 유지할 수 있게 하는 피부미용 건강기능식품이 시중에 많이 나오고 있다. 우리나라는 2004년 1월 '건강기능식품법'이 실행되었다. 국민들이 과학적으로 효능이 입증된 건강기능식품만을 복용할 수 있도록 하는 법적 근거가 만들어진 것이다.

1) 피부미용 건강기능식품의 효능 조건

피부미용 건강기능식품이 피부에 좋은 효과를 보이려면 다음의 조건을 만족해야 한다.

1. 입으로 섭취한 식품 원료가 위장에서의 소화과정에서 효능을 잃지 않고 위장관 벽을 통과하여 흡수되어야 한다.
2. 흡수된 식품의 효능 성분이 간에서 대사되어 효능이 없어지지 않아야

한다.

3. 장에서 흡수되는 과정과 간에서 대사되는 과정에서 효능을 잃지 않은 유효성분이 혈액을 타고 피부조직에 필요한 농도만큼 충분히 도달하여 피부에서 주름개선을 시키거나 미백 효과를 발휘하는 등의 효능을 발휘해야 한다.

입을 통하여 섭취한 건강기능식품 유효성분은 소화 효소에 의하여 장내에서 분해되게 된다. 물질이 소화되는 단계에서 효능을 상실할 가능성이 있다. 흡수된 후에는 간에서 대사과정을 거치게 된다. 대사과정에서 유효 성분이 효능을 잃어버리지 않아야 한다. 그 후에 혈관을 통하여 피부조직으로 운반되어야 하며, 또한 피부세포에 효과를 발휘할 수 있을 정도로 충분한 농도가 피부에 도달되어야 한다. 이 모든 어려움을 극복하고 입으로 섭취한 식품 원료가 효능을 유지한 채로 피부에 충분한 농도로 존재하면서 피부의 건강을 유지하고, 미용 효능을 발휘할 수 있어야 한다. 쉽지 않은 일이다.

Ⅱ. 건강기능식품 원료

1. 스쿠알렌

스쿠알렌은 지질 성분으로 동물의 연골에 많이 포함되어 있다. 스쿠알렌을 섭취하면 장에서 흡수되고 피부로 운반되어 피부에서 그 농도가 증가한다.

1) 효능

스쿠알렌을 복용 시의 효과는 다음과 같다.

1. 스쿠알렌을 복용 시 주름살을 감소시키는 효과가 있다.
2. 스쿠알렌을 복용하면 콜라겐의 합성이 현저히 증가한다.
3. 스쿠알렌을 복용하면 자외선에 의한 DNA 손상을 효과적으로 예방한다.

결론적으로 스쿠알렌은 콜라겐의 합성을 증가시켜 피부 주름을 감소시키는 효과가 있으며, 동시에 자외선에 의한 DNA 손상을 예방하는 효과가 있다.

2) 부작용

스쿠알렌을 복용하면 다음과 같은 부작용이 관찰된다.

(1) **혈중 콜레스테롤의 일시적 상승**: 스쿠알렌을 복용 후 혈중 콜레스테롤이 일시적으로 상승할 수 있다.

(2) **묽은 변이나 설사**: 묽은 변 및 지방 변을 보는 부작용이 발생할 수 있는데, 이는 흡수되지 않은 스쿠알렌이 그대로 변으로 배출되기 때문이다.

2. 엽록소

엽록소는 식물세포의 엽록체에 많이 존재하고 있는 성분이다. 엽록소는 그동안의 연구결과 소염작용, 항암작용이 있다고 알려져 있으나 피부에 미치는 효과에 대한 연구는 거의 이루어지지 않고 있다.

연구된 결과는 다음과 같다.

1. 엽록소를 복용한 후에는 피부 주름살이 감소하며 동시에 피부의 탄력도 좋아지는 효과가 있다.
2. 엽록소를 복용하면 콜라겐의 합성이 증가한다.
3. 엽록소 복용 전과 복용 후에 자외선을 조사하여 DNA의 손상 정도를 비교하였는데, 자외선에 의한 DNA 손상이 엽록소를 섭취한 군에서 매우 효과적으로 예방된다.

따라서 엽록소는 피부의 주름개선 효과와 자외선에 의한 DNA 손상을 비롯한 피부 손상을 예방할 수 있는 물질이며, 식품의 형태로 섭취하면 피부에서 그 기능을 발휘할 수 있다는 사실이 임상연구를 통하여 증명되었다.

3. 알로에 추출물

알로에를 복용하면 얼굴 주름살을 호전시킬 수 있다. 알로에 추출물 중에 어떤 성분이 피부에서 주름살을 없애는 작용을 했는지는 향후에 더 많은 연구가 필요하다.

4. 베타카로틴

베타카로틴은 가시광선을 차단하는 효과가 높고, 항산화 작용이 있어 광선에 민감한 피부병을 앓고 있는 환자에게 오래전부터 약으로 투여하고 있는 성분이다. 이 성분은 당근이나 귤과 같은 야채나 과일에 많이 포함되어 있다. 이런 야채와 과일을 많이 먹으면 피부가 노랗게 변하게 되는데 그 이유가 베타카로틴이라는 성분이 피부에 축적되기 때문이다. 이런 경험으로 입으로 섭취한 베타카로틴이 장에서 흡수되어 피부에 도달하여 일정 농도를 유지할 수 있음을 경험적으로 알 수 있다.

베타카로틴 농도에 따른 효능 차이

임상연구를 통하여 얻은 결과는 다음과 같다.

(1) **주름살 개선 효과**: 베타카로틴을 하루 30 mg 복용하게 한 경우에 주름살이 줄어드는 효과를 관찰하였으나, 하루 90 mg의 고용량을 복용한 경우에는 주름 개선 효과를 관찰할 수 없었다. 즉, 베타카로틴은 많은 용량을 섭취하면 오히려 주름 개선 효과가 없어진다.

(2) **자외선에 대한 반응**: 베타카로틴을 90 mg 복용한 경우에는 자외선에 의한 화상 반응이 오히려 더 강하게 발생한다. 즉, 많은 양의 베타카로틴을 복용하면 자외선에 더 민감해진다. 따라서 베타카로틴은 하루 30 mg 이하의 저용량으로 복용하면 주름살을 호전시키는 효과를 보이나, 30 mg 이상의 농도를 복용할 경우에는 자외선에 의한 손상을 오히려 증가시킬 수 있다.

5. 홍삼 추출물

홍삼은 피부미용 건강기능식품 원료로 식약청으로부터 인정을 받은 성분이다. 입으로 섭취한 홍삼 추출물이 장을 통하여 흡수된 후에 피부에 도달하여 피부의 주름살을 개선시키고, 피부를 건강하게 하는 등의 효능을 발휘한다.

최근 연구결과는 다음과 같다.

1. 동물실험에서 복용시킨 홍삼 추출물이 자외선에 의한 피부 주름살 형성을 효과적으로 억제한다.
2. 노인에게 3~6개월간 홍삼 추출물을 복용시키면 주름살이 개선되는 효과가 있다.
3. 홍삼 추출물을 복용한 노인은 복용 전에 비하여 콜라겐의 합성이 증가되었으며, 탄력섬유의 주요 구성 성분인 휘브릴린 단백질의 발현도 증가된다.

홍삼 추출물에 들어 있는 어떤 성분이 주름 개선 효과를 나타내는 것인지 앞으로 밝혀야 할 과제이다. 홍삼 추출물에는 수백 가지의 물질들이 섞여 있기 때문에 이 중 피부미용 효과를 보이는 유효성분을 밝힐 필요가 있다.

6. 아스타잔틴

아스타잔틴은 지용성의 항산화제이다. 루테인이나 베타카로틴과 같은 카로티노이드에 비해 10배 이상 강력하며, 비타민E와 비교해서는 100배 이상 강한 항산화력이 있다. 앞서 활성 산소가 피부노화의 원인이며 이를 줄이는 것이 노화를 예방하거나 되돌리는 데 도움이 된다고 설명했다. 따라서 임상적으로 아스타잔틴이 피부노화 개선에 효과가 있을 것이라 예상할 수 있다.

아스타잔틴을 복용하면 자외선에 의한 활성산소 생성을 억제하며, 피부 손상을 예방하고, 염증을 줄여준다. 아스타잔틴 복용 시 콜라겐 분해를 억제하고, 콜라젠 생성을 촉진시켜 피부 주름과 탄력을 개선시킨다.

7. 카카오 분말(코코아 플라바놀)

코코아는 카카오 열매를 갈아만든 가루로 여기에는 카카오콩에 있는 다량의 플라바놀(flavanol)이 함유되어 있다. 플라바놀은 플라보노이드(flavonoid)의 한 가지로 식물 성분의 항산화제이다. 코코아 플라바놀을 음료 형태로 매일 320 mg씩 6개월간 섭취했을 때 안면 주름 및 탄력 개선에 효과를 보였으며 자외선에 의한 홍반을 감소시켰다.

Ⅲ. 피부미용 건강기능식품의 고려사항

피부미용 건강기능식품은 입으로 섭취한 성분이 피부에까지 도달하여 좋은 작용을 해야 한다. 식품에 포함되어 있는 유효 성분이 피부에서 주름살을 개선시키거나, 자외선 조사에 의한 DNA 손상을 막거나, 염증을 줄여주는 작용을 해야 하는 것이다.

이런 효과를 가지고 있는 유효성분이 식품에 많이 포함되어 있더라도, 식품을 입으로 섭취할 경우 위, 장관에서 여러 가지 소화 효소에 의하여 분해되는 과정에서 그 효과를 잃어버리면 소용이 없을 것이다. 그리고 장에서 잘 흡수되는 성분이어야 하며, 간에서 대사되어 효능이 없어지지 않아야 한다. 그 후에 혈액을 통하여 피부세포로 충분한 양이 운반되어야 한다. 피부세포에서 그 유효 성분이 효과를 충분히 발휘할 수 있는 농도를 유지할 수 있어야 한다.

대부분의 건강기능식품 원료들은 식품에 포함된 유효성분을 추출한 후 농축하여 만들었기 때문에 원래 식품에 포함된 양보다 많은 양을 섭취하게 되기 때문에 예상하지 못한 부작용이 생길 가능성이 높아지게 된다. 당연히 이런 부작용도 없어야 한다. 이처럼 건강기능식품 개발, 나아가서 먹는 화장품의 개발에는 극복해야 할 어려움이 많다고 할 수 있다.

참고문헌

1. Soyun Cho DHL, Chong-Hyun Won, Sang Min Kim, et al. Drink Containing Chlorophyll1 Extracts Improves Signs of Photoaging and Increases Type Ⅰ Procollagen in Human Skin in Vivo. *Korean J Invest Dermatol.* 2006;13(4):111-9.
2. Soyun Cho C-WC, Chong-Hyun Won, Dong Hun Lee, et al. Dietary Bee Pollen Supplementation Does not Improve Signs of Photoaging in Human Skin in Vivo. *Korean J Invest Dermatol.* 2006;13(4):120-4.
3. Min Jung Lee CHW, Se Rah Lee, Ji Sook Kim, et al. Oral Administration of KTNG0345 Prepared from Red Ginseng Extracts Reduces UVB-induced Skin Wrinkle Formation in Hairless Mice. *J Ginseng Res.* 2008;32(1):48-56.
4. Seung-Ho So S-KL, Eui-Il Hwang, Bon-Suk Koo, et al. Mechanism of Korean red ginseng and herb extracts(KTNG0345) for anti-wrinkle activity. *J Ginseng Res.* 2008;32(1):39-47.
5. Cho S, Lee DH, Won CH, et al. Differential Effects of Low-Dose and High-Dose Beta-Carotene Supplementation on the Signs of Photoaging and Type I Procollagen Gene Expression in Human Skin in vivo. Dermatology. 2010 Jun 2.
6. Yoon H.S., Cho H.H., Cho S., Lee S.R., Shin M.H., Chung J.H. Supplementing with dietary astaxanthin combined with collagen hydrolysate improves facial elasticity and decreases matrix metalloproteinase-1 and -12 expression: A comparative study with placebo. *J. Med. Food.* 2014;17:810–816.
7. Yoon HS, Lee SR, Chung JH. Long-term topical oestrogen treatment of sun-exposed facial skin in post-menopausal women does not improve facial wrinkles or skin elasticity, but induces matrix metalloproteinase-1 expression. *Acta Derm Venereol.* 2014 Jan;94(1):4-8.
8. Yoon HS, Shin CY, Kim YK, Lee SR, Chung JH. Endogenous estrogen exacerbates UV-induced inflammation and photoaging in mice. *J Invest Dermatol.* 2014 Aug;134(8):2290-2293.
9. Yoon HS, Kim JR, Park GY, Kim JE, Lee DH, Lee KW, Chung JH. Cocoa Flavanol Supplementation Influences Skin Conditions of Photo-Aged Women: A 24-Week Double-Blind, Randomized, Controlled Trial. *J Nutr.* 2016 Jan;146(1):46-50. doi: 10.3945/jn.115.217711.
10. Kim JE, Song D, Kim J, Choi J, Kim JR, Yoon HS, Bae JS, Han M, Lee S, Hong JS, Song D, Kim SJ, Son MJ, Choi SW, Chung JH, Kim TA, Lee KW. Oral Supplementation with Cocoa Extract Reduces UVB-Induced Wrinkles in Hairless Mouse Skin. *J Invest Dermatol.* 2016 May;136(5):1012-1021.

Index

색인

ㅍ

ㅎ

Index